名家通识讲座书系

中国传统建筑十五讲

□ 方 拥 著

北京大学出版社
PEKING UNIVERSITY PRESS

图书在版编目（CIP）数据

中国传统建筑十五讲/方拥著．—北京：北京大学出版社，2010.6
（名家通识讲座书系）
ISBN 978-7-301-17222-3

Ⅰ．①中… Ⅱ．①方… Ⅲ．①古建筑－建筑艺术－中国 Ⅳ．①TU-092.2

中国版本图书馆CIP数据核字(2010)第092359号

书　　　　名：中国传统建筑十五讲

著作责任者：方　拥　著

责 任 编 辑：王立刚

标 准 书 号：ISBN 978-7-301-17222-3/J·0309

出 版 发 行：北京大学出版社

网　　　　址：http://www.pup.cn

电 子 邮 箱：zpup@pup.cn

电　　　　话：邮购部 62752015　发行部 62750672
　　　　　　　编辑部 62752728　出版部 62754962

印　刷　者：河北博文科技印务有限公司

经　销　者：新华书店

　　　　　　650毫米×980毫米　　16开本　21印张　302千字
　　　　　　2010年6月第1版　　2024年7月第8次印刷

定　　　　价：38.00元

《名家通识讲座书系》
编审委员会

《名家通识讲座书系》总序

本书系编审委员会

　　《名家通识讲座书系》是由北京大学发起,全国十多所重点大学和一些科研单位协作编写的一套大型多学科普及读物。全套书系计划出版100种,涵盖文、史、哲、艺术、社会科学、自然科学等各个主要学科领域,第一、二批近50种将在2004年内出齐。北京大学校长许智宏院士出任这套书系的编审委员会主任,北大中文系主任温儒敏教授任执行主编,来自全国一大批各学科领域的权威专家主持各书的撰写。到目前为止,这是同类普及性读物和教材中学科覆盖面最广、规模最大、编撰阵容最强的丛书之一。

　　本书系的定位是"通识",是高品位的学科普及读物,能够满足社会上各类读者获取知识与提高素养的要求,同时也是配合高校推进素质教育而设计的讲座类书系,可以作为大学本科生通识课(通选课)的教材和课外读物。

　　素质教育正在成为当今大学教育和社会公民教育的趋势。为培养学生健全的人格,拓展与完善学生的知识结构,造就更多有创新潜能的复合型人才,目前全国许多大学都在调整课程,推行学分制改革,改变本科教学以往比较单纯的专业培养模式。多数大学的本科教学计划中,都已经规定和设计了通识课(通选课)的内容和学分比例,要求学生在完成本专业课程之外,选修一定比例的外专业课程,包括供全校选修的通识课(通选课)。但是,从调查的情况看,许多学校虽然在努力建设通识课,也还存在一些困难和问题:主要是缺少统一的规划,到底应当有哪些基本的通识课,可能通盘考虑不够;课程不正规,往往因人设课;课量不足,学生缺少选择的空间;更普遍的问题是,很少有真正适合通识课教学的教材,有时只好用专业课教材替代,影响了教学效果。一般来说,综合性大学这方面情况稍好,其他普通的大学,特别是理、工、医、农类学校因为相对缺少这方面的教学资源,加上很少有可供选择的教材,开设通识课的困难就更大。

这些年来,各地也陆续出版过一些面向素质教育的丛书或教材,但无论数量还是质量,都还远远不能满足需要。到底应当如何建设好通识课,使之能真正纳入正常的教学系统,并达到较好的教学效果? 这是许多学校师生普遍关心的问题。从2000年开始,由北大中文系主任温儒敏教授发起,联合了本校和一些兄弟院校的老师,经过广泛的调查,并征求许多院校通识课主讲教师的意见,提出要策划一套大型的多学科的青年普及读物,同时又是大学素质教育通识课系列教材。这项建议得到北京大学校长许智宏院士的支持,并由他牵头,组成了一个在学术界和教育界都有相当影响力的编审委员会,实际上也就是有效地联合了许多重点大学,协力同心来做成这套大型的书系。北京大学出版社历来以出版高质量的大学教科书闻名,由北大出版社承担这样一套多学科的大型书系的出版任务,也顺理成章。

编写出版这套书的目标是明确的,那就是:充分整合和利用全国各相关学科的教学资源,通过本书系的编写、出版和推广,将素质教育的理念贯彻到通识课知识体系和教学方式中,使这一类课程的学科搭配结构更合理,更正规,更具有系统性和开放性,从而也更方便全国各大学设计和安排这一类课程。

2001年年底,本书系的第一批课题确定。选题的确定,主要是考虑大学生素质教育和知识结构的需要,也参考了一些重点大学的相关课程安排。课题的酝酿和作者的聘请反复征求过各学科专家以及教育部各学科教学指导委员会的意见,并直接得到许多大学和科研机构的支持。第一批选题的作者当中,有一部分就是由各大学推荐的,他们已经在所属学校成功地开设过相关的通识课程。令人感动的是,虽然受聘的作者大都是各学科领域的顶尖学者,不少还是学科带头人,科研与教学工作本来就很忙,但多数作者还是非常乐于接受聘请,宁可先放下其他工作,也要挤时间保证这套书的完成。学者们如此关心和积极参与素质教育之大业,应当对他们表示崇高的敬意。

本书系的内容设计充分照顾到社会上一般青年读者的阅读选择,适合自学;同时又能满足大学通识课教学的需要。每一种书都有一定的知识系统,有相对独立的学科范围和专业性,但又不同于专业教科书,不是专业课的压缩或简化。重要的是能适合本专业之外的一般大学生和读者,深入浅出地传授相关学科的知识,扩展学术的胸襟和眼光,进而增进学生的人格素养。本书系每一种选题都在努力做到入乎其内,出乎其外,把学问真正做活了,并能加以普及,因此对这套书作者的要求很高。我们所邀请的大都是那些真正有学术建树,有良好的教学经验,又能将学问深入浅出地传达出来的重量级学者,是请"大家"来讲"通识",所以命名为《名家通识讲座书系》。其意图就是精选名校名牌课程,实现大学教学资源共享,让更多的学子能够通过这套书,亲炙名家名师课堂。

本书系由不同的作者撰写,这些作者有不同的治学风格,但又都有共同的追求,既注意知识的相对稳定性,重点突出,通俗易懂,又能适当接触学科前沿,引发跨学科的思考和学习的兴趣。

本书系大都采用学术讲座的风格,有意保留讲课的口气和生动的文风,有"讲"的现场感,比较亲切、有趣。

本书系的拟想读者主要是青年,适合社会上一般读者作为提高文化素养的普及性读物;如果用作大学通识课教材,教员上课时可以参照其框架和基本内容,再加补充发挥;或者预先指定学生阅读某些章节,上课时组织学生讨论;也可以把本书系作为参考教材。

本书系每一本都是"十五讲",主要是要求在较少的篇幅内讲清楚某一学科领域的通识,而选为教材,十五讲又正好讲一个学期,符合一般通识课的课时要求。同时这也有意形成一种系列出版物的鲜明特色,一个图书品牌。

我们希望这套书的出版既能满足社会上读者的需要,又能够有效地促进全国各大学的素质教育和通识课的建设,从而联合更多学界同仁,一起来努力营造一项宏大的文化教育工程。

目录

图版目录

引 言

中国传统建筑至今仍然是个令人感到沉重的话题。民国初年，欧风美雨横扫大陆，在很多洋化的军政大佬眼里，那坚固的砖石城墙无异于封建堡垒，那昏暗的土木寺观就等于封建迷信。由此立场出发，凡所见城墙、寺观以及其他旧时代遗留下的残余，莫不以摧枯拉朽之势扫荡一空而后快。在华南尤其是广东及其周边华侨较多的地区，这种情形极为严重，原因在于海上逐臭风气之浸淫早非一朝一夕。

北方的情形有所不同，在新文化运动的疾风暴雨中，"保存国粹"的呼喊并未完全停歇。与胡适、陈独秀同登北京大学讲坛的，还有留辫子、穿旧服以至于仍旧主张皇权的"怪物"辜鸿铭。早年蔡元培去莱比锡大学求学时，辜鸿铭已是知名人物，他精通英、法、德、拉丁、希腊、马来亚等九种语言，被圣雄甘地称为"最尊贵的中国人"。建筑领域的情形也颇出人意料，1921 年至 1926 年，美国建筑师亨利·墨菲受聘为燕京大学进行了总体规划和建筑设计，在建筑内部采用时尚的设备如暖气、浴缸、抽水马桶等的同时，建筑外观完全采用了中国传统的样式。

在全盘西化的时代背景下，中国人对于自己传统的正面认识往往有待欧美人士的引导。这种令人啼笑皆非的现象，也曾反复出现于建筑界。1925 年，在中外建筑师 40 余人参加的南京中山陵设计方案竞赛中，中国建筑师吕彦直名列榜首。这位毕业于美国康奈尔大学的年轻人，先前曾数年担任亨利·墨菲的助手，学习如何采用现代材料和技术，实现具有中国传统风格的建筑造型。1926年，吕彦直又以同样的设计手法，在广州中山纪念堂方案竞赛中荣获大奖。中山陵和中山纪念堂方案竞赛是当时颇为轰动的事件，它在建筑层面上点燃了中国人的民族热情。

1927年国民政府在南京站稳脚跟后，强调民族主义原则，恢复对孔子的崇拜，从传统学术中寻找支持中央政权的学说。30年代初，在日本军队步步紧逼、中华民族危在旦夕的劣势下，爱国情绪空前高涨，政府要员相继提出，"全国人士从速研究以发扬光大吾国之固有文化"。

在此背景下，建筑界掀起了探索"中国固有形式"的热潮。其基本宗旨是：在接受现代建筑材料、技术及设计方法的基础上，继承中国的优良传统，创作具有民族形式的建筑作品。1927年，赵深负责上海八仙桥青年会大楼的建筑设计，这座于次年完工的高楼带有中国传统风格。1928年开始建造的南京铁道部建筑群也由赵深设计，结构为钢筋混凝土，风格则完全回归中国传统。追随其后的同类作品有：1928—1935年在广州，林克明设计完成的中山图书馆、市府合署大楼及中山大学校舍二期等；1931—1933年在上海，董大酉设计完成的政府大楼；1934—1936年在南京，杨廷宝设计完成的中央党史史料陈列馆，卢树森设计完成的中山陵园藏经楼以及徐敬直、李惠伯设计的中央博物院等。

1927—1937这十年，曾被称为中国建筑的文艺复兴时期，其中官方的导向十分重要。1929年亨利·墨菲被南京的"首都建设委员会"聘为建筑顾问，协助制定出《首都计划》。计划要求：建筑以"中国固有之形式为最宜，而公署及公共建筑尤当尽量采用"。

亨利·墨菲、吕彦直及赵深等中外建筑师的设计创作，终归于建筑形式上的复古，虽然能够采用现代材料和结构，但难以解决形式与功能及经济上的矛盾。为了寻求答案，当年也有中国建筑师走上局部仿古的模式，即整体上遵循现代主义建筑的原则，只在局部采用中国传统的要素。如1934—1935年在上海，董大酉设计完成的市图书馆与博物馆。有人在这条道路上走得更远，摒弃中国传统最具特色的大屋顶，只在局部添加传统的装饰。如1932年在北京，梁思成、林徽因设计完成的仁立地毯公司铺面；1933年在南京，童寯、赵深、陈植设计完成的外交部办公楼、杨廷宝设计完成的中央医院；1937年在上海，陆谦受设计完成的中国银行大楼。

至此，留学归来的中国建筑师已经大致控制了本土建筑的设计市场，在学术领域也登上了一个新台阶。中国建筑师中的佼佼者，在正面接受现代主义的同时，对中国传统建筑也有更深层次的理解，他们的部分作品已经超越了先前西方建筑师的水平。这就是用创新态度对待中国建筑的传统，设计中不求形似但求神似。

与建筑师们的出色成就交相辉映的是，中国营造学社于 1929 年的成立及其以后多年的学术研究。其中特别重要的是，1930 年刘敦桢和1931 年梁思成的加入，二人分别担任文献部和法式部主任。从 1932 年开始，学社对 11 个省共 2000 多处古建筑进行了详细的考察和记录，并据此对古代有关建筑的典籍进行了初步整理。这个私人兴办的学术团体虽然存在的时间不长，但其卓有成效的工作为中国建筑史学奠定了坚实的基础。此后，中国建筑遗产被正式认可为传统文化的重要组成部分，进而在世界建筑之林中独树一帜。

也许，正是中国传统文化的全面复兴，给日本军国主义者以极大的刺激。1937 年日军挑起了全面的侵华战争。年底，淞沪会战失败以及首都南京的陷落，终致国民政府所谓"黄金十年"落下了帷幕，建筑领域方兴未艾的深入探索戛然而止。在此后的八年抗战及国内战争中，中国大陆到处烽火连天、民不聊生，建筑创作上的追求当然无从谈起。

中华人民共和国建立后，梁思成兼任北京市规划委员会副主任。1950 年他和规划师陈占祥共同提出《关于中央人民政府行政中心位置的建议》，期望在为首都的未来发展开拓更大空间的基础上，保护明清都城的古建筑和古城墙。不幸的是，这个建议未被采纳。1951—1954 年间，在向苏联学习的大背景下，梁思成发表了一系列文章开展有关"民族形式"的讨论。虽然他完全无意于倡导简单地模仿古代宫殿，建造所谓的"大屋顶"，但在百废待兴的紧迫压力下，应接不暇的建筑师们手忙脚乱，终致日后为人诟病的"大屋顶"风行全国。

1955 年 2 月，建筑工程部召开"设计及施工工作会议"，报告几年来全国建设中的浪费问题以及导致浪费的"复古主义"倾向，全国范围内针对"以梁思成为代表的资产阶级唯美主义的复古主义建筑思想"的大批判开始了。作为学养深厚的专家，梁思成的思想并未被大批判所彻底摧毁，但是他终究不是中国的堂吉诃德。1956 年 1 月，梁思成在全国政协大会上做出了公开检查。

为迎接建国 10 周年，1958 年，中央政府决定在首都建设十大建筑。9 月，北京、上海、南京、广州等地的 30 多位建筑专家，进京着手方案设计。根据周总理提出"古今中外、皆为我用"的原则，建筑界夜以继日，在 10 个月内完成了从设计到竣工的全过程。当时建筑师的创作自由大体上得到了保证，十大建筑呈现出百花齐放的态势：人民大会堂采用略加改造的西洋古典式，军事博物馆模仿苏联式，民族文化宫注重中国传统的创新，全国农业展览馆则毫不避讳曾遭批判的大屋顶模式。

我们可以将这批急就章的作品视为一次可贵的建筑探索，在很大程度上，它们延续了抗战前夕的创作道路。当时中国第一代建筑师宝刀未老，第二代建筑师则在大规模的运动中得到了很好的锻炼。

在此后的 20 年中，过热的政治加上过冷的经济，迫使中国的建筑业一直处于冬眠状态。我们今天常常轻而易举地将这段时间一笔带过，但其损失是难以估量的。正是在这 20 年间，世界政治和经济格局都发生了翻天覆地的变化，理想主义遭遇挫折，实用主义到处流行。中国的严重问题在于，经济上的长期停滞导致了文化上的全面瘫痪。当生活需求降低到最低点时，任何有关建筑文化或艺术的讨论都无异于痴人说梦。

1978 年以后，全国性的思想解放和经济改革，激发了建筑领域的创作热情。毋庸置疑，在经济持续高速增长的带动下，30 年来中国建筑业的发展空前绝后，城市和乡村都出现了根本性的变化。从目前都市建筑的物质层面上看，我们与发达国家的差距几乎已经降为零。

申办 2008 年奥运会成功以后，北京的城市建设进入了高速发展期。全球建筑师云集北京，参与争夺重大项目的方案竞赛，随着一座座大厦的标新立异，北京几乎成了先锋建筑师的试验场。2009 年北京评出了新十大建筑，按得票高低的排序是：首都机场 3 号航站楼、国家体育场、国家大剧院、北京南站、国家游泳中心、首都博物馆、北京电视中心、国家图书馆（二期）、北京新保利大厦、国家体育馆。其中除了一座由中国建筑师独立设计，两座由中国建筑师主导设计以外，其余七座都是欧美日建筑师的作品。与50年前的十大建筑相比，在新十大建筑的里里外外，我们几乎看不出设计者对于中国传统文化的尊重。

这些建筑中多数的技术含量，堪称全球领先。然而事情似乎不那么简单，那些斥资高达数十亿元以上的重大建筑项目关乎国计民生，足以构成国民经济中的支柱行业。建筑设计也绝非单纯的技术或艺术创作，往往高达工程总投资8%的建筑设计费，使我们不能不注意到，建筑师有关设计业务的竞争实际上也是国家之间有关建筑市场的竞争。在这方面，日本建筑师群体始终保持着清醒的眼光，他们曾利用1964年东京奥运会场馆设计的机会，将丹下健三等国内建筑师推向国际。虽然对于日本人而言，欧美建筑市场仍旧壁垒高耸，可是毕竟存在一个广阔的全球市场。1970年以后，丹下健三及其他日本建筑师在北非和中东的设计市场上占据了很大份额，他们所承担的项目中包括：约旦哈西姆皇宫、尼日利亚首都阿布贾城市规划、阿尔及尔国际机场等。

中国著名建筑师包括很多一言九鼎的院士们，迄今远离国际市场，他们在包括北京奥运会场馆在内的国内重大项目设计招标中，往往高居评审委员宝座而非建筑师席上。他们中有人学贯中西而享有"国际桥梁"之美誉，但在其匆匆沟通的建筑大道上，我们只见外国设计师离开紧缩的欧美市场，来到繁荣的中国建筑市场上捞得满盆满钵。有些顶戴洋博士帽的中国建筑师，则打着欧美公司的旗号，在获得中国市场上的份额之后，心甘情愿地向名义上的外国老板频频上贡。

近年来，在中国建筑师中，也出现了一批真正的大师级人物。他们在中国各地的建筑设计中，进行探索本土特色的可贵尝试，获得了广泛的好评。例如关肇邺设计1998年完成的北京大学图书馆新馆，齐康设计1998年完成的河南省博物院，何静堂设计2007年开工建设的上海世博会中国馆。在多元化的宏观背景下，任何文化门类都别无选择，只有凸出本土特色才能够自立于世界文化之林。我们相信，天助自助者，只有自尊才能为人所尊。正如当年东京代代木体育馆被认为具有日本独特的造型风格，从而使建筑师丹下健三广受赞誉那样，中国建筑师在创作中坚持自己的独特探索，也是走向世界文化、进入国际市场的不二法门。

然而以上大师们皆年逾古稀，在他们所开拓的建筑道路上，似乎缺少足够的后继者。在那些近年崛起的中青年建筑师中，有人已经获得了全国勘察设计大师的荣誉，也在国内建筑市场上占据了少量份额。然而他们的工作过于忙碌了，各自担任设计院的院长或老总，担负着国家企业的创收重任，对于眼下看不见效益的理性探索，对于民族优秀文化的弘扬，实在是无暇顾及。不久以前，一位年轻的全国勘察设计大师在面对媒体提问时坦承自己的设计经验："在中国，创新就是率先模仿。"我们很钦佩他的直率，但不能不感到情不自禁的痛心疾首。

回顾32年前，作为十年浩劫之后首批入学的建筑系学生，我们对欧美建筑充满了景仰。当年师生们讨论世界建筑历史的发展时，当然言必称希腊罗马；思考中国当代建筑的设计方案时，无不以欧美现代著名建筑师的意趣为旨归。应该说，在那个封闭多年后全盘西化观念甚嚣尘上的焦躁年代，建筑领域的此类倾向有其合理性，中国新一代建筑师也藉此而完成了自己与世界主流的接轨。可是支撑我们数十年来虚心学习的初衷，难道只是满足于食饱衣暖而后永远匍匐于地下？在国土资源不受侵犯、国民生计再无担忧之后，民族信心的重建也许是中国当前最为紧迫的工作，民族精神的树立才是一个国家持久强大的根本保证。

本书十五讲中各讲的思路及其铺陈，大体都来源于著者有关建筑的反复琢磨和长期思考。30多年前，在一个对西方文化极其崇拜的建筑系新生眼里，只有欧美传统建筑才是人类文明的正宗，中国传统建筑则是黑暗与落后的象征。20多年前，在福建泉州开元寺，紫云大殿那宏丽精妙而充满理性的木架结构，使一个困惑中的青年建筑师茅塞顿开。10多年前，在新加坡双林寺，虽然置身于玻璃摩天楼内，一个中年建筑师已在精神上完成了向中国传统的彻底皈依。

回眸中国历史，我们也许看不见多少"伟大的建筑"，但却绝不能轻率抛弃深藏于内的建筑思想。欧洲与中国建筑之间的根本差异，现在看来是显而易见的。有关中西古代建筑异同的讨论，绝不能仅仅局限于物质层面。欧洲传统建筑上所谓坚固、实用、美观的三原则，只是一种立足于自身语境的叙述，并不能完整贴切地用之于中国。探讨中国古代特立独行的建筑现象，常常需要站在更高的精神层面，开拓更宽的人文视野，才能够进行缜密的分析，进而做出正确的判断。

第一讲
中国传统建筑概说

　　本讲在本书十五讲中排序第一，由此有开宗明义的作用。近年来，随着商业建筑学的极度繁荣，有关建筑学的图书画片等在坊间十分热闹。商业建筑学之于民生，素有不可忽视的紧密关联，本书完全无意于贬低其重大意义。建筑是科学，是艺术，也有待新时代的整体创新。然而在其之外，还有非商业之建筑学，其意义有时未必能以科学、艺术等所蔽之。本人自知所思不入主流，但愚者千虑，或有一得。有鉴于此，尽管考虑不尽成熟，仍望于坊间之外，尚能发出另一种声音。特设概说一讲，目的在于正名。名正则言顺，本立而道生，便于耐心的读者能在以下的阅读中，不致感到过多的诘屈聱牙。

一　名辞释义

　　在全球化的时代背景下，对于任何确定地域的强调，其实都隐含着对其传统或古代文化的基本认同。譬如在建筑史论著中，不加限定词的地理名称通常指古代，如埃及建筑、波斯建筑所指都是古埃及、古波斯的建筑。同理，"中国传统建筑"中的中国也指古代中国。日本建筑学会编写建筑史，分为三部：西洋建筑史、日本建筑史、近代建筑史。其中"西洋建筑史"讲述19世纪以前日本以外以欧洲为主的建筑；"日本建筑史"讲述日本本土建筑，也限于19世纪以前；"近代建筑史"则不分日本国内外，自19世纪以后，统而论之。日本的古代成就不足以置身于世界几大文明之列，但从 19 世纪开始"脱亚入欧"，进而成为全球性的列强之一，因此这样的编排十分符合他们的国情。中国的情况和日本很不相同，近代以来中华民族虽然因为战争失败而近乎亡国灭种，但延续八千年的华夏文化始终保存着强大的生命力，建筑史该如何编排，值得我们认真思考。

传统 在中国，传统一词大致与英文 Tradition 一词对应。牛津字典将 Tradition 解释为 handing down from generation to generation of opinions, beliefs, customs, etc.，意为：世代沿袭之风俗、信念、习惯等，与《辞海》对"传统"的解释大致相同。对于"传统"，人们大抵有两种态度，一种认为"传统"是历史智慧的结晶，是宝贵的文化遗产，《辞海》中的"传统剧目"含有此意。本文中的"传统"，倾向于这种用法。我们追寻中国传统建筑，主要着眼于对传统精华的赏鉴与学习，同时借以对当代建筑进行反思。另一种认为"传统"意在保守，与"现代"相对，《辞海》中的"传统农业"、"传统教育"就有此意，它们与"现代农业"、"现代教育"相对。当"现代"被打上"进步"的标记之后，"传统"的落后形象不言而喻。欧洲移民在美国西部的印第安领地上曾经树立标牌：Tradition is the enemy of progress，意为：传统是进步的敌人。问题显而易见，这里过度颂扬"进步"而极大贬抑"传统"，曾经给多元而丰富的古代文明带来极大破坏，甚至引发出日益严重的资源和生态危机，今人不能不对其予以深刻的反省。

建筑 建筑最初产生于人们遮风避雨的需要。在中国古代，"建筑"之意常以"土木"、"营造"等表达，如"大兴土木"，"营造法式"等。古文中建、筑二字的意义近似，很少连用，如张衡《东京赋》中"楚筑章华于前，赵建丛台于后"，建、筑二字对举。近代日译英文 construct 为建筑（kenchiku），意指建造房屋、道路、桥梁等。而中国习惯将 construct 译为建造（put or fit together），将 build 译为建筑（make by putting parts, material, etc. together）。将 civil engineering 译为土木工程，牛津词典解释为 the building of roads, railways, canals, docks, etc.，这恰与日译"建筑"的含义接近。

在中国，architecture 被译为建筑学，牛津字典解释为 art and science

of building，design or style of buildings，意为：有关建筑的艺术和科学，有关建筑的设计或风格。中国将 architect 译为建筑师（香港、新加坡译为绘测师），牛津字典解释为 person who draws plans for buildings and looks after the work of building，意为：设计建筑物和掌管建筑工程的人。从学科设置上看，中国近代建筑学分为德、日与法、美两大体系，前者重工程技术，后者重造型艺术。19 世纪至 20 世纪初，西方文化部分经日本传到中国；但到 20 世纪 20 年代以后，留学于美国宾夕法利亚大学的清华学人构成了中国第一代建筑师的主体，建筑学的观念从而发生转变。在法、美体系的有力影响下，今人多将建筑视为美术的三大门类之一，将建筑与绘画、雕塑三者合称为艺术（beaux-arts 或 fine arts，牛津字典解释为 those that appeal to the sense of beauty，esp. painting，sculpture，and architecture）。需要指出，这是昔日主流的西方话语，今天我们如果仍然将其不假思索地接受，恐会导致思想上的混乱。

建筑、城市规划与园林　在欧洲传统中，城市规划和园林附属于建筑，同归于美术。而在中国传统中，城市规划由王公执掌，是国之大事；园林属于文艺，乃文人之风雅。园林多因主人意趣而擘画经营，故有"三分匠人，七分主人"之说。相比之下，中国建筑的观念虽然一直受到上层社会的极大关注，可是具体建筑的设计和实施者皆为匠人。

19 世纪以后，欧美城市化速度加快，城市规划和风景园林这两个专业逐渐强化，趋向于获得与建筑并驾齐驱的独立地位。在 20 世纪 70 年代末至 80 年代初，中国大部分高校将城市规划和风景园林作为专业附属于建筑学之下。随着中国城市化的爆发，三大学科也开始了重新调整的过程。

二　要素分析

建筑世界是由多种要素组成的。按英国著名建筑史家弗莱彻（B. Fletcher）的看法，建筑的根源可以分解成六大要素：地理、地质、气候、社会、宗教、历史。归纳起来，前三条是自然条件，后三条是人类活动。建筑的根源不同，结果当然不同，进而可知，世界上各地区的建筑各有千秋。弗莱彻早先曾将各国建筑分为历史性（historical）与非历史性（non historical）的两大类型，在受到广泛批评之后，已在其新版著述中将此说废止。中国是一个地形多样、民族众多、历史悠久、文化深厚的国家，在这片土地上逐渐孕育出来的传统建筑，自然形成其独特而连贯的体系，呈现出丰富多彩的面貌。

就物质层面上的建筑遗产而言，欧洲以砖、石作为主要的建筑材料，中国则以土、木为主。大体上可以认为，北方（黄河中游为主）用土，南方（长江流域为主）用木。"土木"合称是汉语中"建筑"的古老表达，也在一定程度上象征着中国文化的南北统一。今日"土木"一词则无法涵盖建筑的全部，高校中"土木工程"这一学科，侧重于建筑材料与结构的研究，而较少关注建筑的文化蕴涵。早期北方建筑常采用穴居和半穴居的方式，随着生产力的提高，穴居和半穴居逐渐被地面式土木建筑所取代。南方的气候潮湿，为了避水防潮，多采用巢居的方式，逐步发展为干阑式建筑。

黄河中游的天然条件是，多土少木且少石；在干燥寒冷的气候中因地制宜，土自然成为最常使用的建筑材料。陕西、河南一带的考古成果表明，早期建筑经历了从地穴、半地穴到地面的进化。大约成书于西周的《易·系辞》说："上古穴居而野处。"大约成书于春秋战国之际的《礼记·礼运》说："昔者先王未有宫室，冬则居营窟，夏则居橧巢。"北方房屋的墙体和屋顶采用木骨抹泥和草筋抹泥的做法，木骨被厚厚的泥土包裹在内。在汉代甘肃居延甲渠遗址中，可见夯土墙厚达 2 米。唐宋以后移居到南方的北方人，部分强烈执着于中原传统，如闽、粤、赣交界地区客家人建造外土内木的聚合性楼房（土楼）。其土墙厚达 2 米，高逾 10 米，整体边长或直径最大可达 80 多米，屋舍靠墙建造，秩序井然，而其内院的建筑多为木构。在今日华北农村，常见的建筑做法仍旧是以土为主、以木为辅。

长江流域及其以南的大部分地区，气候温暖湿润，森林植被茂密，理所当然以木材作为主要的建筑材料。南方的木加工技术在新石器时代就达到很高的水平，如在浙江河姆渡遗址中发现加工精美的榫卯构造。

在 6500 多年前，使用石、骨工具加工这些榫卯构造能够达到如此精美，毋庸置疑地证明当时南方技艺的发达。采用榫卯构造，是中国传统建筑的重要特点之一。

古人云"巢居知风，穴居知雨"，准确指出了南北两地居住状态的差别。树巢为飞鸟所栖，因而南人崇鸟，南方建筑中常以鸟形为饰。如正脊上的燕尾、戗脊上的鸽、石桥墩分水尖饰等，使得南方建筑物在整体效果上轻灵欲飞。土穴为走兽所居，因而北人崇兽，北方建筑中常以兽形为饰。如正脊上的吞脊兽、戗脊上的戗兽以及石桥券心吸水兽等，使得北方建筑在整体效果上凝重庄严。另外应当注意的是，中国建筑并非单一中心的扩张，而是由不同地域建筑整合而成多样统一的复合体。自春秋时期或更早开始，黄河中游的汉族就自称华夏，在经济和文化上，都具有无法匹敌的优势。华夏周边的民族被蔑称为蛮夷戎狄，加上文字记录方面的弱势，他们为整个文明史所做出的贡献常被忽视，特别是那些带有地区色彩的成就。我们必须充分注意到文献中的这一并非公正的倾向，从而通过认真的梳理探究历史真相。

在中华文明南北互动的进程中，北强南弱的总体态势是显而易见的。黄河流域习惯上被称为中华文明的摇篮，从政治、文学等方面看，这种说法不会引起多大争议，但从技术史的角度着眼，情形有所不同。新石器晚期长江流域木构建筑的高度成就，必定建立于优良工具的基础之上。春秋战国时，北方铜制礼器的雄浑瑰丽无与伦比，但南方铜制器械的锋利坚固盖世无双。"蜀山兀，阿房出"，秦朝在咸阳建造宫殿须从四川输运木材，表明黄河流域的木建筑已经得益于长江流域的支持。最晚约从唐代后期开始，中原木建筑的成就可能直接仰仗于南方的技术和工匠，在京城负责建筑设计和施工的著名工匠（都料匠、梓人）大都来自南方。史料中有明确记载的如北宋初的喻浩，生于浙东，奉调到东京主持高达十一层的开宝寺塔工程，并撰《木经》三卷。宋代东南沿海石结构高塔长桥的建造，倘若没有足以克服花岗石的高硬度工具，工程根本无法进行。明代初年的蒯祥系江苏吴县的木匠名师，奉调到北京负责宫殿及陵墓的设计和施工。清代统领内廷工程长达 200 多年的"样式雷"家族，原为江西南康籍的木工，应朝廷的征募才来到京师。

材料的力学特点，决定了结构方式，继而决定了建筑物的空间形式。欧洲在砖石材料上的选择，导致了建筑物采用承重墙结构体系。砖石的抗压性能远远高于抗拉性能，适合砌筑拱券，但不适合制作横梁。在欧洲传统建筑中，拱券技术是对砖石材料抗压性能的完美诠释。中国传统建筑主要用木，木材有着良好的抗拉性能，适于制作抗拉的水平部件——梁。在中国，简洁而有效的立柱横梁体系成了最好的结构方式。梁在中国传统观念中是如此重要，以至于必须为之披上红妆并隆重对待。昔日土木工程中主梁的安装就位，类似于现代钢筋混凝土建筑的"封顶"。不同结构方式的选择，导致了中国与欧洲建筑在形式上呈现出各自不同的特点，并最终形成一定的思维惯性。

在中国，人们习惯于以梁柱斗拱为主要部件的木作形式，将其视为建筑的不二法门，甚至纳入意识形态色彩浓厚的礼制体系。从而在建造石阙、石屋、石塔及石亭这些石结构建筑时，执着地模仿木作建筑的形式。基于材料和结构有机产生的理性形式，一旦在文化观念上被普遍认同，久而久之将可能升华为在情感上不可割舍的非理性选择。适应石材本性的拱券结构往往受到负面评价，或被压抑到地下墓室或桥梁中去。

中国的抬梁式屋架外观近乎三角，实为若干矩形叠加而成，在荷载作用下允许局部变形，特别有利于减缓地震等瞬时外力的剧烈破坏，结构是柔性的。在欧洲建筑中，木材也有很长时间的使用，但结构做法与中国相比有本质的差别。如英国刚性结构的三角桁架（half timber），其优点在于受力时形体不变，但局部变形则可能导致整体破坏。柔与刚之间，是否有优劣之别？往往并不能够立即判明。

与中国相对应，欧洲以木材仿效石作形式。对拱券的极端推崇，也使人们对这一形式的选择从理性逐渐走向非理性。拱券风行的根本原在于砖石材料的结构适应性，但到 19 世纪铁材料大量运用之时，结构却无法摆脱传统的羁绊，如英国塞文河上的铁的拱桥，如巴黎埃菲尔铁塔下部的拱形支架。砖石适应拱券结构的原因是其受压强度大大超过受拉强度，铁则与之不同，其受压和受拉强度几乎相等，从而更适应梁柱或悬挂结构（工字梁和拉索），形式趋向正与拱券的形态上下颠倒。欧洲人以木建造桥梁时，也常采用拱券形式，木材被加工成楔石状，在荷载作用下全部受压，结构上更不合理。日本木拱桥受到了西方的影响，也用此种做法。中国的木拱桥则是由叠梁相贯而成，整体外观似拱券，而构件的局部受力似横梁。古代工匠的智慧，曾将木结构的壮观和优美演绎到极致。

三　建筑空间

建筑空间可分为内部和外部两种形态，前者与实用的关联较紧，如老子话中的"埏埴以为器，当其无，有器之用"。后者的狭义表达即建筑形式，主要着眼于美观，可是如此一来很难与绘画和雕塑有所区别，从而大大削弱了建筑自身的价值。正确的态度当然要突出建筑的特点，因此必须综合建筑的内部和外部空间两方面来论述。

建筑空间的内部形态起源于材料和结构。中国建筑的主要构件是梁，在使用天然木材的条件下，简支梁的跨度很难超过10米，空间尺度不可避免地受到制约。可是由于采用梁柱结构的框架体系，建筑的内部空间可以灵活分隔，是相当通透和自由的。为了实现更大的跨度，天然木材可以采用特殊的结构做法如叠梁的木拱。北宋名画《清明上河图》描绘的汴水虹桥就是这种做法，较短的木梁经过巧妙组合，形成整体拱形的结构，跨度很容易超过20米，今天在中国不少地方还能够看到这种木拱桥。希腊建筑的主要构件也是梁，简支石梁的跨度更难超过10米，同时采用承重墙结构体系，墙体非常厚重，空间形态也很受制约，罗马建筑普遍采用拱券结构后，跨度才得到较大的改进。

中国建筑空间外部形态的基本特征是平面舒展，这在很大程度上可被看成是华夏先民顺从自然依恋土地的心理反映。欧洲建筑与此正好相反，其中常见形体多呈向上趋势，如三角形（桁架、山花立面、金字塔）、圆弧形（券、拱、穹窿）以及竖立的矩形（塔楼）。中国建筑中并非完全没有这类形体，但具体处理大不一样，如以渐小的矩形叠加形成近似三角形的屋顶，以角柱生起做成下凹而非上凸的弧线，以重叠的单层结构替换筒状塔楼。凡此种种，都反映了中西主流文化的不同性格。但人类文化是多元而丰富的，顺从自然的心理其实并非中国人所独有。日本建筑师岸和郎说，水平象征着秩序，垂直象征着欲望。美国建筑师 F. 莱特在大草原上追求建筑的有机性，认为高直构件的缺点在于同自然不协调，从而设计了大量屋面坡度平缓的低层建筑物。

中国建筑空间外部形态的另一特征是封闭性：长城封闭着国家，城墙封闭着城市，坊墙封闭着邻里，院墙封闭着住宅。欧洲建筑空间当然也须考虑到一定程度的封闭性，以满足国家或城市的防御需要，但在城市内部，或在安全得到保证的前提下，建筑空间的封闭性立即消失。以住宅为例，中国用实体的围墙对外，露天的庭院位于建筑的中心；欧洲用通透的栅栏对外，开放的绿地环绕于建筑的周围。用专业术语说，此为图底反置。它反映了中国人与欧洲人在生活习俗及行为心理方面的差别，前者内向谨饬，后者则外向张扬。两者的物质差别可能显而易见，但从精神方面着眼，却意味深长。

四 建筑意匠

博大精深的中国古代文化，直到 19 世纪，一直保持着相当强的连续性。作为中国文化有机组成的一部分，中国建筑具有超前与早熟的设计意匠。林徽因在《论中国建筑之几个特征》中说："中国建筑为东方最显著的独立系统；渊源深远，而演进程序简纯，历代继承，线索不紊……即在世界东西各建筑派系中，相较起来，也是个极特殊的直贯系统……独有中国建筑经历极长久之时间，流布甚广大的地面，而在其最盛期中或在其后代繁衍期中，诸重要建筑物，均始终不脱其原始面目，保存其固有主要结构部分，及布置规模，虽则同时在艺术工程方面，又皆无可置议的进化至极高程度。"这种连续性，反映出中国传统建筑是一个成熟完善的体系，有着很强的生命力。但是从近代开始，中国受到西方炮舰和文化的同时入侵，在革新救国的时代诉求下，中国传统建筑无法逃脱被蔑视被不断摧残的命运。上世纪 40 年代，梁思成在《为什么研究中国建筑》中对传统建筑的状况深表担忧："研究中国建筑可以说是逆时代的工作。近年来中国生活在剧烈的变化中趋向西化，社会对于中国固有的建筑及其附艺多加以普遍的摧残。虽然对于新输入之西方工艺的鉴别还没有标准，对于本国的旧工艺，已怀鄙弃厌恶心理。自'西式楼房'盛行于通商大埠以来，豪富商贾及中户之家无不深爱新异，以中国原有建筑为陈腐。他们虽不是蓄意将中国建筑完全毁灭，而在事实上，国内原有很精美的建筑物多被拙劣幼稚的，所谓西式楼房，或门面，取而代之……近如去年甘肃某县为扩宽街道，'整顿'市容，本不需拆除无数刻工精美的特殊市屋门楼，而负责者竟悉数加以摧毁……这与在战争炮火下被毁者同样令人伤心，国人多熟视无睹。盖这种破坏，三十余年来已成为习惯也。"今日古建筑破坏的情形已经大为好转，人们越来越意识到传统建筑的价值，并逐渐予以保护。然而人们在对中国传统建筑的本质认识方面，特别是与欧洲建筑比较上，还有很多误区，有必要予以认真的辨析和讨论。

　　从物质层面上说，貌似简陋且难以持久的木建筑，似乎很难与壮丽而坚固的石头大教堂相提并论。这使很多中国人为传统建筑感到自卑，认为中国建筑不如西方，是没有价值的。然而从思想文化的深层次着眼，真相并非如此简单。建筑与绘画和雕塑的主要差别，就在于不能"以貌取人"。人们不大容易发现的是，中国传统建筑在物质层面上的简约，可能正是它在思想和意匠上超前和伟大的外在表现。

　　西方建筑与中国建筑相比之下的表面优势，与各自的文化特点密切相关。在西方，建筑是石头的史书。作为文化载体，建筑的功用强于文字，其他门类的艺术如绘画、雕刻等，往往都在为建筑服务。而在中国，文字才是历史的主要载体，建筑只是一种实用技艺，且从来未被推到高于其他技艺的地位。西方人将建筑看作是永久的纪念物，追求建筑在物质上的高大与恢弘；中国人不求实物之长存，建筑只求满足合理而适度的需要而已。儒家长期倡导的"卑宫室"思想，在很大程度上抑制了奢华的风气，限制了建筑的规模。单纯从物质表象去评价中国建筑和西方建筑的优劣，是有失公允的。

　　中国传统建筑采用梁柱的框架结构体系，较之西方的承重墙结构体系，即使以今人的眼光来看，也是高超和先进的。并不承重的中国墙体，只起围护和分隔作用（所谓墙倒屋不塌）。框架结构一旦确立，空间就获得了极大的自由，室内可以灵活地分隔布置。构件之间采用榫卯构造，具有很大的弹性，能消减瞬时的水平力，具有良好的抗震性能。榫卯连接的构件极易装配和拆卸，甚至可以做到整栋建筑物的拆卸搬迁。三国时孙权迁都建康，下诏拆运武昌旧宫的材料修缮新宫。经办的官员奏称："武昌宫作已二十八年，恐不堪用，请别更置。"孙权回答："大禹以卑宫为美，今军事未已，所在多赋，妨损农业。且建康宫乃朕从京来作府舍耳，材柱率细，年月久远，尝恐朽坏。今武昌木自在，且用缮之。"孙权拆旧建新的出发点是节俭，但是我们从中还可以看出，中国传统的木建筑早就有了"可循环"的优点。

构件之间的尺度用一定的标准统一起来，这就是建筑的模数制。宋代李诚在《营造法式》中提出了"以材为祖"的材分制度，"材"就相当于现在的基本模数单位，"材有八等，度屋之大小因而用之"，房屋因其规模等级的不同，采用不同等级的"材"。其它构件都以"材"作为基础而推算出来，使整个建筑不同的构件之间都有一种合理的内在联系。到了清代，"以材为祖"变成了以"斗口"为标准，尺度的基点变小，而模数思想是一脉相承的。

中国建筑很早就朝向标准化和规范化的方向发展，使得中国建筑的设计和建造都很容易。撇开土木和砖石两种材料在加工上的难易不同，我们还是可以说，中国建筑的施工期限比欧洲建筑要短得多。在中国，一座殿堂的建造很少超过十年；在欧洲，一座大教堂的建造往往需要百年。极端实例如科隆大教堂始建于1248年，直到1880才大体建成，经过了近7个世纪。这样的建筑是为神而不是为人服务的，如果没有强烈的献身态度，如果不是将人本精神压抑到极点，很难想象如此旷日持久的庞大建筑能得以完成。比较起来，中国建筑服务于人，因而建筑计划的理性、实用、适度是显而易见的。

中国历史上从未出现过宗教支配一切的时代，宗教对建筑的影响绝非欧洲那样普遍而决定性的。然而礼制对建筑的影响不可忽视，建筑活动处处受到礼的规范。礼在中国古代是社会的典章制度和道德规范，"周公制礼作乐"总结了夏商以来的国家制度和各种行为标准，形成比较完善的《周礼》。《周礼》本名《周官》，分为"天地春夏秋冬"六个部分，以天官冢宰居首，总理政和总御百官；地官司徒，掌征发徒役，田地耕作；春官宗伯，掌礼制、祭祀等事；夏官司马，掌军事；秋官司寇，掌刑狱。而"冬官"则是以大司空为长官，主管建筑工程。这种安排是合乎自然的，冬天农人处于闲暇之中，干爽的气候适宜土木建设，遂得其名。建筑的等级、布局、形制等，很早就被严格地规定了下来。

中国自古就很重视建筑和环境的关系。传统文化以农耕为主导，农耕受制于天时地利，顺应环境便显得十分重要。新石器时期人们便开始体察自然，选择适宜居住的地方，这一思想大约在3500年前的夏商之际基本成熟，以后历经完善，形成了一整套考虑周全的体系。汉代杂糅阴阳五行等神秘学说，形成了中国古代专门的学问：风水。古人非常重视建筑选址，风水师是专门的职业人士。由于同地理学的紧密联系，从事风水的人又称地理先生。风水观念集中体现了中国人顺应自然的态度，它极大地影响了建筑的选址、朝向、布局等。流传至今的风水学说极其复杂，其中不免某些迷信成分，但瑕不掩瑜，风水中蕴涵的合理性要素永远有其存在的价值。

五　建筑师

在欧洲，从古希腊开始，建筑师的名字就常常被记载下来，神庙的建筑师甚至被当作"通神"之人而受到无比的尊敬。其中原因，很难三言两语地解释清楚。但概而言之，可以大致认为，在欧洲文化中，个人独特创造的价值远远大于群体之间的和谐。欧洲文明的典型标志就是征服自然和改造自然，作为人与自然抗争的代表性成就，宏伟壮丽的建筑备受尊崇是理所当然的。

显然，中国文明的要义与此不同。在中国的传统观念中，对过度的土木营造，也就是今天的奢华建筑，往往持轻视态度，认为其不登大雅之堂。土木营造的行业乃匠人所为，文人往往为之不屑。在有些古代文献中，会附录一章"奇技淫巧"，记述那些过度机巧而无实用意义的技术或发明。当我们欣赏中国古代建筑时，多半不知道建筑师是谁。只有极少数建筑师的名字，因为与某种事件的关联而流传下来。唐代柳宗元《梓人传》中记述的"梓人"，是一个木工头领，自己不会操作斧斤，而长于指挥调度，很像今天的建筑师。韩愈《圬者王承福传》中的"圬者"，则是一位技艺娴熟同时操守极高洁的瓦工。虽然我们从中可以看到古代"建筑师"某一方面的工作情况，可是这两篇文章的作者原意都不在于为建筑师树碑立传，而注重于文以载道，阐述做人和为官之道。

中国古代有一套严格的工官制度，工官是城市建设和土木营造的掌管者和实施者。从西周到汉代，"司空"是全国最高的工官。"司"是掌管的意思，"空"与"建筑空间"有某种关联。由此推测，中国古人早已经意识到，空间才是建筑更本质的东西。《道德经》中有这样的一段话："三十辐共一毂，当其无，有车之用；埏埴以为器，当其无，有器之用。凿户牖以为室，当其无，有室之用。故有之以为利，无之以为用。"我们祖先对空间的重视，在很大程度上影响了建筑的发展。

【附录】

一．参考阅读

1. 李允鉌：《华夏意匠》，第14页：

很不幸，在半个乃至一个世纪之前，面对西方的近代较为迅速发展的科学技术以及文化技术，中国一些学者似乎多少失去了一些自信心，某些前辈专家也许或多或少地受到前一时代的"欧洲中心论"的影响，不自觉地认定现代科学和文化全部源自西方。在整理和研究文化学术遗产或者说"国粹"的时候，充其量只是说保存和发扬民族文化，或者希望中国人按照中国原有的道路走下去，很少考虑整个现代的科学技术、文化艺术和传统的中国文化学术之间可能会产生什么关系。在建筑这一门学问上，在思想上曾经产生过十分混乱的状态，曾经有过一个时期，基于一种浓厚的热爱民族文化的感情或者爱国主义的意识，一再地提倡对传统的形式继承的问题，于是，形式和风格的模仿就成为了理论工作的一个重心，较少人去注意深入设计原则的探讨、技术上的科学分析。很多人把兴趣放在搜集古代建筑的装饰图案上，而不是着手于对中国建筑问题做通盘的研究和分析。

2. 潘谷西：《中国建筑史》，第1～2页：

木架建筑如此长期、广泛地被作为一种主流建筑类型加以使用，必然有其内在优势。这些优势大致是：（一）取材方便：在古代，我国广袤的土地上散布着大量茂密的森林，包括黄河流域，也曾是气候温润、林木森郁的地区。加之木材易于加工，利用石器即可完成砍伐、开料、平整、作榫卯等工序（虽然加工非常粗糙）。随着青铜工具以及后来的铁制斧、斤、锯、凿、钻、刨等工具的使用，木结构的技术水平得到迅速提高，并由此形成我国独特的、成熟的建筑技术和艺术体系。（二）适应性强：木架建筑师由柱、梁、檩、枋等构件形成框架来承受屋面、楼面的荷载以及风力、地震力的，墙并不承重，只起围蔽、分隔和稳定柱子的作用，因此民间有"墙倒屋不塌"之谚。房屋内部可较自由地分隔空间，门窗也可任意开设。使用的灵活性大，适应性强，无论是水乡、山区、寒带、热带，都能满足使用要求。（三）有较强的抗震性能：木构架的组成采用榫卯结合，木材本身具有的柔性加上榫卯节点有一定程度的可活动性，使整个木构架在消减地震力的破坏方面具备很大的潜力，许多经受过大地震的著名木架建筑如天津蓟县独乐寺观音阁、山西应县佛宫寺塔（二者均为辽代建筑，建成已千年左右）都能完好地保存至今，就是有力的证明。（四）施工速度快：木材加工远比石料快，加上唐宋以后使用了类似今天的建筑模数制的方法（宋代用"材"，清代用"斗口"），各种木构件的式样也已定型化，因此可对各种木构件同时加工，制成后再组合拼装。所以欧洲古代一些教堂往往要花上百余年才能建成，而明成祖兴建北京宫殿和十王府等大规模建筑群，从备料到竣工只有十几年。嘉靖时重建紫禁城三大殿也只花3年，而西苑永寿宫被焚后仅"十旬"（百日）就重建完成。（五）便于修缮、搬迁：榫卯节点有可卸性，替换某种构件或整座房屋拆卸搬迁，都比较容易做到。历史上也有宫殿、庙宇拆迁异地重建的例子，如山西永济县永乐宫，是一座有代表性的元代道观，整组建筑群已于 20 世纪 50 年代被拆卸迁移至芮城县境内。由于木架建筑所具有的上述优势，也由于古代社会对建筑的需求没有质的飞跃，木材尚能继续供应，加上传统观念的束缚以及没有强有力的外来因素的冲击，因此木架建筑一直到 19 世纪末、20 世纪初仍然牢牢地占据着我国建筑的主流地位。

二．思考题

1．建筑上传统与现代的关系，你如何理解？

2．试从物质和精神两个层面上比较中国和西方建筑。

3．面对生态恶化和资源枯竭的危机，你认为建筑业是否应该承担某种责任？

第二讲
建筑背景中的历史与智慧

根据《易·系辞》的分析，"形而上者谓之道，形而下者谓之器"。《论语·为政》中孔子说："君子不器。"这两段精辟的先秦话语，实际上早已总结出了中华民族重视精神文明远甚于物质文明的基本特点。中国传统建筑的演变过程，自然不能脱离文明架构的整体约束。为了便于读者对于以后各讲内容的理解，这一讲稍微撇开具体的建筑内容，着重追溯作为中国建筑背景的远古历史与独特智慧。朱熹说得太好了，"半亩方塘一鉴开，天光云影共徘徊。问渠那得清如许，为有源头活水来。"

中国新石器时期的历史和智慧，因为存在于文字出现以前，所以大体以神话传说的形式流传于世。近年来随着考古成果的持续积累，昔日诸多极其模糊的故事逐渐变得清晰。运用王国维所谓的"二重证据法"，将考古资料与古籍文献结合起来，我们推测先秦所谓"三皇五帝"，大概就是距今 8000～4000 年前的部落酋长。源于春秋战国的一般说法是，燧人氏、伏羲氏、炎帝（神农氏）合称为"三皇"，黄帝、颛顼、帝喾、唐尧、虞舜合称为"五帝"。还有其他几种说法，但差异并不太大。总的说来，可以认为有关三皇五帝的多种说法，其实是我国多民族曲折融合的历史映射。夏代之前，在黄河、长江和西辽河这三大流域，形成了居于中心地位的华夏族和苗族以及被华夏族蔑称为蛮、夷、戎、狄的边缘民族。今人说华夏族为炎黄后裔，实际上是中国三大流域中间的强者最终获胜的集体记忆。

一　欹器与中庸之道

在黄河中游仰韶文化时期的多处遗址中，有一种造型奇特的陶制尖底瓶，又称欹器（图2-1）。与通常陶瓶或陶罐不同的是，其两耳不在上部而在中部甚至偏下位置，最初功用应当是便于汲水。经验表明，人们用两耳在上的通常容器自上而下取水时，由于重力的作用，很难使容器口朝下令水进入。欹器的奇妙之处在于，空腹时瓶口略向前倾，因而极易令水进入；灌入大半瓶水后，瓶身竖直；而一旦灌满水，瓶身就会顿时倾覆，把水倒净。《荀子·宥坐》中记载："孔子观

图 2-1　马家窑仰韶欹器

于鲁桓公之庙，有欹器焉，孔子问于守庙者曰：此为何器？守庙者曰：此盖为宥坐之器。孔子曰：吾闻宥坐之器者，虚则欹，中则正，满则覆。孔子顾谓弟子曰：注水焉。弟子挹水而注之。中而正，满而覆，虚而欹，孔子喟然而叹曰：吁！恶有满而不覆者哉！子路曰：敢问持满有道乎？孔子曰：聪明圣知，守之以愚；功被天下，守之以让；勇力抚世，守之以怯，富有四海，守之以谦：此所谓挹而损之之道也。"

鲁桓公于公元前711—前694年在位，时当春秋初年，欹器已为宥坐之器，即起到座右铭的作用。可见在西周甚至更早时，有人已经充分注意到欹器取水时"满则覆，中则正，虚则欹"的独特现象，进而将其抽象归纳，成为指导人们生活和思考的哲学观念。仰韶文化的尖底瓶多出土于墓葬而极少出土于住屋，表明早在6000多年前，这种器物已经在很大程度上脱离实用功能。而在几乎每一处遗址的居住区，都会出土一件高达八九十厘米的大型尖底瓶，这样大尺度的尖底瓶完全不能用于取水，因而可以肯定必非实用器而是具有某种特殊功用的。由此可见，孔子思想的来源是何等久远，先秦诸子胸中蕴藏的非凡智慧绝非空穴来风。中庸适度的观念，对于古代中国精神领域的影响可谓无所不在，对于传统建筑的影响同样巨大。

《中庸》原为儒家经典《礼记》中的一章，宋朝理学家非常推崇，从而将其抽出独立成书，朱熹将其与《论语》、《孟子》、《大学》合编为《四书》。《中庸》："故君子尊德性，而道问学，致广大，而尽精微，极高明，而道中庸。""中庸"字面上的解释即"执中"，与欹器所演示的取水经验一致。"中庸"较深层面的解释即俗语所谓"盛极而衰、否极泰来"，其义出于《周易》。《周易》是先秦一部有关占筮的书，在中国历史上地位极崇高，以至于秦始皇焚书时亦不敢予以毁伤。《周易·乾》："上九，亢龙有悔。"孔颖达疏："上九，亢阳之至，大而极盛，故曰亢龙，此自然之象。以人事言之，似圣人有龙德，上居天位，久而亢极，物极则反，故有悔也。"达极致而不知谦退，则难免盛极而衰，终至于悔。"否极泰来"于此形成一个完整的循环。《周易·否》："否之匪人，不利君子贞，大往小来。"《周易·泰》："泰，小往大来，吉亨。"否卦逆境，泰卦顺境；逆境达到极点，就会向顺境转化。反之亦然。

魏晋玄学以崇尚老庄、和合儒道为特征，玄学家们奉《老子》、《庄子》、《周易》为经，称之为"三玄"，并以《老子》、《庄子》注《周易》。唐末五代达于极盛的佛教禅宗，则使儒、释、道三教大体合一，在中国思想史上登上一个高峰。"花未全开月未圆"，是禅宗推崇的最佳境界。其根据完全在于人们对自然现象的实际观察：全开之花，不免凋谢；全圆之月，随即缺损。

综上所述，中国古人对自然现象的观察，可谓细致入微；智者将其归纳分析以后，上升为抽象的人生感悟。以今天的话语说，其中蕴含着何等高明的科学智慧和理性精神。

二　舜之虞

如果我们将8000年以来的中华文明大体分为前后两段，那么就容易看出，新石器时代与金属时代恰好平分秋色。在其中间，尧、舜、禹承前启后，是中国文明演进中的里程碑式人物。他们是华夏民族最早的共主，是中国古代优秀文明的开创者。学术界普遍认为，尧、舜、禹之间的联系紧密，三人相继禅让的故事，真实反映了转折时期精神文明的高度发展。

从文化史的整体视野看，我们可以从新石器时代的"三皇五帝"中选出三个代表：炎帝、黄帝、舜帝。以物质建设为主要内涵的炎帝时代，制耒耜种五谷、作陶器保健康、治麻布缝衣裳、削木弓保安全、立市廛促交换、结琴弦能逸乐。以制度文化为主要内涵的黄帝时代，创造文字、制衣冠、建舟车、造指南车、定算数、制音律、创医学等。以忠孝道德为主要内涵的舜帝时代，《史记》云："天下明德，皆自虞舜始。"与炎、黄二帝相比，舜帝对于中国文明的贡献主要在于精神层面而非物质，以今天的话说，就是以人为本，以德为先。就此而言，舜帝才是中国传统文化的主要开创者，是人类由野蛮走向文明的代表性人物。儒家将舜视为理想人物，是仁孝的典范。《国语·鲁语上》："故有虞氏禘黄帝而祖颛顼。"

相传舜年轻时就闻名遐迩，可是并非具有什么特别的力量或技能，而是因为能对虐待他的父母坚守孝道。当尧向四方酋长们征询自己的继任人选时，舜自然得到大力举荐。为了考察舜的品行，尧将两个女儿嫁给他。舜不但使全家和睦相处，而且在社会活动中表现出卓越才干。据《管子·版法解》记载："舜耕历山，陶河滨，渔雷泽，不取其利，以教百姓，百姓举利之，此所谓能以所不利利人者也。"《史记·五帝本纪》云："舜耕历山，历山之人皆让畔；渔雷泽，雷泽之人皆让居；陶河滨，河滨器皆不苦窳。一年而所居成聚，二年成邑，三年成都。"在他躬身耕渔的地方，便兴起谦逊礼让的风尚；他制作器物，就能带动周围人精益求精；他到哪里，追随者都会越来越多。以当代话语可以毫不夸张地说，这就是和谐社会的实现。

除了和谐社会的德行之外，舜的深远智慧似乎隐而不彰，但对于中国文明的影响可能更大。这就是"虞"——防微杜渐，悉心消除人类发展与自然之间产生的矛盾，最终达到和谐共存。"有虞氏"是舜所在远古部落的称谓，因而可以相信舜的智慧其源有自。舜成为首领后，受尧帝禅让，登帝位，国号有虞，后世因之虞舜连称。有虞国建都于蒲坂（今山西永济一带），正是中原文明的核心地区。

和谐自然的思想和行动，是中原文明得以始终如一可持续发展的基本要素。在世界文明史上，这是无与伦比的硕果仅存。当人类发展的可持续性于今受到严重挑战之际，中原远古的经验太值得我们注意了。在嵩山南北的中原核心区，和谐自然的思想和行动的演进脉络特别清晰。从8000多年前的裴李岗文化，经过仰韶文化、河南龙山文化、二里头夏文化、二里岗和殷墟商文化迄至东周以降，其间从未中断。春秋战国时，诸子百家有关治国的方略众说纷纭，但除了急功近利的兵家和法家以外，各家在和谐自然方面的认识庶几相近。

"虞"之本义在于考问、忖度。《尚书·商书·西伯戡黎》："不虞天性，不迪率典。"《左传》："我无尔诈，尔无我虞。"《史记·货殖列传》："待农而食之，虞而出之，工而成之，商而通之。""虞"之引申义即为深谋远虑、未雨绸缪。《易·中孚》："虞吉，有它不燕。"《诗·大雅·抑》："质尔人民，谨尔侯度，用戒不虞。"《孙子·谋攻》："以虞待不虞者胜。"

"虞"也是古祭名，既葬而祭，有安定神灵之意。自古以来，困惑人类最大的问题之一是：我从哪里来？有鉴于此，华夏先民慎重地办理父母丧事，虔诚地祭祀祖先。《论语·学而》："曾子曰：慎终追远，民德归厚矣。"虞祭中的礼乐称虞歌（或虞殡），虞祭时所立的神主称虞主。《左传》："有司以几筵舍奠于墓左，反，日中而虞。"

由于受到长期的正面评价，"虞"的含义转化为乐趣或快乐。《吕氏春秋·慎人》："故许由虞乎颍阳，而共伯得乎共首。"《国语·周语》："昔共工弃此道也，虞于湛乐，淫失其身。"《逸周书·丰谋》："三虞。"注："虞，乐也。"《广雅》："虞，安也。"

在辅佐帝王治国的众臣中，善"虞"之人十分重要，舜帝时就设置有"虞"或"虞人"这一职官。《尚书·舜典》："帝曰：畴若予上下草木鸟兽？佥曰：益哉！帝曰：俞，咨！益，汝作朕虞。"《国语·晋语四》："（文王）询于八虞，咨于二虢，度于闳夭而谋于南宫。"当时虞官的职责似乎与后来的谏官相似，谏官为春秋初年时齐桓公所设，他们被要求直言规劝君主的过失。稍晚晋国的中大夫、赵国的左右司过、楚国的左徒，都属于谏官一类。虞官与谏官之间的差别则在于：谏官通常务虚，虞官则有明确而具体的分工，主要是促进山林水泽资源的可持续使用，使其开发活动被控制在特定时间和数量之内。《周礼·地官·司徒》：山虞掌山林之政令，泽虞掌水泽之禁令。《礼记·月令》："（季夏之月）树木方盛，乃命虞人入山行木，毋有斩伐。"《国语·周语中》："司寇诘奸，虞人入材，甸人积薪。"《左传·昭公二十年》："晏子曰：薮之薪蒸，虞候守之。"与此同时，在收获自然资源时，相关用具也以"虞"命名。如虞人汇集获取物时所用的旗帜谓之虞旌，虞人为了捕获禽鸟所张设的网罗谓之虞罗。

管子和孔子都生于春秋末年，一在齐一在鲁比邻而居，前者太过实用以致逾制非礼，曾受到后者的严厉批评，但管子有关和谐自然的思想高度却丝毫不逊于孔子。管子总结前人经验，在自然资源的利用以及宫室建设等方面作出十分细致的安排，对后世学人特别是儒家影响很大。《管子·八观》："故曰，山林虽广，草木虽美，宫室必有度，禁发必有时，是何也？曰：大木不可独伐也，大木不可独举也，大木不可独运也，大木不可加之薄墙之上。故曰，山林虽广，草木虽美，禁发必有时；国虽充盈，金玉虽多，宫室必有度；江海虽广，池泽虽博，鱼鳖虽多，罔罟必有正，船网不可一财而成也。非私草木爱鱼鳖也，恶废民于生谷也。"

孟子和荀子都是孔子之后的儒学大家，二者在"人性善"与"人性恶"之争中各执己见，但在和谐自然方面的思考却别无二致。《孟子·梁惠王上》："不违农时，谷不可胜食也；数罟不入洿池，鱼鳖不可胜食也；斧斤以时入山林，材木不可胜用也。"《荀子·王制》："草木荣华滋硕之时，则斧斤不入山林，不夭其生，不绝其长也；鼋鼍鱼鳖鳅鳝孕别之时，罔罟毒药不入泽，不夭其生，不绝其长也；春耕、夏耘、秋收、冬藏，四者不失时，故五谷不绝，而百姓有余食也；污池渊沼川泽，谨其时禁，故鱼鳖优多，而百姓有余用也；斩伐养长不失其时，故山林不童，而百姓有余材也。"

追溯历史，先秦朝野中有关可持续发展的意识极其明确，因而大大促进了中国环保事业的早熟。可以肯定，这就是中国古代主流思想得以产生的摇篮，也是中国传统社会得以绵延不绝的坚实基石。站在今天的立场看，正因为诸子百家中的很多人具有超越时空的科学眼光，他们才能在 2500 年前的古代世界中达到人类智慧的高峰。不幸的是，在秦汉以降的中国心路历程中，环境保护以求可持续发展的意识渐行渐远。迄至明清，和谐自然的伟大思想仅仅一息尚存，它们或以乡规民约的狭义姿态出现，或以风水堪舆等混沌迷信的方式流行。

在西方世界，有关可持续发展的意识出现得很晚。行商与海盗出身的欧洲人，不屑于环境保护；作为地道的暴发户，他们相信自然和他人都是可以被征服的。直到文艺复兴时期，英、法等民族国家才得以最终形成。随后出现的工业革命，使欧洲成了列强的摇篮。数百年来，意外的快速致富以及淋漓畅快的战争胜利，使技术科学成了无坚不摧的全球迷信。直到 1962 年，美国生物学家蕾切尔·卡逊出版《寂静的春天》，书中阐释了农药杀虫剂滴滴涕对环境的污染和破坏作用。此后，美国政府开始对剧毒杀虫剂问题进行调查，并于 1970 年成立了环境保护局，各州也相继通过禁止生产和使用剧毒杀虫剂的法律。1972 年联合国召开"第一届联合国人类环境会议"，提出了著名的《人类环境宣言》，环境保护事业正式引起世界各国政府的重视。

1956 年，在中国全国人大会议上，秉志等生物学家呈交提案《请政府在全国各省（区）划定天然林禁伐区，保护自然植被以供科学研究的需要》。同年 10 月，林业部制定了《关于天然森林禁伐区（自然保护区）划定草案》，在全国 15 个省划定 40 余处禁伐区。对水、土地、森林、草场、矿产、水产渔业、生物物种、旅游等重点资源，实施强制性保护，在地下水严重超采区和生态系统脆弱地区划定禁采区、禁垦区和禁伐区。1988 年全国人大通过《中华人民共和国野生动物保护法》，国家对珍贵、濒危的野生动物实行重点保护。为保护野生动物资源，建立禁猎区，在规定的禁猎区期限内不准进行狩猎活动。1995年开始在黄海、东海，1999 年开始在南海实行伏季休渔制度，旨在缓解过度捕捞对渔业资源造成破坏。1973 年，中国政府在国家建委下设环境保护办公室，各省相继成立了环境保护局，随后正式禁止在全国范围内生产和使用滴滴涕。2008 年，成立中华人民共和国环境保护部。

然而中国的环境和资源现状并不乐观，空气、土壤和水体等自然资源的污染，以及由此而引发的动植物品种灭绝等问题远未得到解决。从国家兴亡的大处着眼，近几十年来黄河断流的时间越来越长，长江则在上游长期的水土流失中成为更大的"黄"河。先哲实际上早已向我们提出了触目惊心的警示，《国语·周语上》："昔伊洛竭而夏亡，河竭而商亡。"然而时至今日，很多人依旧无动于衷。我们经常可以在身边看到，竭泽而渔毁损资源大有人在，他们在河湖之中，或以电击、或施炸药、或使用眼孔极小的渔网去狂轰滥捕。与此相比，2000多年前一则君王从善如流的故事令今人羞愧不已。《国语·鲁语上》："宣公夏滥于泗渊，里革断其罟而弃之，曰：古者大寒降，土蛰发，水虞于是乎讲罛罶，取名鱼，登川禽，而尝之寝庙，行诸国人，助宣气也。鸟兽孕，水虫成，兽虞于是乎禁罝罗，猎鱼鳖以为夏槁，助生阜也。鸟兽成，水虫孕，水虞于是乎禁罜罭，设阱鄂，以实庙庖，畜功用也。且夫山不槎蘖，泽不伐夭，鱼禁鲲鲕，兽长麑麌，鸟翼鷇卵，虫舍蚳蝝，蕃庶物也，古之训也。今鱼方别孕，不教鱼长，又行网罟，贪无艺也。公闻之曰：吾过而里革匡我，不亦善乎！是良罟也，为我得法。使有司藏之，使吾无忘谂。师存侍曰：藏罟不如置里革于侧之不忘也。"

三 "义正"社会的追求

随着工业资本主义全球化的深入，人类整体的生存，面临着日益严重的挑战。来自自然领域的资源和生态危机，加上来自社会领域的经济危机，已经向我们敲响了最后的警钟。在此情况下，很多西方的有识人士也表达了深刻的反省。1988年，世界三分之二的诺贝尔奖得主聚会巴黎，宣言中首先说到："如人类要在21世纪生存下去，必须回首2500年去吸取孔子的智慧。"2007年比尔·盖茨在哈佛大学的毕业典礼上说："人类的最大进步并不体现在发现和发明上，而是如何利用它们来消除不平等。不管通过何种方式，民主、公共教育、医疗保健、或者是经济合作，消除不平等才是人类的最大成就。"

回首2500年前，与孔子同时代的另一大智者，似乎早就做出了穿越时空的预言。《墨子·天志下》："曰顺天之意者，兼也；反天之意者，别也。兼之为道也，义正；别之为道也，力正。曰义正者何若？曰大不攻小也，强不侮弱也，众不贼寡也，诈不欺愚也，贵不傲贱也，富不骄贫也，壮不夺老也。……曰力正者何若？曰大则攻小也，强则侮弱也，众则贼寡也，诈则欺愚也，贵则傲贱也，富则骄贫也，壮则夺老也。是以天下之庶国，方以水火毒药兵刃以相贼害也。若事上不利天，中不利鬼，下不利人，三不利而无所利，是谓之贼。故凡从事此者，寇乱也，盗贼也，不仁不义，不忠不惠，不慈不孝，是故聚敛天下之恶名而加之。是其故何也？则反天之意也。"

我们不难看出，墨子追求的"义正"的社会，正是比尔·盖茨理想的中国式表达；墨子在对"力正"社会的描述中，何等清晰地预见到工业资本主义和社会达尔文主义所造就的当代乱相。必须指出，衡量人类文明与动物野蛮的标准本应截然有别，但在过去 300 多年间，标准出现了极大的混乱。现在已经到了拨乱反正的最后关头，由丛林走出的人类各部分成员之间，只有亲密无间地携手合作，才能够逐渐消除危机，进而走向可持续发展的光明之道。在真正美好的天堂里，人类之间应当充满关爱，强不侮弱、众不贼寡、诈不欺愚、贵不傲贱、富不骄贫、壮不夺老。至此我们更容易明了老子关于"无为"的倡导：在人类的文明社会中，强者与弱者之间的良好关系，主要不在于强者能够做什么，而在于能够不做什么。

在公元后 21 世纪的今天，古老的故事似乎又在重演。当代物质文明极为发达，以全球 GDP 总量约 400 亿元人民币估算，大约 68 亿总人口中的每个人平均所得约为 6 万元人民币，换成美金约为 8000 多元。根据经济学的一般看法，人均 GDP 从 1000 美元到 10000 美元的国家已经到中等发达水平。这个数字表明，全球已经拥有的物质财富足够每个人都过上衣食无忧的幸福生活。然而现实世界中的战争、纷扰和贫困告诉我们，人类中的很多成员包括富人在内生活得并不幸福。孔子的至理名言"不患寡而患不均"，再一次得到极其充分的印证。物质文明的过度发达，若不加以克制，必将导致负面效应，其结果可能极其严重。对于今人而言，远古的教训有重大的借鉴意义。

从 20 世纪末开始，资源枯竭和生态恶化成为横亘在人类面前的两大危机。人类如何"可持续发展",是各国朝野亟待解答的问题。在这些问题面前,当代主流社会迄今没有找到令人信服的正确途径。祸不单行!当所谓自由的工业资本主义终于打败对手独步于全球之后,它也逃不过"盛极而衰"的历史规律。美国于2007年开始浮现的金融危机,逐渐影响到世界各国,即使多国中央银行多次向金融市场注入巨额资金,也无法阻止这场金融危机的爆发。直到2008年,这场金融危机开始失控。然而这场危机的始作俑者,并不打算担负起自己的责任,他们迄今为止未曾有过丝毫的反省。18世纪工业资本主义兴起之际,英国经济学家亚当·斯密认为:在纷繁而有序的经济活动背后,有一只进行调控的"无形的手",每个人都想得到自己的利益,但又被一只"无形的手"牵着去实现一种他本来无意实现的目的,最终促进社会的利益,其效果往往比他们真正想要实现的还要好。这个被奉为经典的理论风行世界超过300年,在其指引下,巧取豪夺获得了充分的正当性,而全球财富持续不断地畸形集中于少数寡头手中。

金融危机宣告了西方经济学经典理论的彻底破产,也让"无形的手"之真相曝光于天下。经济学上的相关理论,其实早在2500年前的中国就曾出现过。管仲是比孔子稍早的管理大师,他倡导"尊王攘夷",辅佐齐桓公创立霸业;同时提出一套刺激消费的理论,用以促进经济发展。《管子·侈靡》:"雕卵然后瀹之,雕橑然后爨之。丹沙之穴不塞,则商贾不处。富者靡之,贫者为之,此百姓之怠生,百振而食。"孔子对其行政能力颇为欣赏:"微管仲,吾其被发左衽矣。"但对其经济理论和处世行为都给予严厉的批评:"子曰:管仲之器小哉!或曰:管仲俭乎?曰:管氏有三归,官事不摄,焉得俭?然则管仲知礼乎?曰:邦君树塞门,管氏亦树塞门。邦君为两国之好,有反坫,管氏亦有反坫。管氏而知礼,孰不知礼?"

总体而言,中华民族是幸运的。历史上孔子的地位和影响,都远远超过管子;孔子光辉照耀下的中国,虽然不免波滔汹涌中的载浮载沉,但维持了2000多年富强而基本统一的大国形态,并在近代历经危机后,终于避免被列强肢解的厄运,逐渐走上国强民富的康庄大道。

四　生物多样化与文化多元化

由于人类在地球上的剧烈活动，特别是工业资本主义加速全球化以后，多种生物都已面临危机。1985 年美国科学家罗森首先提出"生物多样化"这一概念。1992 年在巴西举行地球最高级会议，"生物多样化"被广泛认同，150 多个国家承诺保护自己国家内的生物多样化，并协助其他国家达到同样目标。大家认为，任何动植物都可能有意料不到的效用，例如帮助我们治病或生产新的粮食作物。为了保护物种及其生态环境，人类必须付出很大代价，但没有人能够预测，如果不进行保护我们将会面临怎样的灾难。以目前的认识来看，人类至少有三大需要离不开生物多样化：一是人类活动所需要的资源和生命所需要的营养必须由多样化的生物系统来提供；二是包括人类在内的每一种生物生存都需要多种物种来共同维护；三是人类的生存环境需要多样化的生态系统来提供保障。

可悲的是，在"生物多样化"这一概念业已得到科学论证并在全世界获得赞赏之际，"文化多元化"仍旧是一个众说纷纭莫衷一是的话题。在人文学科，由于话语权长期被"社会达尔文主义"所掌控，人们已经对很多严重谬误习以为常。社会达尔文主义的核心概念是，在动物世界中生存竞争所造成的自然淘汰，在人类社会中也是一种普遍的现象。社会达尔文主义推崇的结论是，在人类进化的过程中，"劣等"或"落后"的种族和文化都应当被消灭。在这种思想的主导下，不但美洲印第安人文化有待欧洲雅利安人的"发现"和征服，亚洲的印度和中国文化也都有待欧洲雅利安人的"发现"和征服。由于欧洲雅利安人内部产生的两次世界大战，"社会达尔文主义"已于 1945 年以后风头不再。但是它显然不会就此划上句号，不会彻底地销声匿迹。二战以后，西方列强的殖民主义表面看似退出了历史舞台；实则不然，在金钱追求、力量崇拜以及科技迷信等风靡全球之际，殖民主义已在不知不觉中完成了从外向内自我转换的过程。

英语作为当代世界上主要的交流工具，我们当然要学习；欧美文化作为当代世界上主流国家的文化，我们也无法回避。然而我们是否应该鄙弃自己的语言，是否应该葬送自己的文化，历史已经给出了明确的答案。100多年来，中国人向西方学习不可谓不彻底。关于废弃汉语、废弃中医、废弃中国传统的呼喊，早已不是发自洋人，而是很多高级华人自发的声音。我们毫不留情地拆毁中国传统建筑，建造时空错位的"欧陆风"，以便拥有受人羡慕的时尚之家；我们强忍着凛冽的寒风，一掷千金购置领口大开的西装，以便在聚会中显示自己的品位；我们不惜花费数倍于中餐的钱两，以便享受让自己胆固醇升高的不健康食品；我们倾尽家产委身于西医，以便接受各种没完没了而最终治标不治本的西式诊疗。现在是认真思考的时候了。在很多自以为科学进步的情况下，我们究竟得到了什么？失去了什么？

有人要我们向印度学习，这里总要讨论一下学习什么。作为四大文明古国之一的印度，的确有过很高的成就，诞生于斯的佛教文化一度影响遍及整个东方；东汉直至宋代，很多中国人都曾将"西方"视为理想的"净土"，五体投地地向其学习。可是在长期遭受侵略和殖民以后，印度人逐渐散失文化自信并学会了臣服顺从。自11世纪起，穆斯林民族不断入侵并长期统治印度；1526年莫卧儿帝国在印度建立，但是统治者是有突厥血统的蒙古人，官方语言是波斯语；1600年印度被英国入侵，1849年全境被英占领，1858年被英国直接统治。1947年6月，英将印度分为印度和巴基斯坦两个自治领；同年8月15日，印巴分治。1950年1月26日，印度共和国成立，然而此印度已非彼印度，印度人特别是其上层阶级，大体上已经忘记了自己的母语，皆以讲英语为荣。他们对自己的历史早已不甚了了，惶论情感上的留恋。在印度辉煌的历史中，除了某些不易被毁的金石物质得以残存以外，大部分的记忆都已模糊。以至于法显的《佛国记》和玄奘的《大唐西域记》慨然成为印度历史的主要教科书，但这两本小册子原本不过是朝拜印度文化的东土求学者的游记而已。就学习西方文化这一点而言，印度人不可谓不彻底。他们最终全盘接受了西方的"科学与民主"，而听任灿烂的传统文化一步步被摧毁殆尽。

作为邻居，作为一个有着相似传统和遭遇的国家，中国不能不为印度感到悲哀，中国人更应当从中汲取教训。实际上，除了印度以外，巴比伦、埃及、美洲等古代文明的消失，无不给人类整体带来了无可估量的损失。从终极意义上说，全世界都不能不为她们感到悲哀，各国人都应当从中汲取教训。这是一个过于宏大的叙事，但是概而言之，首先可以从"文化多元化"的原则着眼。我们认为，"文化多元化"与"生物多样化"有着相同的合理性，正如"生物"来源于"自然"那样，产生"文化"的温床也是"自然"。因为"文化"的创造者是"人"，而"人"不过是自然中的"高级生物"之一。若将"文化"的源头追溯到开始于300万年前的"第四纪"，我们就会明了，在研究"生物"的自然学科与研究"文化"的人文学科之间并不存在不可跨越的鸿沟。在第四纪，北半球的高山出现大规模的冰川活动。冰川的扩进和退缩，形成了寒冷的冰期和温暖的间冰期，两者的多次交替导致海平面的大幅度升降、气候带的转移和动植物的迁徙或绝灭等事件，这些都对早期人类的体质、文化及居住范围发生过极大的影响。因此，第四纪地质学的研究成果便成为旧石器时代考古研究必不可少的依据。

19世纪中叶以后，由于战争中的多次惨败，中国人开始沉痛的反省。洋务运动、戊戌变法以及新文化运动，大体皆为终告失败的慷慨悲歌。在泪眼迷离之中，曾国藩、李鸿章说，中国的器物不如人；康有为、梁启超说，中国的制度不如人；胡适之说得最彻底，要承认我们万事不如人，我们科技不如人，文学不如人，建筑不如人，身体不如人，我们什么都不如人，只有这样我们才能够死心踏地地去向别人学习。

从如此深刻的反省开始，中国经过长期的全盘西化，直到20世纪末的自我殖民。今天中国的物质文明建设取得了很大成就，经济上俨然成为世界性的巨头。但是中华民族是否已经屹立于世界优秀民族之林？中国是否真的已经从整体文化上堪称世界强国？事实未必那么乐观！在国土安全不受侵犯、国民生计不再担忧之后，民族信心的重建也许是当前最为紧迫的工作，民族精神的树立才是一个国家自立自强的基本保证。杨叔子教授说得太对了：人文文化是一个民族的身份证，没有先进的科学技术，我们会一打就垮；没有人文精神、民族传统，一个国家、一个民族会不打自垮。邻居印度的前车之鉴，似乎并未引起国人的重视。

作为世界文明古国中唯一持续 8000 年而不灭的国度，中国怎能真的一无是处？作为人类大家庭中的主要成员之一，中国成功可持续发展的历史经验应当让世界各国人民来分享。语言和文字，是历史经验的主要载体。中华民族是世界上一个最善于总结经验的民族，中国积累了世界上最浩繁的文字史料。"前事之不忘，后事之师。"历史上的中国人，也曾有过大规模的移民运动，也曾抛弃过大量物质财富，但是从来不曾放弃自己的语言。以客家人为例，他们于千年之间从北往南，一步一步地迁徙。在千辛万苦的艰难旅途中，他们牢牢坚守着一个伟大的集体记忆："宁卖祖宗田，不忘祖宗言。"客家人书写了中国移民史上极为壮丽的篇章，他们的文化坚守受到了中国其他民系普遍的钦佩和尊敬。当客家人秉承中原传统而在迁居地创造的"福建土楼"于 2008 年被正式列入《世界遗产名录》之际，他们当然也获得了全世界的钦佩和尊敬。

五 "李约瑟难题"与"奇技淫巧"

至此，我们转向一个困扰中国人数十年的著名问题——"李约瑟难题"。李约瑟是英国著名的生物化学家，中年时转而研究中国古代科学、技术与医学。在其编著的《中国科学技术史》中，他严肃问道："如果我的中国朋友们在智力上和我完全一样，那为什么像伽利略、托里拆利、斯蒂文、牛顿这样的伟大人物都是欧洲人，而不是中国人或印度人呢？为什么近代科学和科学革命只产生在欧洲呢？……为什么直到中世纪中国还比欧洲先进，后来却会让欧洲人着了先鞭？"为了方便讨论，这个所谓的难题不妨被分为前后两个部分。一般说，人类活动的全部内容都不免受到时间和空间这两个维度的制约，但我们首先必须指出，"李约瑟难题"的前半部分只涉及空间而无视时间，后半部分则只涉及时间而无视空间。

我们先看相关的史实。作为文明古国，历史上的中国在科学技术上有过辉煌成就，除了世人瞩目的四大发明外，领先于世界的科学发明和发现还有 100 种之多。美国学者罗伯特·坦普尔在其《中国，文明的国度》中写道："如果诺贝尔奖在中国古代已经设立，各项奖金的得主，就会毫无争议地全都属于中国人。"另据统计，从公元 6 世纪到 17 世纪初，世界重大科技成果中，中国所占的比例在 54% 以上。根据以上史实，如果选取人类历史长河中的另一个片段，我们是否可以针对"李约瑟难题"的前半部分提问："如果我的欧洲朋友们在智力上和我完全一样，那为什么像四大发明这样伟大的发明者都是中国人，而不是欧洲人呢？为什么古代科学和科学革命主要产生在中国呢？"

对于"李约瑟难题"的后半部分，我们认为有必要引入一个可由人类历史中抽象出来的普遍规律，那就是：文明发展的轨迹是波状而非直线演进的，其兴衰起伏呈周期性变化，整体如此，个案亦然。历史告诉我们，自然和社会发展都有起有落，对于地球上的任何地区，概莫能外于"盛极而衰、否极泰来"这一规律。考古学成果表明，新石器时期的西亚和北非文明完全可以称之为欧洲文明之父，可是到公元前 2 世纪却让位于罗马帝国。这样我们是否可以反问："为什么直到 2100 年前西亚和北非还比欧洲先进，后来却会让欧洲人着了先鞭？"回顾公元前 5 至公元 3 世纪，当战国秦汉与希腊罗马时期，中国和欧洲两大文明东西呼应。可是到 7 至 9 世纪时，中国的大唐文明创造出中古世界极其辉煌的成就，欧洲的西罗马帝国却已灭亡而东罗马帝国在新兴的伊斯兰武装重压之下苟延残喘。这样我们是否又可以反问："为什么直到一千七百年前欧洲还雄居于世界的一端，后来却会让中国人和阿拉伯人着了先鞭？"

讨论至此，答案其实已经得出。"李约瑟难题"是个地道的伪命题！将镜头对准当下，难道君不见，17 至 20 世纪的发达国家目前已经停滞不前，而中国今天正在崛起？昔日低处波谷的国家正在迅速向波峰攀登，昔日高居波峰的国家正在迅速向波谷滑行。孔子说："人无远虑，必有近忧。"人类直立行走的历史，已经超过 100 万年；距今 10—3 万年的晚期智人，脑容量已经与现代人类基本相同。距今 10 万年前，人类从非洲走向欧、亚各地，在如此浩渺纷繁的时空中，曾经发生过多少波澜起伏、多少兴衰更替。20 世纪的人类将自己所处的时代看得过重，是否有失偏颇或过于自恋？身为科学家的李约瑟，是否过分疏忽了时间的重要性？热衷于讨论"李约瑟难题"的学者们，是否可以把眼光放得更长远些?

与"李约瑟难题"这一伪命题紧密相关的,是中国人自己有关"奇技淫巧"这一传统观念的讨论。《尚书·泰誓下》记载周武王伐殷之前,历数商纣王种种倒行逆施,最后指责其"作奇技淫巧,以悦妇人"。清管同《禁用洋货议》:"昔者圣王之世,服饰有定制,而作奇技淫巧者有诛。"

自1840年鸦片战争的失败,直至不久以前,"奇技淫巧"的提法一直被某些自诩为先进的中国人痛加批判,甚至将160年来中国所遭遇的一切耻辱尽归于此。诚然,中国文化中过于轻视物质作用的传统观念,不可否认是一种偏颇和失当。这种观念使得很多当时领先的技术发明,未能有效地促进实用层面的提高;随着时光的推移,由于文人与匠人之间的习惯隔阂而疏于记载,终于导致令人遗憾的长期湮没。在某种程度上说,中国近代若干德才兼备的名士也曾对传统文化加以毫不留情的鞭挞,正是出于这一方面检讨中的痛心疾首。譬如鲁迅说:我们发明了火药,却用来放烟火;我们发明了指南针,却用来看风水。

在中国传统文化中,重文轻武,文与武并列高下立判。在朝堂上,文官历来位居武将之前;在城市里,文庙之大远胜于武庙;在文人心中,读万卷书是超越功利的理想,在草民阶层,从来流行"好男不当兵"的格言。毋庸讳言,中华文明的确有其文弱气,在北宋那样的时代,文气过度膨胀曾经导致半壁江山的沦丧。相比之下,我们发现,17世纪以前的欧洲,实际上没有什么像样的传统文化可言。死于1616年的莎士比亚,是近代英语的主要奠基人;而在1066年诺曼征服后三百年内,英格兰的国王只讲法语。从1337至1453年间,法国的大片土地被英国侵占,法王被俘;16世纪初才开始形成民族国家,17世纪后期路易十四时代终于将中央集权推上顶峰。当然,罗马帝国崩溃以来欧洲的历史并非空白,只是我们从中看见最显著的不是文化,而是无休无止的劫掠、战争、屠杀和征服。就此而言,如果用中文精确表述的话,欧洲历史的经典画面主要是武力的渲染,是"武化"而非文化。

当文化民族与"武化"民族发生冲突,其结果是不言而喻的。回顾历史，我们发现这是一个不幸而循环往复的事实。然而不幸中尚有万幸，从历史的长期性着眼，"武化"的胜利成果终有枯萎的一天，而文化的长河却会无穷无尽地永恒流淌。对于如中国这样和平敦厚的民族，遭受侵略和战败是痛苦的，但从本质上说，这并不是我们自己的过错，更不是我们祖先的过错。俗话说："儿不嫌母丑"，一个因为一时一地的穷蹇遭遇而终日埋怨祖先的人，实在难以称为英雄豪杰。"师夷长技以制夷"是必要的，君不见，今日中国难道不是在这方面已经取得了根本性的成功吗？当中国作为大国而崛起之际，我们应对自己的传统文化充满信心，尤其应继承和弘扬其中优秀成分。面对这个并不安宁的世界，中国应做出自己的贡献。

在此必须说明："奇技淫巧"原本绝非对先进技术的单纯批判，而是指责过度奇巧的花拳秀腿。譬如墨子本人从小承袭祖传技术，成为高明的木工匠师和杰出的机械制造家，但是他并不因此而著名。墨子与同时代能工巧匠（鲁班）论争的一段话，生动表达了超越时空的睿智。《墨子·鲁问篇》："公输子削竹木以为鹊，成而飞之，三日不下，公输子自以为至巧。子墨子谓公输子曰：子之为鹊也，不如匠之为车辖，须臾刘三寸之木，而任五十石之重。故所谓功，利于人谓之巧，不利于人谓之拙。"在中国思想史上，以墨子为代表的墨家，因为偏激而为世所不容。墨子学派过早地退出历史的主流，是中国文化的巨大损失。墨子的影响不及孔子和老子，但其某些观念从未消失。上述有关工巧与工拙的深刻思辨，便上接西周下达晚清，时至今日光彩依旧。

【附录】

一. 参考阅读

1. 童寯："我国公共建筑外观的检讨"（《公共工程专刊》，1945）：

论及中国建筑，自 S. 约翰逊迄今之西方评论家"终难免褒贬失当"。态度冷淡者显然忽视理解中国建筑的结构原理，而兴味盎然者又常为中国建筑之绮色奇饰所迷惑，以至盲目癖爱其奇异的东西。盖中国建筑犹若中国画，不可绳之以西洋美学体系及标准。此乃一种文化之产物，且对此种文化加以恰当的评介在西方世界亦乃近年之事。中国哲学素不崇尚广厦巨制。帝胄之家眠来游息之筑尤其如此。为此，王者从政于茅舍，智者起居于陋室，皆为亘古之美谈。伯里克利于建筑艺术之辉煌造就被奉为"希腊之荣"而不朽。惟若由中国史学家评之，则不免为擅于驱役与挥金如土耳。退隐故里，躬耕陇亩为古代中国为政者的最高尚志向。乡居村舍为王公学者奉若诗人梦境或隐士遁世之所——文人生涯之终极。起居简朴之念，自必关系到中国建筑之尺度、材地与处置。士人之居，其风范所向，可由苏东坡之寥寥'纸牖竹构'几字所概括，唯耐久牢固似甚属可疑。然人生尚朝不虑夕，又何为此等枝节过虑？这种居舍氛围甚至影响帝王离宫、豪富别业的设计使之让步于风雅。哲人之超脱即在忽略房舍之耐久。缘此，中国少有宅第能历时一、二世纪而犹存可为史迹者，至于庙宇、祠堂、佛塔之属则佳构较多，此乃由宗教之考虑而从选材、维护皆有所重使然。"

2. 季羡林："我们面对的现实"（《忆往述怀》，陕西师范大学出版社，2008）：

谁都知道，由于大气的污染，风早已不清，月早已不明了。与此有联系的还有生态平衡的破坏，动植物品种的灭绝，新疾病的不断出现，人口的爆炸，臭氧层出了洞，自然资源——其中包括水的枯竭，如此等等，不一而足。我们人类实际上已经到了"盲人骑瞎马，夜半临深池"的地步。令人吃惊的是，虽然有人已经注意到了这个现象；但并没有提高到与人类生存前途挂钩的水平，仍然只是头痛治头，脚痛治脚。还有人幻想用西方的"科学"来解救这一场危机。我认为，这是不太可能的，这一场灾难主要就是西方"征服自然"的"科学"造成的。西方科学优秀之处，必须继承；但是必须从根本上，从思想上，解决问题，以东方的"民胞物与"的"天人合一"的思想济西方"科学"之穷。人类前途，庶几有望。

二. 思考题

1. 谈谈你对敬畏的理解。
2. 技术进步与可持续发展之间的关系如何？
3. 怎样看待人类的前途？

第三讲

新石器建筑的多样化

古人类的踪迹，频繁出现在温顺的河谷地带。长江三峡"巫山人"，云南"元谋人"，山西芮城西侯渡，河北阳原泥河湾，四个距今约 200 万年的远古人类遗址，都处于古老盆地的边缘，分布于北纬 25 至 40 度之间。我们相信这不是巧合，而是先民们经过多方辗转，不断汲取经验并深思熟虑后的理性选择。人类天性对于安全感的心理需求，使得先民们倾向于一种可获庇护的地形，而小气候良好的丘陵洞穴最为适合。陡峭的高山固然不宜，辽阔的平原和大漠，也可能存在难以预测的凶险。天然造化的洞穴，为人类提供了最初的家。《周易·系辞》曰"上古穴居而野处"。从北京周口店开始（图 3-1），洞穴遗址不分南北，在辽、黔、粤、鄂、赣、苏、浙等地都有发现。在火的帮助下，穴居人度过了严寒而漫长的冰河期。大约距今一万年以前，随着最后一次冰河期的过去，人类开始运用不同的建筑形式，摆脱天然洞穴的束

图 3-1　北京周口店遗址

缚，满足不同地区的生存需要。在近年的考古工作中，人们常常惊讶地发现，仅仅运用石制工具，新石器时期的人类已经在很大程度上解决了建筑的基本问题，并且在很多方面将对后世产生深远的影响。

学术界过去认为，中华文明起源于黄河流域，其外就是蛮荒之地。20世纪后期，随着长江流域考古的不断发现，很多失落的文明灿烂浮现，过去的误解渐被纠正，中华文明的历史逐渐重写。随后学术界达成一个基本的共识：哺育中华文明并促其不断发展的，是黄河、长江这两大河流，或所谓中国的两河流域。

随着西辽河流域考古的不断发现，学术界近年来有关中华文明起源的研究又有进展。有学者根据不同的标准，将中国新石器文化分为三大区系。日本秋山进午、甲元真之以经济类型为标准，分出黄河流域的杂谷区、长江流域的稻作区、西辽河流域的狩猎渔捞区。台湾邓淑苹、杨美莉以玉器特征为标准，分出西部、东北部、中南部三大区系。严文明和郭大顺以典型陶器为标准，分出以筒形罐为主的东北渔猎文化区、以钵盆鬲为主的中原粟作农业区、以鼎为主的东南沿海稻作农业区。

本文尝试以建筑为切入点，讨论中国新石器文化的地区特征。作为文化的载体，建筑与地理、地质和气候等自然条件之间的联系可能比经济类型、玉器或陶器与之联系更强。早期建筑的几大要素如材料、结构和空间，无不由自然条件所决定。建筑的原生性越强，与地理、地质和气候之间的联系就越紧密。近年来的考古成果，大体揭示了黄河、长江和西辽河三大地区的物质遗存，同时也触及到各大文明之间可能发生过的某些碰撞与融合。以此为基础，加上对于建筑结构、功能与形式的分析，我们将新石器时期的建筑分为四大类型，其中景象可能与目前考古学家的描绘不完全相同。这四大类型中各自的特点是：1.南部平原湿地的干栏"长屋"；2.西北黄土高原的横窑与竖穴；3.中原丘陵坡地的半地穴"大房子"；4.东部丘陵坡地的半地穴"排房"。

一　南部平原湿地的干栏"长屋"

"下者为巢"。在温暖湿润的南部平原湿地，为了安全和健康，人类改良禽鸟的居住方式，创造出一种近似树巢的"干栏式"建筑。"干栏"是汉文史籍对古代百越族房屋的音译，据文化学者林河的研究，"干"对应于"粳"，"栏"意为带走廊的楼房，合起来就是"粳稻民族带走廊的楼房"。凡有百越族群分布的地区，都曾经发现过干栏式建筑的遗址。这种建筑采用当地富产的木材，构成方形或长方形围合的架空生活面，屋顶覆以树皮、树叶或茅草，很适合于温暖湿润气候下的人类生存。其结构轻便且易于组合，后来演变为中国古代两大结构之一的"穿斗式"，特点是用横枋把排柱穿连起来成为立架，然后用枋、檩连接而成。

在物产丰饶的长江中游，曾有一个先进发达的新石器文化，最初起源的时间可能早到8000年以前，却终于跌倒在青铜文化的门口。这就是两湖平原孕育的一个长达4000年的文化系列，从彭头山、城背溪、大溪、屈家岭到石家河。在澧阳平原中部的彭头山文化遗址，发现了有序排列的矩形浅地穴式房址（图3-2）。在澧县五福村夹河北岸的彭头山文化八十垱遗址，位于河流冲积平原与湖泊、沼泽三者的中间地带，海拔高度31米，约高于周围地面1～2米；略呈长方形，南北长210米，面

图3-2 澧县彭头山房址

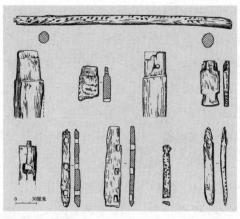

图 3-3 河姆渡遗址出土木构件

积约 3 万平方米，周围有壕沟环绕；遗址内有高台建筑，还大量分布着成排的房址，结构以干栏式为主；成排组合的干栏式房址，应当就是今天所谓的"长屋"。

在长江下游以及西南更大范围，还有很多发现。在距今约 6900 年的浙江余姚河姆渡遗址，干栏建筑的构件大量存留，清理出来的主要有木桩、地板、柱、梁、枋等，其中数百件上带有榫卯，其精巧程度与今相比并不逊色多少（图 3-3）。在距今 5000 多年江苏海安青墩遗址，发现了不少木构件和柱洞遗迹，其中木桩、圆木条和木板等，推测为当时房屋的残余，这是迄今发现地理位置最北的干栏建筑遗址。在太湖以东距今 4200 多年的江苏吴江梅堰龙南遗址，发现 97F1 房址，为立桩架梁铺板的干栏建筑，其揭露较为完整。在地处高原距今超过 3500 年的云南剑川海门口遗址（图 3-4），发现两

图 3-4 剑川木枋和有凿眼的木板

座干栏建筑，其中一座构架基本保存完好。

根据河姆渡遗址中密密麻麻的桩木分析，当时至少存在6组建筑，布局呈西北、东南走向，背坡面水，纵轴与等高线平行；其中一组长度超过23米，进深6.4米附加1.3米宽的走廊；这就是典型的

图3-5 西汉滇国铜屋

"长屋"，它由若干单元式房间组合而成，或为一个大家庭所有。出于结构便利的需要，"长屋"屋顶的中脊应当位于纵向中央的顶部，从上而下沿长边排水；出入口一定设置于总平面上较窄的一边，与中国后世的常见做法大相径庭；如此一来，屋顶必呈独特的长脊短檐式。在江西清江营盘里新石器遗址出土的陶制干栏建筑模型，屋顶即为长脊短檐式。这种屋顶与单元式成排组合的布局密切相关，当布局改变之后，长脊短檐也就失去了存在的意义。在云南晋宁石寨山西汉墓中发现的青铜干栏建筑模型，屋顶即为长脊短檐式，从中可以看出依然保持着早期特征（图3-5）。

今天在东南亚热带雨林中，长脊短檐和"长屋"的生命力依旧，如

图3-6 印尼苏门答腊住宅

在马来西亚东部的沙捞越州，长屋濒水而建，木桩支撑起生活面离地2～3米，下面饲养牲畜。平面的三部分为晒棚、居室、走廊；走廊既是家庭活动中心，又是会客场所；添丁进口之后，长屋就不断加长，长屋越长家族越兴旺。再如印尼的苏门答腊住宅（图3-6），如文莱的水上住宅（图3-7）。

　　作为南方建筑的典型，"长屋"的主要特征是立柱高架式结构、带状布局和长脊短檐式屋顶，它们共同组成了一个有机的整体。对此三个特征进行具体分析，可知架空生活面的立柱结构旨在消除低湿环境对人体健康的损害，长脊短檐式屋顶主要解决入口避雨的问题，带状布局则产生于该结构对于整体稳定性的要求。归纳起来，它们最初得以出现的主要原因皆在于物质层面的不得不然。可是值得注意的是，当这些建筑特征持续的时间足够长久以后，生活于其中的族群会逐渐对之产生一定的依赖。在某种程度上说，人类建筑文化的传统，大约就在此过程中逐渐形成。三个特征中的立柱高架式结构，可能在迁居于干燥地带后毫无价值；长脊短檐式屋顶，可能在房屋座落于地面而门户直通道路后随即消失；带状布局则依附于业已定型的社会组织，可能在族群的迁徙中存留较长时间。

图3-7 文莱水上住宅

二 西北黄土高原的横窑与竖穴

在久远而漫长的地质年代，西北气流将亚洲内陆沙漠的颗粒经年累月地吹向东南方，粗砂落于蒙古高原，细粉飘撒到内蒙古、甘肃、宁夏、青海、陕西、山西、河南等省。经过千百万年的搬运，终于在中国西北堆积起一个辽阔的黄土高原。

"上者为营窟。"在西北黄土高原的崖壁上，人们首先模仿天然的岩洞，开凿出宜于居住的横穴式窑洞。这种窑洞的结构坚固，保温性能良好，施工也较易，故成为西北地区早期建筑的基本形式。其生命力极其顽强，直至今日仍在广泛使用，成为这一地区民居极具特色的重要形式。横穴式窑洞的最初出现应当很早，但可能由于处在黄土断崖的一侧，极易随着断崖的坍塌而消失，因而迄今尚未发现新石器早中期的遗存。但在甘肃、陕西、山西、内蒙古、宁夏等地，近年发现了多处新石器晚期的横穴式窑洞遗址。

在距今约5900年的甘肃宁县阳坬遗址（图3-8），发现仰韶文化庙底沟类型的横穴式窑洞房址；其中F10平面呈"凸"字形，分洞室与过道两部分，洞室平面为圆形，直径4.6米；顶为穹窿状，高约2.8米；过道如长方形隧道状，进深1米、高1.6米、宽1.5米。

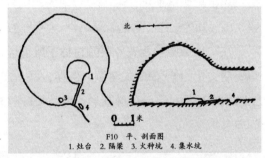

F10 平、剖面图
1.灶台 2.隔梁 3.火种坑 4.集水坑

图3-8 甘肃宁县阳坬遗址 F10

在距今5000多年陕西高陵杨官寨遗址的南区（图3-9），发现仰韶文化半坡四期靠崖成排分布的13处房址，平面皆呈"吕"字形的前后室布局，前为地面式；后为横穴式窑洞，面积约10平方米。

在山西石楼县岔沟村，发现龙山文化早期的横穴式窑洞遗址；在村庄附近的生土崖壁上，F3、F5平面呈"凸"字形，室内中央有火塘，居住面和部分墙裙上抹有白灰面。

在内蒙古凉城县园子沟遗址（图3-10），发现龙山文化早期的大型

图 3-9 南区遗迹分布状况

横穴式窑洞聚落遗址，依山坡台地的起伏分成五六排；其中居室共28座，每三间为一组，可能就是后世一明两暗式窑洞的雏形。

在宁夏海原县西安乡菜园村林子梁遗址，发现距今4000多年马家窑晚期文化的 F3 横穴式窑洞，保存较好，在黄色生土中，四壁弧形向上收成穹隆顶；平面呈椭圆形，直径 4.1～4.8 米，中部有一锅形灶炕，门向东北。

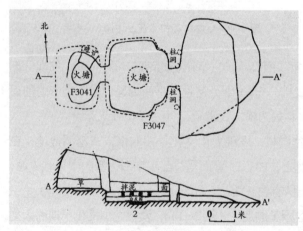

图 3-10 园子沟遗址 F3041、F3047 平、剖面图

在泾河中下游的甘肃庆阳地区、陕西咸阳北部的长武、彬县、旬邑、淳化、永寿、乾县、礼泉各县，以及以三门峡市为中心黄河两岸的晋南和豫西地区，有一种被称为"地窖院"的下沉式窑洞。这种窑洞出现的时间可能稍晚于横穴式窑洞，应当是先民从沟壑纵横的高地向低地迁徙以后，进行一定的适应性改革，使先前居住形式得以延续的结果。其做法是先在平地上挖出方形大坑，通过坡道与地面联系；再于人工形成的四面断崖上，掘出横穴式窑洞。"地窖院"布局充分体现了中国传统建筑的向心性，每孔窑洞的门户都面向中央，庭院则将分散的单元空间联系成整体。这种做法能有效地节约土地，同时冬暖夏凉，节约能源。在资源枯竭和环境恶化双重危机的今天，对于这种低消耗无污染的居住方式，我们应当给予充分注意。至于地下建筑在采光、通风、防潮等方面的不足，经过适当的技术改良，皆易于解决，因而预期其前景广阔。

"地窖院"是竖穴与横穴两种形式的结合，而从实际的施工角度看，必须先行掘出竖穴而后才可能挖掘横穴。据此推测，当先民最初下迁到低地之时，发现这里不宜依照旧法挖掘横穴窑洞，但又尚未掌握"地窖院"挖掘技术，很可能曾经大量采用过向下挖掘简单竖穴的办法。在山西夏县东下冯龙山文化的晚期遗存中，就有一处这样的竖穴式房址（图3-11），从保存完好的坑壁看，其为圆形袋状，口径2.8米，底径3.15米，深2.1米；坑底偏西南有一圆形柱

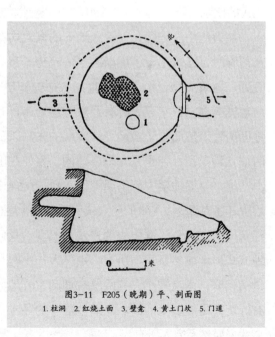

图3-11　F205（晚期）平、剖面图
1.柱洞　2.红烧土面　3.壁龛　4.黄土坑　5.门道

图3-11　山西夏县东下冯龙山文化的晚期遗存F205平剖面图

洞，应为支撑锥形屋顶的立柱所留遗迹；东南边有斜坡通向地面，应为出入竖穴的门道。在有的竖穴式房址中，未发现斜坡式门道，推测可能有简易木梯以供上下。

与竖穴式房址紧密关联的，是竖穴式窖穴。窖穴的主要功能是储藏粮食，在考古发掘的现场，其中往往填有大量灰土及破碎的生产工具和生活用品，因而也被称之为灰坑。废弃后的窖穴，自然成为人们填埋废物的场所。在新石器时期，温饱是头等大事，为了度过漫长的冬季，没有食物储备是不可想象的。在旧石器至新石器早期，人类多居住于天然山洞中。由于山洞本身也是储藏食物的理想场所，所以这一时期窖穴没有出现。新石器中期，随着农业的发展和粮食的充裕，人类离开天然山洞建立聚落，人工挖掘的窖穴应运而生。考古发现表明，除了南方部分地区因水位过高不宜挖掘外，其他各地都曾出现过窖穴，它们多分布于居住区的房址周围。窖穴的挖掘方式大体与竖穴式房址类似，正如先前天然山洞既用于储藏又用于居住那样。二者的主要差别在于，为了增加储藏量，窖穴的深度较大，如磁山遗址中的窖穴深达 6～7 米；而为了出入的便利，竖穴式房址的深度较小，通常略超过 2 米而已。

在黄河中游地区，与深入地下的横穴式窑洞和竖穴式房址持续存在的同时，建筑出现了逐渐向上的趋势。考古发现，至迟在仰韶文化晚期，建筑类型已经十分丰富。从结构和功能两方面的合理性着眼，应当先有横穴式窑洞，再有竖穴式房址，再有半地穴式房址，最后为地面房址。然而由于各地经济发展的先后以及社会阶层的分化，同一时期几种类型并存也是完全合理的。譬如在山西夏县龙山文化的东下冯遗址，早期地层中已出现深仅 0.46～0.64 米的半地穴房址，晚期地层中却还有深达 2.1 米的竖穴式房址。这个看似矛盾的现象，其实正是建筑技术在部分人群中先期进步的表现。我们推测，早期地层中的半地穴式房址显然系富人所有，由一大一小两个方形居室组成，中间有过道相联；南室较小，其西壁有通向室外地面的坡道；北室较大，附有灶坑，是主要生活面。晚期地层中的竖穴式房址，呈最简单的圆形袋状，显然系穷人所有。

在迄今为止的新石器考古发现中，早、中期竖穴式房址完全空白，晚期亦为数甚少。对于横穴式窑洞早期遗址空白这一问题，推测原因在于崖壁结构上的不易保存，大体上是合乎逻辑的。可是对于竖穴式房址空白这一问题，就已知的考古发现而言，似乎难以归结为同样的原因。其情形较为复杂，有必要加以讨论。

河北武安县磁山文化聚落遗址，发掘面积达 6000 平方米，文化层厚达 2 米，遗址内涵之丰富，在中国已发掘的新石器时代文化遗存中颇为少见。可是在先后两期地层中，考古学家发现，残存的房址仅有 2 座圆形深约 1.2 米的半地穴式，其中有一烧土块上沾有清晰可辨的席纹，说明当时这一带已编制苇席，但建筑加工十分粗糙，内部未见灶坑和烧烤面，地面和墙面亦未见精细修整。有人据此推测，该聚落的用途可能是非居住性的祭祀场地。建筑史学者刘叙杰教授则敏锐地提出，"供居住之处恐仍为被视作灰坑的袋状半竖穴，共有 468 座（每座面积约 6～7 平方米），其中发现有粮食堆积的 80 座，应不在居住房屋范围之内。"

分析磁山遗址的物质遗存，可知农、渔、猎、采集等生产活动已相当发达，手工业已成为日常生活的重要组成部分，因而是一处毋庸置疑的居住性聚落。这里出土的陶器、石器、骨器、蚌器、动物骨骸、植物标本等多达 6000 余种，其中有圆底钵、三足钵、钵形鼎等陶器，有磨盘、磨棒、斧、铲、凿、锛、镰等石器，有大量被人食用后遗弃的家鸡、家猪、家犬等骨骸。在 88 个长方形的窖穴底部，粮食堆积厚达 0.3 米以上，其中 10 个窖穴的堆积厚近 2 米。从地理位置看，磁山遗址地处太行山东南麓的台地上，是一处典型的宜居之地，背山面水，冬暖夏凉，耕、渔、猎、采集无不宜。以后世的风水术观之，这里堪称"形胜"。在其南面，南洺河呈玉带状由西而东流转；在其西北，主峰高达 1438 米的北武当山为镇；在其东南，主峰高 846 米的北响堂山为案。

综合各类信息分析，磁山遗址必为居住性遗址，其中房址也绝不可能仅仅 2 座，而从当时的经济水平和技术手段来看，更不可能全部采用先进的半地穴式。我们认为刘叙杰教授的推测是非常正确的。第一期中发现的 186 座"灰坑"中，那些长方形深达 6 至 7 米的原为窖穴，那些圆形深度在 3 米上下的原为竖穴式房址；第二期遗址中发现 282 座"灰坑"，同样原为窖穴和竖穴式房址；至于仅有的 2 座圆形半地穴式房址，则是在领袖人物那里建筑技术进步的表现。

在夏县二里头文化的东下冯遗址，考古学家发现横穴式窑洞、半地穴式和地面式三种房址共 30 余座，又发现"灰坑" 100 多座，以袋形和圆形为多，个别为半月形。我们推测，半地穴式和地面式两种房址为地位较高的人群所有，而横穴式窑洞和"灰坑"中的大部分则可能是穷人的竖穴式房址，"灰坑"中的小部分可能是窖穴。无论如何，我们难以相信，与房址相比数量如此之大的"灰坑"，真的是在其始创时就被定位于填埋废物？

在北方考古遗址的发掘中，考古学家经常发现数量较多、大小不一、形状各异的垂直地坑，坑内常有灰土和废物，通常称之为"灰坑"，亦即垃圾坑。早在殷墟发掘时，有人已经注意到：灰坑可能只是其自身原有功能不复存在并于随后长时间里被废物逐渐填满的结果。那么灰坑原始的用途是什么呢？难道它们真的仅仅是为填埋废物而挖掘的吗？迄今为止，众说纷纭莫衷一是。但从常识出发，我们完全可以排除这一猜测，因为古人生活产生的垃圾量及其可能的污染都很小，绝对没有必要为此而专门费力地劳作。事实上，有些灰坑内部并没有灰，称之为灰坑不过是考古术语上的方便而已。在英美考古界，"灰坑"简称为"坑"（pit），其所指虽然未必明确，但谬误可能较小。

三 中原丘陵坡地的半地穴"大房子"

在黄河流域中上游，裴李岗文化距今约 9000～7000 年，仰韶文化距今约 7000～5000 年，河南龙山文化距今约 5000～4000 年。

窑洞和竖穴一度解决了迁居到低地后的初始居住问题，但其阴暗潮湿，不利于人类的健康，因而随着构筑屋顶技术的提高，半地穴式房屋很快出现并流行。在考古现场，这种房址的顶部结构荡然无存，但在陕西户县、武功县等地发现的陶屋，正是先前房屋的模型。户县出土的红陶屋无窗，门开在中腰部，顶部似为茅草覆盖的攒尖式。根据门所设的位置，这种陶屋显然是在模仿半地穴式房屋。

图 3-12 河南新郑
唐户遗址

在河南新郑唐户遗址（图 3-12），发现裴李岗文化的半地穴式房址 20 座，其中面积最小的 10 平方米，最大的近 60 平方米；房址地面最浅的低下 20～30 厘米，最深的低下 50～60 厘米；平面呈椭圆形、不规则形和圆角长方形；房址以单间式为主，共 17 座；多间式 3 座，均为双间，中间有通道，考古人员推测应是多次扩建而成；房内居住地面和墙壁均经过处理，周围圆形或椭圆形柱洞，当为泥墙中的木骨遗存。

在河南密县莪沟北岗遗址，裴李岗文化聚落的规模较小，其地位于群山环抱中的二水交汇处，洧水在其南、绥水在其北。聚落面积约 8000 平方米，在其中部，有 6 座半地穴式房址，其中 5 座平面为圆形，只有 1 座近似方形；面积多小于 10 平方米，最大的仅 11 平方米。遗址规模之小、房址数量之少以及"大房子"的缺位，表明这是一个非中心的次要聚落。

分析裴李岗文化时期的聚落遗址，可以看出半地穴式房址的三大特点：1. 生活面由深而浅，坑壁之上的墙体采用木骨架扎结枝条再涂泥的做法（木骨泥墙），地面上以屋顶覆盖；2. 多数平面保持圆形或椭圆形，但少数平面随着生活面的上升而接近矩形；3. 出现面积的大小差异，小的不足 10 平方米，大的 50 多平方米。在仰韶文化早期的典型遗址中，这些特点继续发展：1. 早期以半地穴式为主，后期生活面上升到地面后，墙体仍旧采用木骨泥墙，较大的房址内部出现支撑屋顶的木柱；2. 较小平面中开始出现矩形，而"大房子"平面皆为矩形；3. 聚落以一座或几座面积更大的矩形"大房子"为中心，形成有序的组合。从地穴到半地穴再到地面建筑的演变，离不开结构技术的进步；从圆形穴居到长方形"大房子"的转换，则于技术进步之外，更生动折射出领袖人物对于威仪形态的追求。

地面式的房址亦即今天常见的建筑形式，它最初出现于仰韶文化早期。值得注意的是，房址平面从圆形向方形的演变，是因应生活面从地下向地面上升而产生的，其主要原因在于屋架和顶盖方面的结构需求。对于竖穴而言，圆形显然是最坚固最省力的选择。现代建筑中圆形平面亦不少见，但主要出于造型或功能方面的特殊考虑，不可等而视之。新石器中期距今 9000 ~ 7000 年的房址平面，绝大多数都是圆形或近圆形的。大体上可以认为，半地穴式和地面式房址的圆形平面是延续竖穴式要素的结果。同时期用于贮藏的窖穴皆为圆形，正是先前房址的余绪。

仰韶文化早中期的半坡遗址在西安十余里外的半坡村，是黄河流域一处典型的母系氏族聚落遗址，面积约 5 万平方米；遗址西临浐河，东南依白鹿原，呈不规则的圆形，周围有防护的壕沟。已发掘圆角方形和长方形房址 15 座，大多是半地穴式；圆形房址 31 座，直径 4 ~ 6 米，分为地面和半地穴式两种；各种房址皆为单间，房子门大多朝南或西南；位于中央的是一座面积达 160 平方米的"大房子"，其周围分布着 30 ~ 40 平方米的中型房址和 12 ~ 20 平方米的小房址；房址有序的布局和面积的大小，说明人们过着一种有组织有规划的定居生活。

临潼姜寨遗址位于西安临潼城北临河东岸二级阶地上（图 3-13），面积约 5 万平方米，文化遗存以仰韶文化半坡类型为主，聚落的居住区平面略呈椭圆形，一面临河，三面环绕以人工挖掘的壕沟，面积近 1.9 万平方米。房址共 120 多座，皆为单室，平面为圆形和方形，圆形皆为地穴式，方形则分半地穴式和地面二种。同期房址近 70 座，分 5 组呈环形分布，每组中有方形"大房子"、方形中型房址、圆形或方形小型房址共 10 多座组成，门都朝向中央广场，形成围绕中心的分组环列式布局。小型房址面积多在 10 平方米左右，大型房址面积多在 50 平方米以上，最大一座达 128 平方米。与半坡遗址单一中心的布局不同的是，姜寨遗址呈多中心布局。

图 3-13　临潼姜寨遗址复原图

仰韶文化中期以庙底沟类型为代表，主要分布于河南、陕西、山西三省，范围较大。就聚落遗址而言，庙底沟类型的面积比半坡类型遗址明显扩大，甚至超过数倍。在河南陕州古城南距今 5910 年的庙底沟遗址，发现方形半地穴式的房址 3 座，室内有一圆形火塘，四周为木骨泥墙；在其上层的龙山文化时期遗址中，房址为圆形半地穴式。

庙底沟类型晚期演变为西王村类型，聚落遗址的面积比庙底沟类型的又有所缩小。西王村类型以山西芮城西王村遗址的上层为代表，主要分布于关中渭水流域、陕北、晋南和豫西；其地面上的木构房址较多，面积较大，多间式房址增多，并出现"前堂后室"的布局，营造技术有显著提高。

大地湾遗址位于甘肃秦安县东，从距今 7800 前延续到距今 4800 年前，大致可分为五期：前仰韶文化、仰韶文化早、中、晚期和常山下层文化。遗址在清水河与阎家沟交汇处，南依山丘，北傍河川，其中甲址分布在河南岸的台地上，乙址分布在南面山坡上。甲址以半坡类型晚期遗存为主，为保存较好的一处聚落。共发现 240 座以上房子，多属方形或长方形半地穴式建筑，基本都背对壕沟，门向中心广场。从已发掘的房址来看，早期多以半地穴式、圆形为主，直径 2～3 米，室内有火塘。中期除了半地穴式外，出现了平地起建的房址，面积增大，地面用料礓石涂抹。晚期房址以平地起建为主，又高又大。

大地湾遗址中距今约5000年的"大房子"F901（图3-14），是一座复合式建筑，坐东北朝西南。主室正面宽9间，轴线明确，左右侧室及后室三面围护，烘托出非同平常的庄严气势。主室平面明显地前阔后窄呈梯形，面积达131平方米；火塘居室内正中，直径达2.6米；室内两柱直径达50厘米，推测高在5米上下；地面由料礓石和砂石混合筑成，表层平整光亮，硬度与今100号水泥相同；正门有门兜，当出于御寒考虑；门前有无围墙的柱厅，宽6柱5间，与主室呼应；全部木柱表面敷

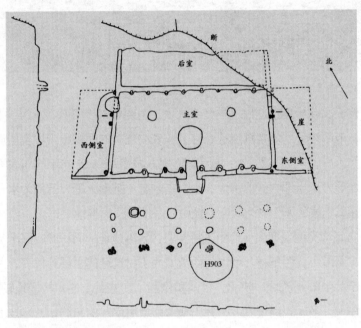

图3-14 大地湾F901平面

图3-15 大地湾F901房址

草泥和料礓石，柱底垫以青石，当为防火和防腐之计。在新石器晚期，单体建筑的面积如此之大，规划设计如此之精，都令人惊讶。这样建筑的功能绝非一般，它只能为部落中的大酋长或大祭司所用（图3-15）。

四 东部丘陵坡地的半地穴"排房"

以上介绍了南部丘陵湿地的干栏"长屋"、西北黄土高原的窑洞与竖穴以及中原丘陵坡地的半地穴"大房子"，经过分析和比照，可知这三种类型的房址皆与所在地的地质气候等方面的自然条件紧密关联，因而具有较明显的原生性。以下介绍东部丘陵坡地的半地穴"排房"，在新石器中晚期，这种房址主要分布于黄河下游以及西辽河流域。与前面三种类型的房址相比，半地穴"排房"与所在地自然条件的关联似乎并非紧密，因而原生性较弱，其得以出现的原因颇令人困惑。在一定意义上说，这是一种融合黄河与长江两地要素的建筑。从单体建造方式上看，半地穴是西北高原的竖穴向地面式建筑演进的过渡形式；从布局方式上看，"排房"则与东南湿地的干栏式"长屋"有着某种内在联系。这样一种看似矛盾的建筑综合体，究竟是土生土长的当地原生型，是地地道道的外来传播型，还是原生与外来相结合的混合型，以目前已知的考古资料，尚难做出结论。

在距今约8000到4000多年前的黄河下游，新石器系列是后李文化—北辛文化—大汶口文化—山东龙山文化。依据迄今为止的考古发现，除了北辛文化以外，各期新石器文化遗址中都曾出现过半地穴的"排房"。在山东章丘后李文化的西河遗址，发现半地穴式排房；其中房址30余座，多为圆角方形，向南开设短门道，一般面积30多平方米，最大者超过50平方米；排列有序、布局合理、分布密集，聚落形态显示出相当完善的规划设计。

北辛文化距今约7300～6300年，遗址主要分布于苏鲁交界的微山湖东南，延伸到泰沂山系南北两侧。这一时期已形成完整的聚落，房址以半地穴和浅穴式为主，平面多为椭圆形和圆形，面积多在5～10平方米之间，常见柱洞。入口朝向以东和东偏南为主，门道分台阶式和斜

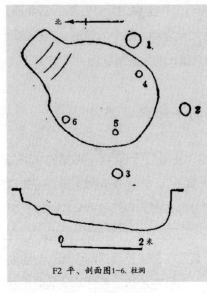

F2 平、剖面图1-6. 柱洞

图 3-16 汶上县东贾柏遗址 F2

坡式两种。在汶上县东贾柏遗址（图 3-16），发现房址 10 余座，平面有葫芦形、圆形两种，皆为半地穴式，每座房址面积 8～20 平方米。从结构常识看，当房址平面为圆形或椭圆形时，不大可能形成排房的群体组合。鉴于在较早的后李文化遗址发现的房址多为圆角方形半地穴式，排列有序，面积 30～50 平方米。我们不禁要问，如果说在同一地区，面积较小的圆形房址应当早于面积较大的矩形房址的话，那么北辛文化在黄河下游的出现是否暗示着建筑技术的大规模转型甚至倒退？这一推测目前看来不无唐突，但是将北辛文化陶器的制作工艺与后李文化陶器相比，也能隐约发现一些类似的迹象。

合理的答案似乎只能是：北辛文化曾经受到黄河中上游文化的强烈影响。微山湖东南古为黄河故道，鼎在中游的出现大约比下游早 1000 多年，中游影响下游正在情理之中。支持这一推论的另一依据是黄河下游新石器文化中鼎的从无到有。在距今约 8000 年的淄博后李文化遗址，出土陶器有釜、罐、壶、盂、盆、钵、碗、形器、杯、盘、器盖和支脚等，鼎未见身影。在距今约 8000 年的章丘刁镇小荆山遗址，出土陶器有釜、罐、钵、碗、壶和猪、刺猬、人面陶等，鼎也未出现。直到距今约 7300 年的滕县北辛遗址，鼎才现出身影。

大汶口文化距今 6300～4600 年，遗址以山东为中心分布，西到河南中部，东至辽东半岛南端，南达江苏北部和安徽北部；房址为半地穴式和地面式两种，多单间，个别双间。平面为圆形、圆角方形、长方形等，面积多为 10 平方米，最小者 3～4 平方米，最大者近 30 平方米；门向不一，以东、东南、西南向居多。在大汶口文化的皖北蒙城县许町镇的尉迟寺遗址（图 3-17），发现有序排列的房址 10 排，计 41 间，面

图 3-17 尉迟寺
排房遗址

积从 2 平方米到 20 多平方米不等，房址相接总长度达 75 米。

山东龙山文化距今 4600～4000 年，遗址主要分布在山东、苏皖北部及河南东部地区；房址分为半地穴式、地面式和台基式，多数为单间，平面有圆形、方形和长方形，用白灰面涂抹墙壁；半地穴式有台阶或斜坡式门道。地面建筑多在平地上挖基槽，槽内挖柱洞，维护部分有木骨泥墙、夯土墙和土坯墙。在连云港藤花落古城内城（图 3-18），发现房址 35 座，门道皆朝向西南；其中位于北部的房址平面不太规则，有圆形、梯形、方形等，每间面积仅 5～7 平方米；南部房址平面较规整，皆为方形，除单间房外，还有双间房和多间组合的排房，每间面积约 12 平方米，最南一座是面积达 100 平方米的回字型房；南北房址的差异，在一定程度上反映社会结构的多样性。

图 3-18 藤花落
北区全景

距今 8000 年前后，排列整齐的房址开始出现于西辽河流域，其中最典型的是内蒙古赤峰敖汉旗兴隆洼文化和辽宁阜新查海文化遗址。距今约 7200～6800 年的敖汉旗赵宝沟文化紧接其后，继之为距今约 6000～5500 年的燕山以北大凌河与西辽河上游的红山文化，距今约 5200 年的赤峰北部乌尔吉沐沦河流域的富河文化，距今约 5000 年的敖汉旗小河沿文化，以及距今约 4000 年的西辽河流域夏家店下层文化。

兴隆洼遗址（图 3-19）位于牤牛河上源平坦的缓坡台地上，有半地穴式房址 170 余座，平面为圆角方形或长方形，井然有序地呈东北——西南向排列，共 12 排，每排 10 余座；部分房屋重叠建在已废弃的房址之上，反映房址有其固定的排列位置，显示出精心的统一规划；其中最值得注意的是房址面积大小不一，其中 2 座大型房址面积达 140 平方米，分属两排，并列于聚落中心。这里还发现了中国最早的玉器，它们与有序排列的"大房子"结合，反映了当时社会组织的严密以及特权阶层的出现。通过对兴隆洼房址内人体骨骼的鉴定分析，考古学家大致推断，每个房址为一个单元，相当于今天的一个家庭；每一排房址内的各家庭之间存在血缘关系，相近的几排组成一个家族；聚落由多个家族组成，聚落周围掘壕为界，组成了一个部落；几个部落连在一起，组成了一个集团，其中一个部落享有中心地位。

图 3-19　内蒙古敖汉旗兴隆洼聚落遗址—1992 年发掘区

同时期的查海遗址，位于阜新盆地东北边缘的扇形台地上，圆角方形的半地穴式房址 55 余座，呈南北或东西向有序排列，排与排之间分界不明显，但显然也经过统一规划。房址面积最小的在 15～20 平方米左右，最大的 F46 达 120 平方米，中小房址有以大房址为中心的倾向。

在敖汉旗赵宝沟文化遗址中，80 余座半地穴式房址分东南、西北两个组团，呈 10 余排井然有序地组合，显然也经过统一规划；房址平面呈方形、长方形或梯形；面积一般在 20 平方米左右，最大的面积达100 平方米。

在红山文化遗址中，至今缺少有关聚落的完整发掘，所以不能准确描述布局情况，但对敖汉旗红山文化遗址的初步探查表明，房址的数量很大，数十座乃至百余座房址依一定方向成排分布。

富河文化的聚落遗址分布在河旁朝阳的南坡上，呈有序的密集排列，多为方形，少圆形。在巴林左旗富河沟门遗址（图 3-20），发现半地穴式房址 37 座，其中 33 座方形房址，皆背依山坡挖筑，房基呈簸箕形，南北长 3～5 米，东西宽 4～5 米，最大的长宽各 6 米；圆形房址 4座，直径 3.5～5 米；两种房址的室内地面都较平坦，有柱洞、灶坑和篝火痕迹，灶坑四周多砌石板。富河文化在房址以及器物形制等方面，都延续着赵宝沟文化和红山文化的特点。

红山文化是西辽河流域新石器时期登峰造极的文化，它逃不过盛极而衰的宿命。随着红山文化的衰落，西辽河流域腹地出现了文化上的断层现象。距今约 5000 年前，持续3000 多年的排房趋于消失。在其西部山地和南部丘陵地带，出现了排房缺位的小河沿文化。在小河沿文化的敖汉旗南

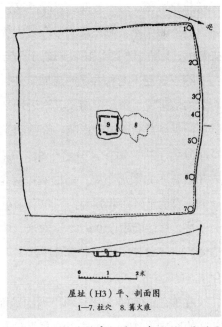

屋址（H3）平、剖面图
1—7. 柱穴　8. 篝火痕

图 3-20　巴林左旗富河沟门遗址 H3 平剖面图

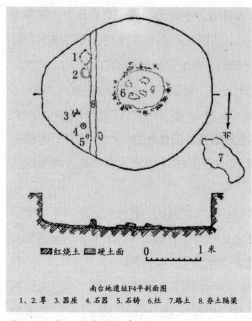

台地遗址（图 3-21），房址皆为椭圆形平面的半地穴式，内部布局分为两种：一种是口小底大的单室，门朝南，中间土灶两侧有柱洞；另一种将居室分为一大一小的两间，大室中有圆形火塘。夏家店下层文化，分布于赤峰北部乌尔吉沐沦河流域以及西辽河流域；房址中多数为圆形平面的半地穴式，只有极少量长方形的地面式。

南台地遗址F4平面图
1、2. 尊 3. 器座 4. 石器 5. 石铸 6. 灶 7. 踏土 8. 夯土隔梁

图 3-21 敖汉旗南台地遗址 F4 平剖面图

有关西辽河流域半地穴"排房"的形成原因，仍然有待探寻。就其从距今 5000 年前开始迅速消失这个事实来看，我们大致可以说这种建筑与当地自然条件之间的关联并非紧密。另一方面，兴隆洼文化聚落中所有房址都不设门道而从屋顶上下的现象，显然是北方穴居传统的延续，而与南方的架空习惯相去甚远，因而我们难以将其归之于南方文化传播的结果。

除了黄河下游和西辽河流域以外，半地穴或地面式"排房"也曾断断续续地出现于黄河中游及其附近地区。依据前面的分析，推测其中部分可能受到黄河下游的影响。临潼康家遗址属陕西龙山文化，房址一百多座分若干排，每排又分若干组，每组少则两三间，多则五六间，构成井然有序的聚落布局；前后两排房之间相距 6～9 米，形成公共的院落；所有房址皆座北朝南，门向南偏东 10°～15°；长方形单室的进深略大于宽，居住面积仅 9～12 平方米，中间设一圆形火塘。临潼康家聚落持续的时间较长，排房上下叠压最多可达七八层之多，而总体布局的变化很小。

在豫西屈家岭文化层中出现的地面式"排房"，可能曾经受到江汉地区的影响，甚至可能是江汉文化北上的结果。在邓州八里岗遗址，文

图 3-22　邓州八里岗地排房遗址

化层堆积自下而上依次为：仰韶文化早期、中期、晚期，屈家岭文化中后期，石家河文化——龙山文化晚期。在仰韶文化晚期与屈家岭文化中期相交的大约 5000 年前的地层中发现"排房"（图 3-22），呈东西连贯的南北两排，间隔约 20 米；房址中的门扇为南方色彩浓厚的推拉式，支撑结构却为北方常见的木骨泥墙，地面光滑而坚实；"排房"中不同年代的房址层层叠压，但始终保持着先前的位置；两排"排房"之间的地层呈水平多层的堆积状，平整坚硬，可能是人工不断平整的结果。这些遗迹表明，聚落虽经过多次的废弃与重建，但布局却长期延续不变。

当"长屋"随着江汉文化的北上而接近中原边界时，先前的建筑特征立即发生分化。在干燥气候的作用下，立柱架空的结构和长脊短檐式屋顶很快消失，可是带状布局作为习俗的一部分，会持续相当长时间。豫西南两处台上的重要发现，应当就是另类的"南橘北枳"。这个地区处在中国南北分界线的中段，从秦岭到淮河，从高山到平原，正是不同自然条件的过渡地带。

【附录】

一. 参考阅读

1. 苏秉琦：《中国文明起源新探》（北京：三联书店，2001）：

旧石器时代几百万年，人与自然关系是协调的，这是渔猎文化的优势。距今一万年以来，从文明产生的基础——农业的出现，刀耕火种，毁林种田，直到人类文明发展到今天取得的巨大成就，是以地球濒临毁灭之灾为代价的。中国是文明古国，人口众多，破坏自然较早也较为严重。而人类在破坏自然以取得进步的同时，也能改造自然，使之更适于人类的生存，重建人类与自然的协调关系。中国拥有这方面的完整资料，我们也有能力用考古资料来回答这个问题，这将有利于世界各国重建人类与自然的协调关系。

2. 梁思成：《中国建筑史》（2005）：

建筑之始，产生于实际需要，受制于自然物理，非着意创制形式，更无所谓派别。其结构之系统，及形式之派别，乃其材料环境所形成。古代原始建筑，如埃及、巴比伦、伊琴、美洲及中国诸系，莫不各自在其环境中产生，先而胚胎，粗具规模，继而长成，转增繁缛。其活动乃赓续的依其时其地之气候，物产材料之供给；随其国其俗，思想制度，政治经济之趋向；更同其时代之艺文，技巧，知识发明之进退，而不自觉。建筑之规模，形体，工程，艺术之嬗递演变，乃其民族特殊文化兴衰潮汐之映影；一国一族之建筑适反鉴其物质精神，继往开来之面貌。……中国建筑之个性乃即我民族之性格，即我艺术及思想特殊之一部，非但在其结构本身之材质方法而已。建筑显著特征之所以形成，有两因素：有属于实物结构技术上之取法及发展者，有缘于环境思想之趋向者。对此种种特征，治建筑史者必先事把握，加以理解，始不至淆乱一系建筑自身优劣之准绳，不惑于他时他族建筑与我之异同。治中国建筑史者对此着意，对中国建筑物始能有正确之观点，不作偏激之毁誉。

二．思考题

1. 中国南部平原湿地的早期建筑有何特点？
2. 黄河中上游流域的早期建筑大体经历过怎样的演进？
3. 新石器时期建筑遗产中是否有些要素至今尚存借鉴意义？

第四讲

南北建筑的碰撞与融通

人类的建筑活动，离不开地理气候和人文社会这两大要素的影响。一般说，新石器早期的建筑，较多受到地理气候的制约；随着时间的推移，人文社会则起到越来越大的作用。各地那些或相似或差异的建筑文化，久而久之形成传统。大约自新石器中期开始，在长江、淮河、黄河、西辽河、东南沿海以及北部草原，到处都出现为了寻求新的生存空间而四处奔波的民众身影。不同的传统随着民众的迁移运动向各地传播，相互碰撞后或趋于湮没或逐渐弘扬。在此过程中，原有建筑技术和形式此消彼长贯通融会，新的传统随之产生。

黄河和长江这两大文明之间的碰撞与融通，构建了中华文明宏大图景的主要框架。夏代以后中华帝国多在黄河流域建都这个事实，表明北方文化在政治形态上的最终优势。可是我们需要注意，政治优势的特点往往在于避己之短取人之长，而非自身在物质方面的处处先进。至迟到先秦时期，人们已经发现了这一现象。《左传·襄公二十六年》记载："虽楚有才，晋实用之。"这一讲主要叙述中国南北不同地区建筑技术成就的碰撞与融通，尤其致力于强调北方受惠于南方的现象。

一 防洪的圩垸和御敌的城堡

在新石器早期的长江中游低湿地区，为了预防不期而至的洪水和猛兽，人们必须在聚落和农田四周围以壕沟与堤坝。这一系统今天在长江中游曰"垸"，下游曰"圩"。在湖南澧县距今约8000年彭头山文化时期的八十挡遗址，南北长210米，面积约3万平方米，三面筑有环壕与围墙；其原始地貌为缓坡形岗地，高出周围地面仅1～2米，东面为湖沼，另三面为河沟环绕；这种地貌决定了壕沟和土墙的用途主要是为了预防水患；八十挡遗址是迄今发现最早的墙、壕相伴型聚落遗址，对研究中国聚落及古城的起源和发展都具有重要意义。在距今约6500年的澧县城头山，发现了大溪文化至石家河文化时期的古城址，这一处环壕古城历经屈家岭文化，至石家河文化时期才被废弃；其平面略呈圆形，城墙外圆直径340米，内圆直径325米，围绕城墙的壕沟宽达30～50米。

在温柔保守的母系社会，洪水猛兽侵袭的危害性可能大大超过外敌的劫掠；在强横进取的父系社会，势态则可能完全相反。到距今约5000～4600年的屈家岭文化时期，在与中原部落的激烈冲突之后，防御性的古城在两湖平原大量出现。大约就在这一时期，壕沟与堤坝的地位发生颠倒，堤坝亦即后来的墙垣已经成为聚落防御的主要设施，壕沟的主要功能则在于提供筑墙用土。在湖北石首发现的走马岭城址，推测筑于屈家岭文化早期，弃于晚期；平面不太规则，东西约370米，南北约300米，堆筑的城墙宽20多米，残高5米，墙外环壕。在湖北荆州马山镇，发现屈家岭文化时期的阴湘城，遗址是一高出地面4～5米的土台，平面为近乎圆形，东西最长处580米，南北残长约350米，北部被河流冲坏，东、南、西三面城墙保存较好，现存宽度为10～25米，高8米，城外有濠，壕宽30～40米。

在新石器时期的西辽河流域，到处也都有环壕聚落的身影，但与长江中游不同的是，由于聚落通常位于高岗之上，所以其环壕的功能主要在于御敌而非防洪。从兴隆洼文化开始，红山文化（公元前4700—前3000年）和夏家店下层文化（公元前2000—前1000年）继之，共三个阶段。它们先后由西向东延展，一直分布到下辽河、嫩江中下游、吉林中部和东部。在大凌河支流的牤牛河上源，距今约8000年的兴隆洼环壕聚落遗址位于一处地表较平缓相对高差约20米的岗阜上，其平面略呈椭圆形，长径183米，短径166米，现状壕宽约2米，深0.55～1米。在敖汉旗西台牤牛河北岸高出今河床约20米的红山文化环壕聚落遗址，被大沟分割为东南、西北两部分，规模较大的东南部平面呈不规则长方形，长边约210米，短边约158米，周长约600米；西北部面积仅为东南部的三分之一，亦为长方形。在夏家店下层文化期，环壕聚落遗址多位于台地或较平缓的山岗上，一般面积较大；如赤峰大山前遗址，位于半支箭河及其支流汇合的河床台地上，三面临河，北部与坡岗相连处有一道人工挖掘的西南—东北向的壕沟；壕沟宽约20米，内侧有保存较好的土墙，墙底宽10米，残高不足2米，内外均为斜坡状；墙体直接堆筑于生土之上，外缘与壕沟南壁连为一体，且墙与壕的走向一致，据此判断墙体因挖壕掘土而产生。

在新石器时期的黄河下游，环壕聚落的出现也很早。在山东章丘距今约8000年后李文化的小荆山环壕聚落遗址，地处鲁北平原与鲁中山区的交接地带，平面呈圆角三角形，北段长280米，东南段长430米，西段长420米，周边长约1130米；壕沟东半部为人工开挖而成，西半部利用了天然冲沟，由此造成北段及东南段的东部壕沟较窄，宽4米～6米，深2.3米～3.6米，西段及东南段的西部壕沟较宽达9米～40米。在皖北蒙城许町镇尉迟寺大汶口文化的环壕聚落遗址，平面略呈圆形，南北230米、东西220米，壕沟宽25～28米、深4.5米。在胶东招远老店龙山文化的环壕聚落遗址，平面略呈方形，东临诸流河，北、南、西三面有环壕，壕沟上口宽7.5米～8米，深3.5米～4米；保存较好的西壕沟长276.46米，北壕沟残长219.92米，南壕沟残长不到20米。

在距今约7000～5000年仰韶文化的黄河中上游，已发现聚落遗址1000多处，它们多选在河岸台地，特别是两河交汇处；平面大都略呈圆形，壕沟环绕四周。如在西安东郊浐河东岸距今约6000年的半坡遗址，聚落平面为南北稍长、东西略短的不规则椭圆形，周围有一条人工挖掘的宽6～8米，深5～6米的大壕沟围绕，中间又有一条宽2米、深1.5米的小沟将居住区分为两片，形成相互关联的两组布局。在渭、临两河交汇处的临潼姜寨遗址，平面呈东西长、南北阔的椭圆形，面积约18000平方米；东北和东南两面则为人工壕沟，上宽约3米，下深约2米。

在距今约 4970～5450 年的郑州西山古城，城墙外面有两道壕沟环绕，从而形成了三重防御体系；城墙的建造技术相当先进，采用了挖槽、版筑和夯打等多种方法；墙体上下的收分很小，能够有效地防止外敌攀援；平面略呈圆形，最大径约 180 米，面积约 3.45 万平方米；城址位于枯河北岸二级阶地的南缘，在西北丘陵与东南平原的交点之上，显然具有军事上易守难攻的优点；此城兼具防御洪水的功能，城门两座分别设于地势较高的城西和城北，而不在地势较低的城东或城南，就是一个明确的标志；从西门北侧城垣上发现的基槽和柱洞推测，这里可能有望楼一类的建筑。西山古城大约是黄帝时代的产物，作为有效防御外敌的城堡，可能是中国最早的实例。

仰韶中晚期带有防御性城墙的城市，是人类文明里程碑式的标志之一。城墙、环壕及其制度的完善，是中国青铜文明最辉煌的成果。它们最早在中原出现并迅速发展，反映了那个时代那个地区社会经济的剧变。一般认为，城市起源于生活资料长期过剩后的财富集中，是劳力和劳心两大阶级分化的结果。在城市里，居住着与农业脱离的手工匠人、从事产品交换的商人以及从事管理的上层社会。为了保护生命财产而建造防御功能良好的城墙，在以后的数千年里，成为人类社会生活中影响极大的要素。《墨子·七患》记载："城者，所以自守也。"《孟子·公孙丑下》云："三里之城，七里之郭，环而攻之而不胜。"《吴越春秋》云："筑城以卫君，造郭以守民。"

二　堆土垒筑与夯土版筑

直到新石器中期，考古发现，无论在怎样的气候条件下，城址多顺应岗阜、河流等局部地貌呈不规则的圆形或椭圆形；接近晚期，城址多选择较平坦的大块基地修建，形状逐渐向方形或长方形演变。这一情形一方面与先民"降丘宅土"有关，另一方面则与人类社会组织的逐渐发达密不可分，无论南北各地，城址平面都大致遵循着相同的演进规律。

可是在城墙的筑造技术上，南北大有不同。长江中游采用无版堆土垒筑的方法，即将墙土层层铺垫堆高，其间也进行夯打捣实，但土层难以做到均匀平整。如此堆筑起来的城墙底部极其宽厚，往上收分很大，形成坡度平缓的墙体。作为防洪的挡水设施，这种墙体的功效良好；面对外敌的攀援冲锋，却很难发挥作用。这里常常在城墙外侧，利用天然河道和人工挖掘相结合方式设置宽大的城壕，一方面针对当地的水文特点，发挥防洪、给排水和交通等多种功能，同时也能作为防御功能的辅助设施。城墙坡度平缓的另一个原因在于南方生土的粘性大，很难适应夹版夯筑的要求。因此直到商周时期，长江流域的城墙依然采用无版堆土垒筑的方法筑造，如湖北盘龙城、四川三星堆以及江苏奄城墩等古城。

如果说，长江中游古城墙得以筑造的主要原因是为了防御洪水，而不是防御外敌的侵扰，那么黄河流域古城墙得以筑造的主要原因可能恰恰相反。正如坡度平缓的堆土垒筑城墙是针对洪水的恰当处理那样，坡度陡峭的夯土版筑城墙极大满足了御敌于外的需求。郑州西山古城城墙采用了所谓"小版束棍夯筑法"，其技术之先进令人惊叹；根据残存的城墙观察，其建筑方法是先挖出梯形基槽，从底部开始用小版分层夯筑；夯窝多呈品字形分布，当为三根一组束棍留下的痕迹，墙体随着高度的增加而逐级内收。距今约4100年的新密古城寨城墙，沿袭了这种筑城方法；城墙的夯痕大小一致，版筑的高、长、宽也都比较接近，表现出很高的筑墙技术；城高壕广，气势宏伟，为中原同期其他城址所不及；城址位于溱水、洧水交汇处，南北城墙长500米，东西城墙宽370米，城内面积17.65万平方米；墙高7～16.5米，城外护壕宽34米至90米不等。

在距今4500～3900年前的山西襄汾县陶寺古城址，采用了"小版石砸夯筑"的筑墙方法；墙下基槽的开挖与否主要由地形决定，如东墙内外大致等高，墙下无基槽；南墙外高内低，于是挖基槽深约3米，夯筑至城内地表高度，然后夯筑挡土墙；挡土墙分段版筑，每段长约1.4米，宽0.8～0.9米；根据东外侧墙根保留夹版痕迹，可知每条版长1.4米，宽0.25米；挡土墙夯筑密实，夯层厚10～25厘米，夯窝径约5厘米，夯头可能为石质；两侧挡土墙筑实后，再于其间填土夯筑形成墙芯；墙芯夯土也很坚实，分层明显，每层厚 5～25 厘米不等；在史前众多古城中，陶寺古城墙的筑造技术可能最为先进。这是目前发现的黄河流域史前最大的一座城址，从现存的东、南和北墙来看，城址呈圆角长方形，南北长 1725～2150 米，东西宽约 1550 米，估计城内面积在 200万平方米以上。

仰韶文化晚期出现的"小版束棍夯筑法"以及河南龙山文化晚期出现的"小版石砸夯筑法"，基本解决了墙体对于均匀性和密实性的要求。夏代水利工程所获得的巨大成功，虽然主要依赖于疏导法，可是各地堤坝的筑造必不可免。在此过程中，先前发达的夯土技术必定曾经发挥过很大作用。商代夯土版筑技术除了用于城墙以外，还广泛用于房屋基础和墙体、墓圹回填等，水平又有所提高。在随后的 3000 多年中，夯土版筑技术具有顽强的生命力，伴随着古代文化一波又一波的往南迁移，它在南方扎根成长，其成果中最为显著的莫过于闽粤赣三省交界地区的"土楼"。

三 结构、构造与设备

新石器时期的考古发现告诉我们，中国文化的南北差异大大超过东西之别。可是傅斯年先生有别样的看法："自东汉末以来的中国史，常常分南北，或者是政治的分裂，或者由于北方为外族所统制。但这个现象不能倒安在古代史上。到东汉，长江流域才大发达。到孙吴时，长江流域才有独立的大政治组织。在三代时及三代以前，政治的演进，由部落到帝国，是以河、济、淮流域为地盘的。在这片大地中，地理的形势只有东西之分，并无南北之限。历史凭借地理而生，这两千年的对峙，是东西而不是南北。"这就是著名的"夷夏东西说"，或所谓"黄河中心论"，将其置于中国古代史的某一片段背景看，此说不无道理，但论及"三代以前"，则大谬不然。

在新石器早期，建筑的结构方式主要决定于当地的地理和气候。正如南方湿地建筑遵循干栏—长屋这一逻辑那样，北方旱地建筑的必然路径是地穴—围合。近几十年来的考古成果，充分证明了南北建筑原本拥有不同的有机组成。随着民众的迁徙，不同的建筑要素之间发生碰撞，其结果大致是：部分立即消失，部分持续一定时间后消失，部分相互融合并逐渐改进。

南方建筑北上之后，初衷于架空生活面以求防潮的干栏式结构立即消失，意在相互扶持强化整体的组合式"长屋"则可能与其主人相伴始终。在南北交界距今约5300年的豫西八里岗和下王岗遗址，随着屈家岭文化的兴盛，"长屋"占据先前仰韶文化流行的地盘；大约不足500年后，随着河南龙山文化的崛起，"长屋"又退回两湖地区。雕龙碑遗址在湖北枣阳城东北，与下王岗遗址相距仅160公里，在距今约4800年的第三期文化层中，房址的结构和构造多与八里岗近似，如有序的排列、推拉门等。

在南北文化势力此消彼长之际，随着浅地穴和地面式建筑的流行，南方"长屋"的布局方式为北方很多地区所接受。在距今4900～4800年的庙底沟二期文化遗址中，出现了若干处有序排列的房址。它们甚至远及陕北。在榆林横山县魏家楼乡的拓家峁寨山遗址，发掘出4座同时修建的连间排房，总长近20米，皆为地面式建筑。

在南方温暖的平原湿地，从未出现过竖穴式房址，原因当然在于，这种房址的主要功能是抵御北方高原的严寒，而在南方弊多利少。但就南方某些高亢地带而言，便利的半地穴结构和灵活的圆形平面依旧保有某种价值，因而得以持续相当长时间。在澧县彭头山遗址中，与木结构干栏式房址同地共存的，是半地穴和地面式房址；其中半地穴式平面多为不规则圆形，地面式多为方形。在距今6400～5300年的大溪遗址，房址为圆形半地穴式和长方形地面式两种。在距今约5000年的屈家岭遗址，因为与中原接壤，不可避免地受到仰韶文化的影响；这里出现了长方形的大型地面房址，其中最大一间长14米，宽5米余，面积达70平方米，俨然是北方色彩浓厚的"大房子"。

在江苏吴江县龙南村发现的良渚文化遗址中，房址的居住面低于地面数十厘米；遗址位于太湖东南湖塘众多的低地之上，海拔高程仅3.35米；在如此低湿的地区，采用北方传统的半地穴式结构做法，显然有悖于实用层面的考虑，我们只能推测，此举当属北方移民初来乍到因循旧法。事实上，这种做法在环太湖地区很快就退出了历史舞台。考古发现，良渚文化遗址中的典型创造，是人工堆筑规模巨大的高台墓地或祭坛，更有被称为"土筑金字塔"的大型夯土台基。如位于良渚遗址群中心的莫角山遗址，就是一个面积达30万平方米人工夯土筑造的高台，遗迹中包括大片夯土层和夯窝，以及成排的柱洞，表明曾经有过大型建筑，另外还有6个祭祀用的大土坑。从布局和构造来看，这里也许就是酋长和大祭司自用的聚落。

　　在余姚河姆渡遗址中，有一种以原木支撑四壁以防止壁土坍塌的水井（图4-1），具体做法是将端部咬接的四根原木水平放置，顺井壁由下而上逐层叠压。这就是所谓"井干"，后世曾广泛使用于矿井和地面建筑。这种结构在中国其他地区以及国外早期亦有出现，但因耗费

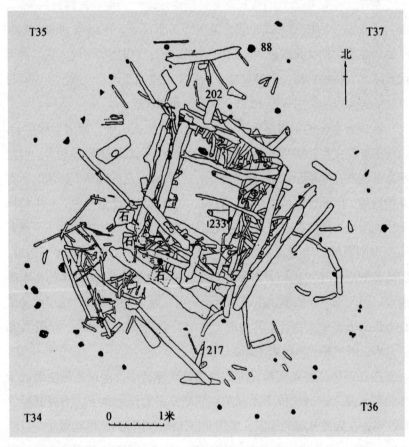

图4-1　河姆渡井干

木材过多，除某些交通运输极不发达的森林地区外逐渐停止使用。在中国古代木构架体系中，井干是抬梁、穿斗以外最重要的结构方式，它与抬梁结构具有共同的厚重特点，构造上也有不少共性，因此有人推测抬梁结构在井干结构的基础上发展而成。

在豫北汤阴县距今约4950年的白营龙山文化早期遗址中，有一口方形木构架支护的深水井（图4-2）。井口3.6米见方，井深近11米，井干式的大木叠垒共46层，结构技术之高超令人惊讶。这是迄今在黄河流域发现年代最早的一口木构水井，与河姆渡遗址中的结构类似的水井相比，其年代晚1000多年，但井口面积扩大约4倍，井深增加约7倍。迄今发现龙山文化遗存的另外三口水井，都是圆形无木构支护的土井；其中两口出现于邯郸涧沟龙山文化早期遗址，口径2米，深7米左右；一口出现于洛阳矬李龙山文化晚期遗址，口径1.6米，深6.1米。考虑到汤阴位于邯郸与洛阳之间，可以推测，其高超的井干技术显然没有沿袭这一地区的传统，而是对南方先进成果的吸收和改进。

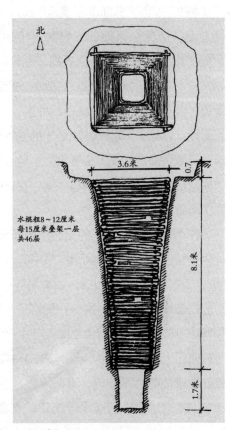

图4-2 汤阴县白营龙山文化井干

深入地下的木质井干结构，由于难以克服易腐的弊端，可能难免被逐渐废弃的命运。商代木椁墓的出现，或许是其技术的一次转型。战国至西汉时期，井干结构在地下木椁墓中一度流行，同时不再用于水井的壁面，其先前位置被陶制的圆形井圈取而代之。西汉以后，木椁墓中的井干结构逐渐被砖结构拱券和空心砖结构所取代。当时井干结构是否转而大量用于地面建筑，目前已经无法获得实物证据，可是文献和图像资料基本能够证明这是一个事实。汉代以后流行于北方大部分地区的抬梁式重木结构，以及作为中国传统建筑主要标志的铺作斗拱，看来都与井干结构一脉相承。大体上可以说，中国北方木结构建筑的演进，在很大程度上都受益于南方的技术传统。

论及城池规模的大小、日常生活的繁简以及消费器物的精粗，长江流域的成就似乎都高于黄河流域，可是在某些实用设计和材料改良方面，情况未必如此。譬如对于地面的排水设施，中原地区早在龙山文化时期就给予充分重视，并为后世所继承。考古发现，在距今4300～4100年的淮阳平粮台古城，道路下埋有三列陶质直筒形的排水管道，其一端口径为0.23～0.26米，另一端为0.27～0.32米，便于相互衔接。这是中国迄今发现最早的城镇地下排水设施，沿用至夏商时期成为习惯做法。在二里头夏末之1号宫殿的北面，以及郑州铭功路商代中期遗址中，都曾发现陶质水管。在安阳殷墟商代晚期的遗址中，更发现了陶质的三通水管。

作为建筑要素之一的土砖，也起源于新石器晚期的中原地区。在汤阴白营遗址，晚期的圆形房屋中有一座是土砖砌墙，土砖砌块分为三种：一种是逐块摔打而成，如同陶坯；一种厚度基本相同但长短不一，可能是摊片分割而成；另一种规格基本相同，大约是模制而成；以上三种做法可能反映了土砖由制陶工艺中逐渐发展的过程。另外四处大约同时期使用土砖的建筑遗址是：安阳高楼庄后岗遗址中的4座房屋，永城王油坊遗址中的圆屋F1，淮阳平粮台古城中的10多座房址，以及临潼康家F58遗址，它们或平地起建，或建于夯土高台之上。土砖的砌法同现代砖砌法类似，如康家F58的土坯砖长约39厘米、宽34～36厘米，砌体上下7层、左右8块，共56块。在商代遗址中，土砖得以传承，如藁城台西房址中的F2及F6夯土墙的上部。粘土烧结砖最早出现于春秋时期，经过战国时的改进，秦汉时的制砖技术达到很高水平，世称"秦砖汉瓦"。

柱础是建筑中的小部件，但其作为立柱底部的防腐措施，功用却不可忽视。在南方低湿地带，不难设想，当沼泽逐渐干燥或高台基础出现

图 4-3 寿宁南阳民居木础 　　　　　　图 4-4 岳阳文庙木柱础

以后，木桩的高度会慢慢变短。这可能就是木质柱础的滥觞，其生命力极其顽强，在长江以南很多地方的明清建筑中，至今还能看见为数不少木质柱础（图 4-3、4-4）。东汉时许慎注意到柱础的材料"古用木，今用石"，证明了这一部件的古老来源。这个事实是否暗示，南方人的创新和进取精神有所欠缺？在黄河流域，情况的确与之不同。在河南庙底沟遗址中，301 号、302 号房址的中心柱以及安阳后岗遗址中 F19 柱 5 的下面，都使用了石质的柱础。在偃师二里头夏末宫室以及郑州商城宫室中的某些柱础，都采用过石料。在安阳小屯商代宫殿的柱下，还使用了特制的铜锧，这一部件夹在础石与木柱之间，加强了柱础的防潮功用，反映出北方人在建筑构造方面细致入微的思考。

四　甑鬲甗与鼎豆壶

　　以上大致梳理了新石器时期中国南北不同地区建筑技术的特点和交流，同时涉及北方受惠于南方的若干现象。南方自然资源的多样和丰富，促成了南方建筑技术多方面的先进；北方自然条件的相对严酷，迫使北方人更加善于吸收和改良。从生存的基本立场出发，建筑是人类走出洞穴之后，生命赖以持续的必要硬件。与建筑同样必要的是与饮食相关的炊器，如果不能进行合理高效的食物加工，人类群体的健康及其持续就很难得到保证。在通常所谓的衣食住行四大需求中，食与住的重要性显然大大高于衣与行。在人类文明的发展过程中，建筑和炊器两者都曾经发挥过不可替代的作用。而炊器在历史演进的过程中与建筑也产生了微妙的关系，甚至成为建筑的元素。以下也从南北比较的角度着眼，追溯中国新石器时期炊器的演进。

就食物的丰富和多样化而言，长江流域应当超过黄河流域，可是在炊器改良和制度建设上则并非如此。譬如甑，最早实物出土于仰韶文化早期的半坡遗址；这是一种圆形炊器，底部和近底处有许多透气的孔格，置于鼎上蒸煮食物，如同现代的蒸锅上层。用高温水汽熟化食物或消毒杀菌，是人类健康的必要保证，其方法简易而高效，因而从6000年以前一直持续至今。华夏文明那超越一切的顽强生命力，在一定程度上得益于此。又如鬲，最早实物出土于距今约4200年的襄汾陶寺遗址；器形与鼎相近，区别在于鼎足实心，鬲足袋状；前者的造型庄重，但盛水功用显然不及后者。当鬲取代鼎成为与甑结合的蒸锅下层之际，甗便应声出现；这种极其巧妙而实用的古代炊器，最早出现于龙山文化时期的山东章丘城子崖和河南淮阳平粮台遗址（图4-5）。甑、鬲和甗这三种炊具先前都是陶质，到了商代，青铜制作的甗大量出现，并且随着中原文明的推进，分布到长江流域广大地区。

图4-5　淮阳平粮台陶甗

如果说，甑、鬲和甗这三种器物反映了中原炊具在实用方面持续改良的话，那么被视为华夏文明代表性器物的鼎，就是将日常饮具改良之后进而提高到制度层面的重大创举。初期的鼎是将烹煮用的圜底器（釜）与作为支架的三足连体而成的，显然有效简化了日常炊事的程序。在距今约9000年的河南贾湖遗址，出土的典型陶器是锥足鼎、双耳壶和钵；在稍晚的河南裴李岗遗址，出土陶器有三足鼎、双耳壶、碗、罐、钵等。河北武安磁山遗址距今约8000年，其所处时代和出土陶器与裴李岗遗址基本相同，因而二者被合称为"裴李岗·磁山文化"。磁山遗址出土的陶器主要有鼎、豆、壶、罐、盘、钵等，其中陶盂和陶支架的大量组合，暗示着鼎的演进过程。在这一时期的各种炊具中，鼎的体量最大、功用最重要。在先仰韶文化的陕西华县老官台遗址，陶器最具特点的是圈足碗、彩陶钵与筒腹三足罐，后者可能就是鼎的先型。

大约1000年后，仰韶文化继之而起（7000～5000年前），然而在其类型极其丰富的陶器中，我们惊讶地发现先前显赫的鼎已经退出，取而代之的是光彩夺目的尖底瓶（敧器）。仰韶陶器以半坡类型和庙底沟类型最具代表性：半坡类型的典型陶器有尖底瓶、圜底或平底钵、细颈壶、平底盆、圜底盆、大腹壶、小平底瓮等。庙底沟类型的典型陶器有尖底或平底瓶、曲腹碗、曲腹盆、小平底瓮、圜底釜、釜形鼎等。

仰韶文化持续存在约2000年，其势力之强大成就之辉煌毋庸置疑，可是功用良好的鼎为什么会退出呢？这个问题令人倍感困惑，有学者甚至由此怀疑仰韶文化与裴李岗·磁山文化之间的承继关系。我们推测，答案或许就隐藏于鼎与尖底瓶这两种器物的相互消长之上。尖底瓶古称敧器，很早就从实用取水器变为贤者启发凡俗心智的教具："虚则敧，中则正，满则覆。"相比之下，鼎的初始功用是满足人的口腹之欲，鼎的过度强化可能意味着人类贪欲和侈靡的极大膨胀，正如后世铜鼎上饕餮纹所暗示的那样。"铜鼎与其说是社稷稳定和谐的象征，不如说是国家灾难和病变的征兆。"批评家朱大可对商代铜鼎发出的严厉批判，应该是十分中肯的，虽然这一批判未必能够同样精确地针对距今6000多年前的陶鼎。

一个合理的推测似乎是，在中原地区的物质文化发展到一定水平之后，裴李岗·磁山人猛然发现某些方面是否可持续的问题，从而迅速警醒。在鼎与尖底瓶这两种器物相互消长的背后，可能就是一种极其睿智的深谋远虑。正是这种睿智的深谋远虑，使裴李岗—磁山文化转型为仰韶文化，再转型为龙山文化，最终结晶成中华文明的摇篮。这是全球文明中独一无二的现象，其不间断持续8000多年的成就堪称奇迹。它足以警醒面临多种危机的今人：任何文明经历高度发展之后，都必须及时反省，及时改革。"人无远虑，必有近忧。"孔子卓越的智慧，显然来源于古老的华夏经验。

在龙山文化的早期遗存中，陶器保留了仰韶文化的某些类型，如尖底瓶、杯、盆、罐等；到了中期，尖底瓶趋于消失，而鼎重新出现。在距今约 4500 年的淮阳平粮台古城，出土陶器有鼎、罐、壶、豆、瓮、盆、纺轮等。在距今 4500～3900 年的陶寺遗址，早期炊器以连釜灶和斝为主，中晚期鬲的使用越来越多，连釜灶消失；数量较多的其它陶器有罐、壶、瓶、盆、盘、豆、鼎和觚等。晚期龙山文化的主要陶器中包括鼎、甑、鬲，还有杯、盘、碗、盆、罐、器盖、器座等。龙山文化中期以后尖底瓶与鼎这两种器物的再一次此消彼长，似乎并不意味着华夏文明的精神倒退。尖底瓶消失的背景可能是其思想内涵已经深入人心，或附丽于其他载体；鼎则首先作为中原居民日常实用器中的主要一员而复出，进而逐渐成为精神色彩浓厚的礼器。

传说夏禹收九牧之金铸九鼎于荆山之下，以象征九州；鼎从日常炊具演变为传国重器，升华为国家和政权的象征。《左传·宣公三年》记载："昔夏之方有德，远方图物，贡金九牧，铸鼎象物，百物为之备。"《史记·孝武本纪》云："禹收九牧之金，铸九鼎。"在二里头文化遗址中，鼎在各类器物中的重要性越来越凸显。在二里岗文化遗址中，三足两耳的青铜鼎首次出现，同时跃升为青铜器中最主要的种类，而作为日常炊具的功能逐渐被鬲所替代。四足鼎最早出现于商代中期，且体型较大，似乎已经退出炊器行列，成为权利地位的象征。从实用角度看，三足的稳定性远远优于四足；从威仪角度看，四足则能更好地映射主人的庄严。

自此以后，"定鼎"意味着新王朝的建立，国灭亡后鼎随即迁移。"昔夏之方有德也，远方图物，贡金九牧，铸鼎象物，百物而为之备，使民知神、奸。故民入川泽山林，不逢不若。螭魅罔两，莫能逢之，用能协于上下以承天休。桀有昏德，鼎迁于商，载祀六百。商纣暴虐，鼎迁于周。"夏亡商兴，九鼎迁于商都亳京；商亡周兴，九鼎又迁于周都镐京。商周时，鼎作为最隆重的礼器，常出现于国家祭祀或军事庆典的场所，届时在鼎身内外铭刻文字，记载丰功伟绩或庆典盛况。现存最大的青铜四足大方鼎"司母戊"，是商王武丁（前 1250—前 1192 年）之子为祭祀母亲戊而铸造的，高 133 厘米，重 835 公斤，腹内有"司母戊"

三字。在西周著名的青铜器如大盂鼎、大克鼎、毛公鼎和颂鼎上，都有铭文记载典章制度和册封、祭祀、征伐等史实。"楚子伐陆浑之戎，遂至于洛，观兵于周疆。定王使王孙满劳楚子。楚子问鼎之大小轻重焉。"这就是"问鼎"的典故，楚庄王问鼎，大有取天子而代之的意思。直到今天，"鼎"字依然有显赫、尊贵、盛大等引申意义，如一言九鼎、大名鼎鼎、鼎盛时期、鼎力相助等。

在西周末春秋初的墓葬中，鼎与豆、壶、簋、盘等已构成秩序井然的随葬明器；春秋迄至汉代，常以陶质的明器取代青铜器。此时的鼎多为三足圆形，开后世香炉之滥觞，与同为圆形的豆、壶等成为等级最高的祭祀陈设。这一制度持续了大约3000年，直到明清两代。在明清帝后墓葬或祠庙中，等级最高的祭祀陈设是所谓"五供"（图4-6）。祭台之上，一个鼎（香炉）居中，一对豆（烛台）和一对壶（花瓶）居于两侧，象征着神主享受如同生前的供养。低一级的祭祀陈设为"三供"，由一个鼎和一对豆组成。在汉化佛教殿堂中，类似的祭器称之为"五具足"和"三具足"，大约南宋时期传入日本。从供器的类形上说，"五

图4-6 清东陵石五供

供"只有三种，香炉、烛台和花瓶；将其还原于炊具和食器，则为鼎、豆、壶。

在"五供"中，鼎、豆、壶三者之间的主次分明。在嘉庆二十三年（1818年）佚名刻《钦定大清会典图·卷十三·礼制》中，太岁殿内五供从左到右的排列次序是：瓶、烛、炉、烛、瓶（壶、豆、鼎、豆、壶）。卷十七之文昌庙中的五供陈设与之相同。若低一级神主如先医庙等，则陈设以三供：烛、炉、烛。在经历乱世兵燹之后，明清残存五供的序列常常会被扰乱。今人在修复工程之际，往往不知其本，将鼎置于中央固然毋庸置疑，豆、壶二者的序列则常常混乱。清东陵和清西陵中的诸多问题，急待解决。

鼎的渊源可谓久矣！在中华文明史上，它们堪称最具代表性的器物。8000多年来，鼎经历了也许不止一次的兴衰沉浮，见证了中华文明从物质到精神的稳健转变。在漫长的历史画卷中，鼎的身影从其发源地逐渐被及全国；追随鼎的足迹，我们也许能够更加清晰地看见中华文明那久远的分分合合。

在黄河下游最早的新石器文化遗址中，并未发现鼎。鼎在这里的出现大约比中游晚1000多年，很可能曾受到来自中游的影响。淄博后李文化遗址，章丘刁镇茄庄村南的小荆山遗址，距今约8000年，出土陶器皆有釜、罐、钵、碗、壶等。直到距今约7000年的滕县北辛遗址，鼎才在这一地区出现，出土陶器皆为手制的生活用具，造形简单，主要有鼎、釜、罐、钵、壶等。

在南方新石器文化中，鼎的出现大约比中原地区晚2000年，而且很可能也曾受到来自中原的影响。在长江流域大约6000年前的各处遗址中，迄今发现的陶器系列中大多以无脚的釜而不是以鼎为主。在两湖地区，湖北宜都城背溪文化，湖南石门县皂市下层文化，距今8000～7000年，陶器有釜、钵、罐、盘等，多圜底器、圈足器和平底器，未见三足器；湖南安乡县汤家岗文化距今6800～6300年，遗址中的陶器以釜、罐、碗、盘、钵等五类器物为基本组合，多圜底和圈足器。在钱塘江以南，浙江诸暨楼家桥下层遗址距今6500年，出土陶炊器中包括河姆渡文化早期典型的带脊釜，但主体是带扁棱足鼎，地域特点十分明显。河姆渡文化距今7000～5300年，其早中期遗址中的主要陶器有釜、钵、罐、盆、盘等；鼎始出现于河姆渡遗址第三层，距今不超过6000年。在太湖南面，马家浜文化距今7000～6000年，早期炊具以釜为主，到距今约6200年的草鞋山遗址第十层演变为鼎，晚期鼎的数量激增。豆、壶在马家浜文化遗址中数量很少，式样也单调，但到距今6000～5300年的崧泽文化时期却数量大增，并且与鼎逐渐形成组合关系。到距今5250～4150年的良渚文化时期，鼎成为常用炊具，而在墓葬的随葬品中，往往有鼎、豆、壶的组合。由于鼎在浙江地区新石器晚期文化中的地位显赫，有人认为，良渚墓葬中的鼎、豆、壶组合开启了商周青铜礼器的先河。在一定意义上，这一组合反映了黄河与长江文明之间的碰撞和融合。作为个体的实用陶器，鼎、豆、壶最早出现于河北磁山遗址；作为成组的礼器，鼎、豆、壶成熟于良渚文化时期，再于龙山文化晚期回归中原，为华夏文明的最终凝聚贡献出自己。

【附录】

一．参考阅读

1. 刘叙杰：《中国古代建筑史·第一卷》（中国建筑工业出版社2003，P. 100）：

在建筑形式方面，从天然洞窟，经人工横穴（窑洞）、竖穴、半地穴到地面建筑；从天然巢居经人工槽巢到干阑（栏）建筑。通过漫长而反复的探索，终于确定了几种经得起各种自然和社会考验的基本建筑类型，其大体形制一直流传到近代，几千年来未有大改。在结构上，缔造了以土木结构为主流的建筑结构体系，虽然当时它还不很完善，但却对中国传统建筑起了决定性的"启蒙"作用。

2. 朱大可："青铜时代的金属记忆"（《南方周末报》2007年2月15日）：

当然，那些先秦政客无限夸大的数据，不能作为认知九鼎的依据。但鼎锅的传奇语义，却在这种夸大的政治修辞中急剧增殖，变得日益神奇起来。它不仅材质尊贵，身躯沉重，而且能够感应朝纲，对国家的德行作出正确无误的判断。鼎锅是亚细亚国家主义的象征，是美食、享乐、尊严、礼仪、等级、秩序、权柄乃至暴力的标志，但它又拒绝与极权者、篡权者和败亡者合作。这种鲜明的政治风格，跟玉器家族的气质极为相似，且有遥相呼应的趋向。

二．思考题

1．关于敧器和鼎，你知道多少？
2．关于中国南北文化的差异，你有何见解？
3．中国新石器时期的文化，出现过何种兴衰起伏？

第五讲
两种建筑思想的互动

如果要以一种图形作为中国文化标志的话，那么很可能是"太极图"。其图形如同两条鱼纠缠在一起，一黑一白象征着阴阳互生。从孔庙大成殿梁柱，到白云观内外；从太极、武术的会徽会标，到算命先生的招牌；从韩国的国旗图案，到新加坡的空军机徽，太极图无不跃居其上。这种图形大约定型于宋明时期，而思想渊源却可上溯到新石器时代的阴阳观念。本文并不打算考察太极图的源流，只希望借其揭示中国传统文化中一个重要的特点，那就是承认二元对立相辅相成的重要性。

　　这一图形也可以用来大体描绘中国古代建筑的动态发展。大约从新石器时期开始，华夏先贤中就有人认识到"过犹不及"的自然规律，从而在人类社会濒临崩溃之前力挽狂澜，使之实现可持续发展。至迟到大禹治水之时，两股相互角力的意识形态就逐渐引人注目。一为疏导法治水，一为湮堵法治水，其高下成败众所周知。与此同时，从民生出发力求社会稳定的"卑宫室"思想站稳脚跟，而出于人类本能欲望的"大壮"思想受到抑制。不过后者并未彻底消亡，在以后的历史进程中，"大壮"思想往往会于某一时期成为主流。二者反复登上舞台，各有一套立论依据，数千年间交锋不已。中国传统建筑就在二者交织的张力下孕育出与西方建筑迥然不同的独特气象。

一 全球语境下的讨论

在潘谷西主编《中国建筑史》教材（第5版，2004年）上有这样一段话："历史是在必然与偶然的碰撞中进行的，虽然期待一个伟大的建设时期应该有了不起的思潮和至少像同时代国外那样丰富的建筑探索，但这个期待无法落在整个自律时期（这里指新中国成立后到改革开放以前——引者注），甚至也无法落在整个中国古代社会。中国就是中国，古代中国不曾有建筑独有的伟大思想，近现代亦然，……"

这段话令人吃惊，尤其是出自一位勤勉而博学的中国建筑史学者之口。这种说法，实为一种地道的妄自菲薄。对西方建筑遗产充满自豪感的欧洲人，常常会对中国传统建筑发出感慨，说那些土木的房屋并没有多少价值，而且大多不过存在于纸上而已（文字记录而非实物）。这些说法并非全无理由，可是我们要指出，他们对中国传统建筑的认识只是一种皮相之说。实则在欧洲历史上，也曾有过生活水准低下而精神文明极其发达的时代，如西元前的古希腊和中世纪的西欧。但15世纪以后繁荣的"文艺复兴"，从根本意义上说，将先前的精神遗产彻底抛弃，恢复了古罗马时期奢华无度的物欲追求。近现代历史表明，欧洲的物质主义获得了很大成功，它完全改变了世界古代文明的格局。在这一背景下，欧洲人真的难以明了：中国传统文化的主要价值并不在于外在物质的辉煌，而在于内在精神的深刻。

自15世纪君士坦丁堡陷落以来，东、西方之间古老的陆路交通被阻断，欧洲人转而从海上寻求出路。他们先以基督教思想后以机巧器械为诱饵，但历经300多年，始终未能得逞图谋。直到19世纪，以坚船利炮为开路先锋，欧洲列强彻底打败了包括中国在内所有的文明古国。在以往历史时期常常处于低等状态的西方民族，终于迎来了扬眉吐气的大好时光。近现代一百多年，风潮未曾停息，当下众口一声的"全球化"呼号，标志着承载欧洲文明的装甲快车，正在加速冲向世界各地，征服那些迄今未被彻底征服的残余角落。"全盘西化"的思潮，时而左倾时而右倾，但始终不曾离开过近现代中国。从20世纪末开始，至今未息的"建筑欧陆风"，实为百年来中国思想运动在物质生活层面的显

图 5-1　远眺雅典卫城

赫结果。在这种背景下观察中国近现代建筑，"独有的伟大思想"的缺乏，势在必然。可是一个本土的建筑史专家如何由此得出"古代中国不曾有建筑独有的伟大思想"的结论，当然还是令人困惑。

　　让我们尝试打开心灵的窗户，从另一个角度考察中国传统建筑的历史进程，向读者展示中国传统建筑深层内涵中"独有的伟大思想"。这里需要特别强调的是，"伟大思想"与"伟大建筑"是从精神和物质两个层面考虑的不同存在。举例说，公元前 5 世纪春秋战国之际，四方诸侯竞相建造城堡，诸子百家争鸣百花齐放；此时希腊正处于伯里克利统治下的"黄金时代"，各方面也成就非凡。这是欧洲文明与华夏文明双峰并峙的伟大时代，可是从物质建筑角度看，两者的气象完全不同。以雅典卫城上的神庙为代表的希腊石结构建筑气势宏伟、装饰精美，其中很多部件相当完好地留存至今（图 5-1）；站在巴黎卢浮宫希腊展馆内那直径两米浮雕细腻的多立克柱鼓形石块面前，来自中国的观者不能不深感震撼。追溯中国同时期的建筑遗产，以土、木为主要材料的战国高台，即便存留至今，也不过是仅供怀古者凭吊往昔的丘墟而已（图 5-2）。实际上，在过去百年中，研究中国建筑的中外学者都曾注意到中国建筑物质层面的不发达，并试图从不同角度给出解释。

　　20 世纪 30 年代，日本建筑史家伊东忠太撰写《中国建筑史》，认

图 5-2 易县燕下都炼台夯土

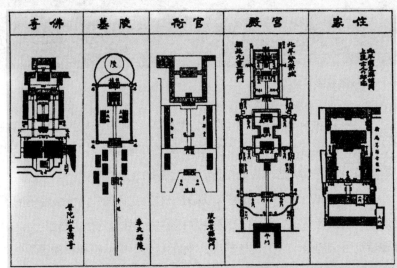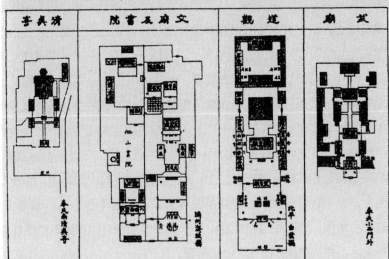

图 5-3 中国传统建筑的群体组合

为中国建筑之大不在于单体而在于群体。"以中国国土之大，国民之众，其最大建筑仅六百坪，远不及日本第一等大本堂，骤观之似属矛盾，然亦别有理由。中国建筑之大，不在一物之大，而在宫殿楼阁门廊亭榭之相连，俨然成为一群。此较一字一室之孤立者，尤为庄严，而足表示帝王之威严也。"（图5-3）诚哉斯言，在中国传统文化中，群体之间的关系大大重于单体的扩张；"仁"是伦理道德的核心内容，人与人之间的亲善和谐至为重要。《论语·雍也》云："夫仁者，己欲立而立人，己欲达而达人。"《庄子·在宥》云："亲而不可不广者，仁也。"主流的儒道两家都在强调推己及人，和谐共处。作为文化的载体，中国传统建筑反映了整体价值大于个人价值的社会观念。伊东忠太的看法认清了中国传统建筑的群体观，从狭义的规划和设计角度看，可谓颇有眼力。但从深层意义上说，我们应当认识到，这种看法还有其不够充分之处。

梁思成谈及中国建筑在坚固耐久方面的不足时，曾作过以下推测："中国结构既以木材为主，宫室之寿命固乃限于木质结构之未能耐久，但更深究其故，实缘于不着意于原物长存之观念。盖中国自始即未如古埃及刻意求永久之不灭之工程，欲与人工与自然物体竞久存之实，且既安于新陈代谢之理，以自然生灭为定律；视建筑且如被服舆马，时得而更换之，未尝患原物之久暂，无使其永不残破之野心。"有关中西方对待永恒概念完全不同的两种态度，梁先生的认识有其深刻之处，可惜阐述未详。在中国古代，的确有人将建筑视同衣服，如晋代刘伶，"我以天地为栋宇，屋室为裈衣，诸君何为入我裈中！"但是就事功的轻重来看，建筑与衣被车马差之甚远，实难以并驾齐驱。建筑工程，特别是重大的公共建筑工程，往往投资巨大，甚至关系到国计民生。而衣被车马本来就不免与四季同时交替，并且耗资轻微。何况在素以节俭为美德的古代中国，说人们对它们的态度是"时得而更换之"，似乎也没有充分的依据。

有关中国传统建筑的问题，绝不能仅仅局限在物质层面的讨论上。欧洲建筑理论中所谓坚固、实用、美观的建筑三原则，只是一种立足于自身专业角度的狭义叙述，并不能圆满贴切地用之于中国。讨论中国古代的建筑现象，常常需要站在更高的文化层面，开启更宽的人文视野，才可能做出缜密的分析，进而获得正确的判断。

二　《周易》中的大壮：壮丽与礼制

作为"群经之首"和"大道之源"的《周易》，孕育出中华民族独特的思维方式和审美情趣，对古代建筑的规划设计和艺术创作都具有深远的影响。《周易》诸卦中与建筑直接相关的是"大壮"，为阳刚盛长之象。《易·系辞下》记载："上古穴居而野处，后世圣人易之以宫室，上栋下宇，以待风雨，盖取诸大壮。"《说文解字》云："栋，极也。"王筠《说文解字句读》："栋为正中一木之名，今谓之脊檩者是。"在古代汉语中，"宙"也作脊檩解，刘安《淮南子·览冥》云："而燕雀佼之，以为不能与之争于宇宙之间。"高诱注："宇，屋檐也。宙，栋梁也。"可知"上栋下宇"实即"上宙下宇"。因此在古人心中，建筑实即五脏俱全之微型宇宙，宇宙只是包罗万象之大建筑。《淮南子·齐俗》："往古来今谓之宙，四方上下谓之宇。"这种集时间和空间于一体的"宇宙观"也与"栋（宙）"和"宇"有关。《说文》："宇，屋边也。"宇指房屋的四边，由此而引申出"四方上下"的空间含义；宙指脊檩，即建筑即将落成时"上梁"仪式中所上之栋梁。在很大程度上，这根栋梁使用寿命的长短决定了建筑存在时间的久暂，于是宙便染上了"往古来今"的时间色彩。

在"大壮"卦中，爻辞和小象与建筑的干涉较少，彖辞和大象则与之关联紧密。彖辞曰："大者壮也，刚以动，故壮；大者正也，正大而天地之情可见矣。"大象曰："雷在天上，大壮；君子以非礼弗履。"要而言之为两点：一曰气势之壮，言规模；二曰等级之礼，言制度。

乾为天，震为雷，"大壮：乾下震上"，取象的是雷在天空轰鸣，其势刚健能动，威猛壮观。古人对于风雨雷电等自然现象，往往怀有一种恐惧与敬畏的心理，打雷被看作上天在发怒，闪电被看作苍龙在飞腾，在恐惧与敬畏中，产生了某种关乎凌厉的审美体验。惯于含蓄表述、又长于比兴事物的古代先哲，将这一审美体验与宫室建筑联系起来，成为品评建筑的标准之一。中国传统建筑，尤其是与帝王相关的宫殿、陵墓、苑囿，常以宏大、崇高、壮阔为美，并饰以种种恐怖狰狞的兽面，以隐喻雷霆万钧的大壮之势。以秦为例，始皇帝在咸阳营建前殿阿房，"东西五百步，南北五十丈，上可以坐万人，下可以建五丈旗。周驰为阁道，自殿下直抵南山"。阿房宫不仅体量巨大，空间开阔，而且包山纳河，法天象地。在骊山修治陵墓，役使民夫七十余万，"穿三泉，下铜而致椁，宫观百官奇器珍怪徙藏满之。……以水银为百川、江河、大海，机相灌输，上具天文，下具地理"。结果是规模极大，耗费无度。秦始皇虽是一个极端的例子，但从汉唐到明清，皇家建筑在形式上追求壮丽的内涵始终未变。

"大壮"象辞和象辞中的另一层含义是强调位份有别的礼制。阮籍《乐论》云："尊卑有分，上下有等，谓之礼；……车服、旌旗、宫室、饮食，礼之具也。"儒家的尊卑之礼在物质上有一系列的具体要求，建筑是其中之一。"礼之具"的主要目的是教化天下，王夫之《读通鉴论·汉高帝·十三》云："（古之帝王）奏九成于圜丘，因以使之知天；崇宗庙于七世，因以使之知孝；建两观以悬法，因以使之知治；营灵台以候气，因以使之知时；立两阶于九级，因以使之知让。"对各类建筑的用途都做了很好的总结，圜丘、宗庙、两观、灵台都具备"化民成俗"的功用，观赏享乐倒在其次；"礼之具"的外在表现则往往呈现出一种严格的等级关系。《礼记·礼器》云："天子七庙，诸侯五，大夫三，士一。"规定帝王可以祭祀七世先祖，诸侯大夫依次递减，从五世、三世到一世；"天子之堂九尺，诸侯七尺，大夫五尺，士三尺。"堂在古代指台阶，宫殿建在台上，台阶数目的多少决定了台座的高低，天子最高，愈下愈卑。"大壮"象辞就强调"君子以非礼弗履"，对于这种等级，既不能僭越，也不得减省。春秋末年管仲房舍豪华，"山节、藻棁，君子以为滥矣"；而晏婴过于朴素，"浣衣濯冠以朝，君子以为隘矣"。这就体现出不同阶层在建筑方面被规定不同的等级，而与统治者相关的皇家建筑，必须威武庄严、藻饰华丽，才与天子的身份相合，才不算失礼。因此历代建国之后首要之事就是按帝都等级规划都城、建立宗庙、营造宫殿。

"非礼弗履"的思想，客观上为宫殿的壮丽提供了理论依据。西汉初年，萧何据此而对高祖说：宫室建筑"非壮丽无以重威"。每到改朝换代之际，前朝宫室往往遭遇灭顶之灾，也与所谓"非礼弗履"有一定关系，可谓"成也萧何，败也萧何"。东汉末年，董卓挟持献帝迁都长安，《通鉴》记载："悉烧（洛阳）宫庙、官府、居家，二百里内，室屋荡尽，无复鸡犬。"改以长安为都，便将洛阳焚毁，以示长安为上。五年后李傕、郭汜抢出献帝，"放火烧（长安）宫殿、官府、民居悉尽。"长安既然曾为乱臣所据，其宫殿、官府便也沾染了贼气，所以不得留存。南北朝时期，南朝刘曜、王弥率军攻入苻秦都城洛阳，焚毁宫室、府署、民居。隋文帝平陈，诏令毁掉建康城邑宫室，六朝古都被荡平成为耕田。这一恶习代代相袭，背后无不藏"君子以非礼弗履"之意：居所要与身份相称，其国既灭，此前按天子身份营造的都城宫殿也就该"非礼弗履"，一毁了之。

《周易》中的"大壮"含有壮丽与礼制两层含义，唐人诗"不睹皇居壮，安知天子尊"，很好地总结了这两点：正是要借皇居之"壮"，以示天子之"尊"。二者共同成为支撑传统建筑追求雄伟宏大的思想基础。

三　先秦诸子论"卑宫室"

在"大壮"成为品评建筑重要标准的同时，另一股思想也在滋生成长，其势逐渐增大，最终超越"大壮"，成为影响中国传统建筑发展的主流思想。这就是"卑宫室"。在中国古代文献中，关于宫室建筑的论述俯拾皆是。先贤对于明君的赞美，首先即着眼于他们宫室的简朴；对于昏君的批评也常以其宫室奢华为证。自先秦至明清，情形大多如此。柳诒徵先生曾给予精辟的总结："古代帝王，以卑宫室为媺（美），以峻宇雕墙为戒。"

卑宫室思想的发端，肇自先秦。对于宫室建筑，先秦诸子中墨家的态度最鲜明，立场也最坚定。墨家过度强调节俭，一向被视作苦行主义者。《庄子·天下》中描述墨家："其生也勤，其死也薄"，"以裘褐为衣，以跂蹻为服，日夜不休，以自苦为极。"俞樾在《墨子闲诂》序言中评论，"（墨家）达于天人之理，熟于事物之情，又深察春秋战国百余年间时势之变，欲补弊扶偏，以复之于古"，其言"虽若有稍诡于正者，而实千古之有心人也"。这个观点较为公允，他深切体察到墨家的用心——崇尚苦行实出于力挽狂澜矫枉过正的需要。

墨子身处春秋战国之交，有感于骄奢淫逸的时政，对节俭一事特别注重。《墨子》"节用"、"节葬"、"非乐"等篇皆对此郑重其意，反复论说，其中以《辞过》篇最为精当。其中倡导圣王建造宫室的原则是："室高足以辟润湿，边足以圉风寒，上足以待雪霜雨露，宫墙之高足以别男女之礼，谨此则止。"垒台基隔开湿气，筑墙壁挡住风寒，构屋顶抵御雨雪，立宫墙分别男女，有关宫室建造的全部活动皆止于适度的功能需求，全然无意于观赏享乐。"凡费财劳力，不加利者，不为也。"墨子深知身为一国之君者如果迷恋宫室之乐，必然导致政府对黎民百姓的横征暴敛。上有所好，下必甚焉。君主如此，王公贵族都来效仿，奢靡的风气形成之后，对于国计民生的危害甚重。正是基于这一认识，墨子劝诫君主：如果真心希望天下得到良好的治理，那么宫室之建造，就不能不有所节制。墨子的观点建立在改善君主与民众关系的基础之上，成为"卑宫室"思想最基本的立足点，逐渐得到先秦诸子的共同坚守，并于后世一再阐发。

儒家主张"仁政"，对君主的建造行为也很关注。在《论语·泰伯》中，孔子赞美大禹："禹，吾无间然矣。菲饮食而致孝乎鬼神，恶衣服而致美乎黻冕，卑宫室而尽力乎沟洫。禹，吾无间然矣。"大禹得到这么高的评价，在于能够无视自己的居所简陋，而全力以赴从事关乎民生的水利工程。"卑宫室"一词就出自这里。在《论语·公冶长》中，孔子批评臧文仲："臧文仲居蔡，山节藻棁，何如其知也？"臧文仲在春秋时四度执政治理鲁国，废除关卡，推进商业，对鲁国有很大贡献。时人称誉其智慧，孔子不以为然，指斥臧文仲僭越非礼的各种行为：养着叫蔡的大龟，藏龟的屋子使用山形的斗拱，饰以卷草的短柱。后世常以"山节藻棁"一词形容宫室华丽，而据《礼记·明堂位》的规定，这是天子之庙才能采用的装饰。

孔子反对居室奢华主要还是站在尊王重礼的立场上，基本出发点在于维持合理的社会秩序。孟子则开始将重点放在君主与民众的关系上。在《孟子·梁惠王下》中，齐宣王与孟子讨论周文王和自己苑囿的大小问题。孟子说，文王之囿，方七十里，民犹以为小，是因为"与民同之"；宣王之囿，方四十里，"杀其麋鹿者如杀人之罪"，民犹以为大。在孟子看来，衡量君主苑囿大小的关键并不在于绝对尺度，而在于是否容许百姓与之共享。这里就体现出儒墨两家的不同观念，儒家体察人情，知道乐不可非，因此顺势引导，希望君主享乐之时能不忘"与民同乐"；墨家认为君主享受宫室台榭之乐，必然导致对百姓的横征暴敛，因此主张"非乐"。儒家重在疏导，墨家重在抑制。先秦时期，儒、墨同为显学，但墨家自奉太薄，待人太苛，虽有苦心，还是无法被时代接受，渐渐就湮没无闻了。到司马迁作《史记》时，孔子被列为世家，墨子则连一篇列传都没有。汉代独尊儒术之后，孔子"卑宫室"的言论更成为后世儒生限制帝王大兴土木的主要依据。不难看出，"卑宫室"的主张虽以墨家持之最力，但论及对后世的影响之大，反而首推儒家。

道家的著作，流传到今天的，以《道德经》为最古。在《汉书·艺文志》中，《道德经》被认为是"历记成败存亡祸福古今之道"，是一部治国安邦的帝王之书。在《道德经》五千言中，看不到多少直接谈论宫室营造的内容，但其中强调"去甚，去奢，去泰"，反对统治者过度追求个人享受的明确态度却无处不在。其中认为，百姓之所以饥饿，是因为统治者税赋太重；百姓之所以轻死，是因为统治者奉养奢厚；有鉴于此，五色、五音、五味、驰骋田猎与难得之货都应舍弃禁绝。仔细地探究其意，老子其实并非反对物质的进步，而是反对将物质进步的结果都用于少数人的放纵挥霍。可以看出，道家倡导俭约的思想也是建立在对君主与民众关系的思考上。

在中国学术界，有关《道德经》的成书时代聚讼纷纭，笔者愿从建筑方面贡献自己的一得之见。唐尧时代的俭朴，虽然素为历代称颂，但其所谓"堂崇三尺，茅茨不剪"，实由于当时技术的简拙，是不能而非故意不为；大禹卑宫室，则因宫室已渐华侈，然后可以卑之。从这里我们应当注意，与其他任何一种物质存在一样，古代建筑也不免一个从简陋到发达的过程。在《道德经》中，崇尚俭朴的意味非常浓厚，又常用举例类比的方式进行阐述，但通读全书，反对奢侈时所举的例证却只有衣服、宝剑、饮食、财货等，而无一处言及宫室。相比之下，在《墨子》、《孟子》等书中，有关宫室伤民的批判已十分普遍，其时代背景必然是多有大规模的营造活动。如果《道德经》撰写于同时，而书中对于宫室的奢华却一言不发，实在令人难以理解。由此，我们推测《道德经》成书于《墨子》之前，当时高台宫榭之风气尚未流行。吕思勉先生从另一角度看待这个问题，也很有道理：《道德经》"实相传古籍，而老子特著之竹帛"。

先秦诸子在政治观念上各执一端，但对于贵族奢侈生活的批判立场却少有分歧，"孔子以礼言，墨翟、许行、陈仲以义言，宋钘以情言，老聃以利害言。"诸子虽有百家之称，但总以儒、墨、道三家为主。同一观点受到三家乃至百家的秉持，因而它对后世产生的深远影响，我们无论给与多么高的评价都不为过。

四　一姓与万姓

中国历史上的各朝各代，在建国之初，都会有一番大规模的土木建设。战乱之后，前代的城市、建筑往往毁损殆尽。新王朝的建设，既有满足需要的物质考虑，也有建设全国共仰之新首都的精神考虑。都城是帝国的门面，"君子以非礼弗履"，建筑要有足够的壮丽形象才合乎帝王的身份，因此都城营建的第一原则就是"大壮"。与此同时，占据道义制高点的"卑宫室"思想则成为制约建筑奢华的手段。在都城皇宫的建设中，"大壮"是基本原则，"卑宫室"则是一种反作用，或用建筑术语说，一种预应力。

预应力是针对构件受力特点对其预先施加的反向力，比如对受拉构件预施压力，使之随后在实用中能够承受更大的拉力。《老子》第七十七章中谈论天之道，以张弓为喻："高者抑之，下者举之；有余者损之，不足者补之。天之道，损有余而补不足。"《论语·先进》中记载子路、冉有分别向孔子请教闻道与行道的关系，孔子告诫子路闻道后要三思而行，告诫冉有则可闻道即行，"求也退，故进之；由也兼人，故退之。"考虑到子路和冉有的性格不同，孔子的教导也就因人而异。这些思想与预应力的原理颇有相通之处，落实到皇家建筑上，便是"卑宫室"观念：皇家建筑本易失之奢靡，因此对帝王预加警戒，使其在营造之时，始终存有谦卑之想。由于这种牵制的作用，最终才能使建筑壮而不奢，雄而不靡，臻于理想的中庸状态。与西方传统"更高、更快、更强"的追求不同，在中国古代，最高的原则是适度，建筑也是适用而止，并不一味地追求巨大与高耸。

反对建筑的过度奢华，与古代先哲对"一姓与万姓"，即前文提及君主与民众关系的理性思考有关。《墨子·非乐》中有一段精辟的论述："子墨子之所以非乐者，非以大钟鸣鼓、琴瑟竽笙之声，以为不乐也；非以刻镂华文章之色，以为不美也；非以雏豢煎炙之味，以为不甘也；非以高台厚榭邃野之居，以为不安也。虽身知其安也，口知其甘也，目知其美也，耳知其乐也，然上考之不中圣王之事，下度之不中万民之利。是故子墨子曰：为乐非也。"墨子的"非乐"并非反对享乐本身，而是反对为了放纵享乐而过度役使百姓。宫殿陵寝的建设需要消耗太多的人力和物力，仅以材料采集一项来说：木石的深山采伐、远程搬运，砖瓦的掏土合泥、做坯焙烧，都是很繁重的劳动。更有甚者，丁夫往往还要付出生命的代价。深山采伐时常有的悲惨结果是"入山一千，出山五百，役疲交集，死者大半"。黄宗羲在《原臣》中，把"天下之治乱"归结为"不在一姓之兴亡，而在万民之忧乐"。王国维在《殷周制度论》中提到：古之圣人深知"一姓之福祚与万姓之福祚是一非二"。正是因为深刻认识到"一姓与万姓"是一体之两面，彼此的祸福密切相连，"卑宫室"才被赋予了极大的重要性。对宫室营造预施批判的应力，不因"一姓"贪图享乐，而使"万姓"疲敝难安；因为只有"万姓"安定，才有"一姓"之长久存在。这也是杜牧在《阿房宫赋》中所感慨的："使六国各爱其人，则足以拒秦；秦复爱六国之人，则递三世可至万世而为君，谁得而族灭也？"宫室建筑关乎民生，进而关乎国运。楚灵王一再筑高台造成"国人苦役"，秦胡亥复建阿房引发民怨沸腾，汉武帝大兴土木导致天下疲敝，都是没能处理好"一姓与万姓"的关系，因此受到激烈的批评，并被后世引以为诫。

"卑宫室"思想还与中国先哲对永恒的理解有关。欧洲文化重视物质成就，常借石头建筑的长久以昭示不朽，中国则完全不同。《诗经·召南·甘棠》云："蔽芾甘棠，勿翦勿伐，召伯所茇。蔽芾甘棠，勿翦勿败，召伯所憩。蔽芾甘棠，勿翦勿拜，召伯所说。"这里深情地叙述百姓对召伯留下的一棵树木爱护备至。传说召伯治理地方时，很得百姓的爱戴，"国人被其德，说其化，思其人，敬其树"。相反的例子是春秋时宋国的司马桓魋，他为自己修了一座石结构的坟墓，工期长达三年还没完没了，因而受到孔子的责骂：这么奢侈，死了还不如迅速腐烂好。在古人心中，物可以借助人的德行而长存，人却无法依靠物的坚固而不朽。这依然是"一姓与万姓"思考的延续，行仁政、得民心的效果远重于修造永恒的建筑。如果失德于民，壮丽楼台非但不能为主人重威，还会招致千古骂名。

有关上述思考，《周易》中的"节卦"，早已做了一个很好的总结。

节：坎上兑下。卦辞：亨；苦节不可；贞。初九：不出户庭，无咎。九二：不出门庭，凶。六三：不节若，则嗟若，无咎。六四：安

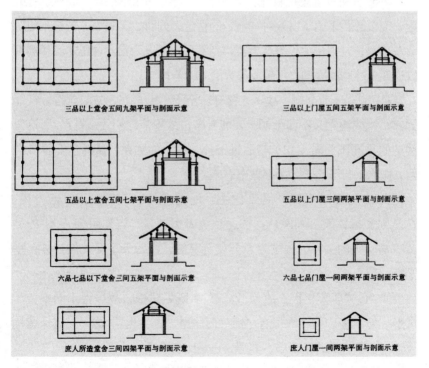

图5-4 唐《营缮令》规定品官庶人堂舍门屋示意

节，亨。九五：甘节，吉；往有尚。上六：苦节，贞凶，悔亡。

结合李光地《周易折中》一书，我们可以分析"节卦"的卦辞及初九、九五、上六三爻。"节卦"的目的在于：节以制度，不伤财，不害民。据唐代《册府元龟》记载："帝（文宗）自御极，躬自俭约，将革奢侈之弊，遂命有司示以制度。"这一制度便是太和六年颁行的《营缮令》，令中规定：王公以下官员宅舍不得使用重栱、藻井，三品以上官员的堂舍不得超过五间九架，五品以上不得超过五间七架，六品、七品以下不得超过三间五架……（图5-4）。通过这些规定使百官庶民"虽有其财，而无其尊，不得逾制"，这样就可以"事节财足，黎庶和睦"。中国古代的等级尊卑观念备受近人诟病，但如果追溯本意，也并非全无是处，其中节制无疑是最重要的目的之一。《礼记·坊记》所谓："礼者，因人之情而为之节文，以为民防者也。""大壮"卦中的"非礼弗履"，其实也有"虽有其财，而无其尊，不得逾制"之意，它们在戒奢禁侈方面都曾收到很好的效果。

卦辞有两重意思：首先，节有"亨"意，事既有节，则能致亨通，是一个吉卦，表达了古人对"节"的肯定。同时，又强调"苦节不可"，节贵适中，过则苦矣，节至于苦，则不可固守以为常。这里体现了儒家以适度为准则的立场，不赞成墨家的一味苦行。

初九，"当节之初，故诫之谨守，至于不出户庭，方能无咎。初能固守，终或渝之，不谨于初，安能有卒，故于节之初为戒甚严。"这里谈论的是开国之君（初）与后世子孙（终）的关系，认为创业垂统之君，应当躬行节俭，为子孙做出表率。

九五，"刚中位尊，为节之主。所谓当位以节，中正以通者也。在己则安行，天下则说从，节之甘美者也，其'吉'可知。"讲的是帝王与臣民的关系，一国之君要安行节俭，作为天下臣民的榜样，举国行"节"。

上六，"居节之极，故为'苦节'。既处过极，故虽得正而不免于'凶'。然礼奢宁俭，故虽有'悔'而终得'亡'也。"这一爻有保留地反对了苦节，认为苦节虽有弊端，还是比奢侈要好。

《周易》作为儒家经典之一，是历代帝王的必读之书，也是帝王将相治国安邦的理论基础，书中为"节"专列一卦，对古代中国思想领域具有毋庸置疑的影响力。在这样的思想氛围下，古代先哲与圣君接受了"卑宫室"的主张，不再役使百姓去建造永恒的建筑物，而是致力于施行德政、与民休养。我们认为，中国建筑为什么多用土木而少用石，为什么在壮丽和坚固方面远不及西方，诸如此类问题，似乎都应当在这一思想背景下展开进一步的讨论。

【附录】

一. 参考阅读

1.《墨子·辞过第六》：

圣王作为宫室，便于生，不以为观乐也。……当今之主，其为宫室则与此异矣。必厚作敛于百姓，暴夺民衣食之财，以为宫室台榭曲直之望、青黄刻镂之饰。为宫室若此，故左右皆法象之。是以其财不足以待凶饥，振孤寡，故国贫而民难治也。君实欲天下之治而恶其乱也，当为宫室不可不节。

2.《孟子·梁惠王下》：

齐宣王问曰：文王之囿方七十里，有诸？孟子对曰：于传有之。曰：若是其大乎？曰：民犹以为小也！曰：寡人之囿方四十里，民犹以为大，何也？曰：文王之囿方七十里，刍荛者往焉，雉兔者往焉，与民同之。民以为小，不亦宜乎？臣始至于境，问国之大禁然后敢入。臣闻郊关之内有囿方四十里，杀其麋鹿者如杀人之罪，则是方四十里为阱于国中。民以为大，不亦宜乎？

3. 杜牧《阿房宫赋》：

嗟乎！一人之心，千万人之心也。秦爱纷奢，人亦念其家。奈何取之尽锱铢，用之如泥沙！使负栋之柱，多于南亩之农夫；架梁之椽，多于机上之工女；钉头磷磷，多于在庾之粟粒；瓦缝参差，多于周身之帛缕；直栏横槛，多于九土之城郭；管弦呕哑，多于市人之言语。使天下之人，不敢言而敢怒。独夫之心，日益骄固。戍卒叫，函谷举，楚人一炬，可怜焦土。呜呼！灭六国者，六国也，非秦也；族秦者，秦也，非天下也。嗟夫！使六国各爱其人，则足以拒秦。秦复爱六国之人，则递三世可至万世而为君，谁得而族灭也！秦人不暇自哀，而后人哀之；后人哀之而不鉴之，亦使后人而复哀后人也。

二．思考题

1. 从东西方建筑物质层面的区别比较其背后思想的异同。
2. 分析儒家对待屋宇建筑的态度并阐述其成为古代思想主流的原因。
3. 从生态环境的角度思考古代"卑宫室"思想的意义？

第六讲
主流观念在建筑中的反映

中国古代建筑的实践，一直在"大壮"与"卑宫室"两种思想的纠缠中结伴前行。自春秋末年始，在君王们显赫夸耀的同时，士人总不忘其深谋远虑而频频进谏。中国传统建筑的谦卑形象，正是贤人政治主流观念的重要成果之一。这个事实告诉我们，在解读欧洲名言"建筑是石头的史书"之时，必须透过表象而观其实质，决不可轻率追随。人是思想的动物，在建筑活动中，"意在笔先"更不可避免。为了理清中国建筑思想的对实物的影响，本讲选取春秋以降的四个阶段加以讨论。春秋后期开始流行的"高台榭美宫室"，导致诸子百家不约而同的犀利批评；西汉初年大兴土木的后果，使人们对建造活动进行了深刻反思，先秦诸子的议论逐渐深入人心；宋代重振儒学，"回复三代"的理想使萌生于夏成熟于东周的俭约观念在实践层面上达到顶峰；明清朝野皆为浓厚的俭约观念所影响，以至于乾隆皇帝也要为营造御园而踌躇再三。

一　春秋后期：高台榭美宫室

早在商周时，夯土高台与木构楼榭的结合，成就了一种重要的建筑类型。它可以隔潮防水，还可以观察天地、祭祀鬼神并可供人登高游览。据西汉刘向《新序·刺奢》记载，商纣王的鹿台"其大三里，高千尺，临望云雨"。纣王因耽于淫乐而失国，是被世人讥刺的对象，因

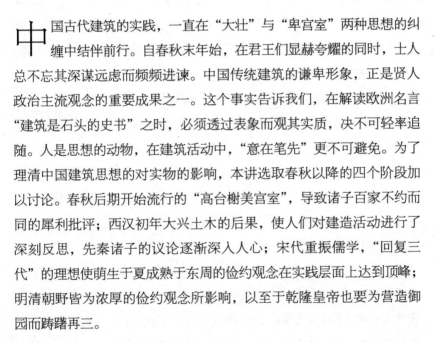

此刘向所记尺度未必实指，但鹿台建筑之过度奢华是可以相信的。《诗经·大雅》记载文王"经始灵台，经之营之，庶民攻之，不日成之"。因为工期很短，所以灵台的规模不大，后人估计"高二丈，周围百二十步"。文王是有为的开国之君，世代受人赞颂，其灵台虽小，却是天子才有资格使用的观天之台。不过总的看来，高台楼榭建造于春秋以前的并不多，春秋后期才开始大量出现。

春秋后期，晋、楚势力相当，两国订立弭兵之盟后，各国进入了一段相对和平的时期。这一时期诸侯之间不再互相攻伐，转而不惜人力和物力，费时多年建造高台楼榭，凭借宏大的建筑继续其争强称霸的事业：周灵王十六年（前556年），宋平公征民筑台，开启了建造高台楼榭的序幕；周景王十年（前535年），楚灵王耗时六年建成章华台，傲视诸侯；周景王十一年（前534年），晋国修筑的虒祁宫落成，同样耗时六年，与楚章华台争胜。

列国建造的高台楼榭中以楚国的成就最大。《战国策·卷二十三》记载："楚（庄）王登强台而望崩山，左江而右湖，以临彷徨，其乐忘死。"刘向《说苑·正谏》记载，楚王后来又计划修筑层台："延石千里，延壤百里，士有反三月之粮者。"那时云梦泽一带缺少土和石，因此于千里之外取石，百里之外取土，工期自然很长，以至于服役的百姓要带三个月的粮食。与此相比，当年周文王"不日成之"的灵台，营造规模何其之小。贾谊《新书》记载，楚灵王修筑的章华台高耸壮观："翟王使使楚，楚王夸使者以章华之台。台甚高，三休乃止。"台要有足够的高度，才能起到向人夸耀的效果，楚灵王与来访使者登台，甚至要休息三次才能到达顶端。章华台高大以外还很坚固，以至于历经千年的风吹雨淋，迄至北魏郦道元途径于此时，其残迹依然"高十丈，基广十五丈"。

在各国竞相修建高台楼榭的同时，贤臣的严厉批评就如影随形般一刻不绝，最终汇成一股洪流，积淀在先秦诸子的著述中。鲁襄公到楚国为康王送葬，被当地壮观的宫室建筑所打动（当时章华台还未建造），回国后模仿楚国宫室大兴土木。大臣穆叔苦苦相劝，甚至威胁说大王建宫必死其中；但襄公无法抑制自己的仰慕之心，不听劝阻。宫殿虽然最终建成，而襄公也恰在是年死于其中。鲁襄公的固执令人可悯可叹，楚国宫室的豪华也可见一斑。

　　《左传》载鲁襄公十七年（前556年），宋平公筑台，就有贤臣因其妨碍了农业收割，奏请等待农事完毕再建造。鲁昭公八年（前535年），晋平公为效仿楚灵王之章华宫而筑的虒祁宫即将建成，传出石头开口说话的奇闻，即所谓"石言于晋"。晋侯向大臣询问，答曰：做事不合时令，百姓就会有怨恨和诽谤，就有不能说话的东西说话；修筑宫室致使民力凋尽，所以石头开口为百姓鸣冤。晋大夫预测这座宫殿将耗尽晋国财力，甚至危及国家，"是宫也成，诸侯必叛，君必有咎"。楚庄王登强台之时，其乐融融，忘怀生死，之后却立下盟誓不再登台，并告诫后世子孙不要沉湎于高台美池之中；议修层台时，杀了72个进谏的大臣，意志非常坚决，后来却"解层台而罢民"，能够及时反省以国为本，毕竟不失为一代英主。

　　至于有"天下第一台"之称的章华台，既以其崇高壮丽溢美于当时，更以其凄凉悲怆垂训于千古。今人根据遗址想象复原的情况是，章华台共分四层：第一层是夯土台；第二层是木骨版筑墙围成的空心台，台上建有两层木构楼阁（图6-1）。台高四层，与文献"三休乃止"的

图6-1　章华台复原图

记载相合。据《国语·楚语上》记载，台成之后，楚灵王与伍举一起登临，灵王感叹：此台太美了！伍举劝道：先君庄王建造匏居台，高不过观望云气，大不过容纳宴饮，不尚奢华，足用即止，因此用料、花费都很节省，百姓、官吏不为所累。章华台使国民疲敝，国库虚空，如果以此为美并作为今后的楷模，楚国就危险了。后来灵王向翟国使者夸耀，使者回答：我们翟王茅茨不剪，彩椽不刻，还觉得工人太劳累，居者太安逸。灵王听了很惭愧。但这惭愧并不持久，因为没过几年，灵王又修筑了乾溪台，《史记·楚世家》记载："（灵王）乐乾溪，不能去也。国人苦役。"公子弃疾趁机作乱，灵王在众叛亲离的情形下，流落于荒山野岭，饥肠辘辘，后被申亥救回，不久自缢而死。庄王担心的"以高台陂池亡其国者"，最终在灵王身上得到应验。灵王好大喜功，又拥有楚国的强盛国力，《史记》记载其一生会诸侯、诛庆封、求九鼎。建造章华台，也可称天下之最，最终却"饿死于申亥之家，为天下笑"。因为耽于高台之乐丢了性命，连看惯了国家兴亡的太史公行文至此也不禁为之叹惋。

春秋末年，国君沉湎于高台楼榭的弊端已经尽人皆知。《左传·昭公三年》记载，叔向曾对晏婴感叹晋国的衰落："庶民罢敝，而宫室滋侈；道殣相望，而女富溢尤。民闻公命，如逃寇仇。"王公们自奉过度、宫室奢华，从而导致百姓穷困、离心离德。《左传·哀公元年》记载，吴王夫差攻伐楚国之际，楚国因为过去曾败于吴王阖闾，所以国人很害怕，但是令尹子西并不这么看，据他的分析：阖闾"食不二味，居不重席，室不崇坛，器不彤镂，宫室不观"，当年能够体恤百姓，与之同甘共苦，因此才会打败我们。如今夫差，住着楼台池沼，伴着嫔妃宫女，生活奢靡无度，实际上已经自败，岂能败我？春秋战国之际普遍流行的观念就是：国势强弱与君王自奉厚薄尤其是对待宫室建筑的态度恰成反比。《史记·苏秦列传》记载，苏秦"欲破敝齐而为燕"，采用的手段就是故意劝说齐愍王厚葬父亲宣王，建造高大的宫室、苑囿，以表示孝心并显示气派。因为苏秦知道，墓葬、宫室和苑囿等土木工程都是劳民伤财的事情，一旦从事过度，必然会削弱齐国实力。

钱穆说，春秋时期，"古代贵族文化已发展到一种极优美、极高尚、极细腻雅致"的境界，列国君子"识解之渊博，人格之完备，嘉言懿行，可资后代敬慕者，到处可见"。他们从事政治、外交甚至战争，都表现出那个时代特有的风度与襟怀，这些也体现在他们对待高台楼榭的理性态度里，虽时有营造，但总不免清醒的批评。战国时期，当礼信道义被争强好胜的心理所压倒之后，贵族阶层便衰落了。正是在这样一个时代，诸子百家开始兴起，各举所知，矫正时弊，奢侈的宫室遂成为众矢之的。《道德经》批评奢侈未及于宫室的原因，可能是其撰写的时间较早。而孔子已在评论楚灵王：若能克制自己，遵循礼制，又怎会受辱于乾溪？墨子、孟子感触更深，遂发为宏论。

高台榭美宫室，是春秋贵族文化华丽的谢幕。它兴起于诸侯弭兵之后，是取代战争的一种和平竞争方式。它是中国建造活动的第一个高峰，显示了古代物质成就的辉煌，并产生了高台楼榭这一重要建筑类型。更为重要的，是先贤在物质辉煌的面前所作出的睿智思考，他们的远见卓识决定了从此以后中国建筑将走上一条独特的道路。

二　西汉：非壮丽无以重威

在《史记·高祖本纪》中，记载了西汉初年君臣之间的一段对话："萧丞相营作未央宫，立东阙、北阙、前殿、武库、太仓。高祖还，见宫阙壮甚，怒，谓萧何曰：天下匈匈苦战数岁，成败未可知，是何治宫室过度也？萧何曰：天下方未定，故可因遂就宫室。且夫天子以四海为家，非壮丽无以重威，且无令后世有以加也。高祖乃说。"

萧何与高祖同起于沛，一生机敏谨慎，汉初功臣大多不得善终，唯萧何得以全身以终，可以说知高祖者莫如萧何。项羽火烧咸阳，大火三月不灭，始皇帝的多年经营化作一片丘墟。高祖七年（前200年）迁都长安，朝廷只能暂时安顿于借秦兴乐宫匆匆修成的长乐宫。这当然不能令高祖满意，于是萧何赶紧于第二年就建成未央宫（图6-2）。高祖出征回来"见宫阙壮甚"的那一刻，想必是喜怒交加。强秦亡国的原因，一在严酷，二在淫侈，高祖应当有所知晓。因此大概喜是真，怒也是真；喜出于本性，怒则出于担心，唯恐"治宫室过度"又导致天下大

图 6-2 汉长安未央宫遗址

乱。萧何从容道出的三条理由，恰好抓住了高祖的矛盾心理，遂使皇帝顺阶而下欣然领受。

萧何虽然说服了高祖，却难以说服后世天下。千余年后，司马光修撰《资治通鉴》，论述至此依然按捺不住义愤，对萧何的三条理由进行逐一批驳。《资治通鉴·汉纪三》云："王者以仁义为丽，道德为威，未闻其以宫室镇服天下也。天下未定，当克己节用，以趋民之急。而顾以宫室为先，岂可谓之知所务哉！昔禹卑宫室，而桀为倾宫。创业垂统之君，躬行节俭，以训示子孙，其末流犹入于淫靡，况示之侈乎？孝武卒以宫室罢敝天下，未必不由酂侯启之也。"酂侯是萧何的封号，按照司马光的看法，后来汉武帝大兴土木导致国家由盛转衰，都是萧何开坏了头。

司马光素以节俭著称，"平生衣取蔽寒，食取充腹"，"众人皆以奢靡为荣，吾心独以俭素为美"。因而以上批评实由衷而发，三条理由皆中要害，尤其是最后一条。论及创业之君的行为与后世子孙的关系，史家多有同感："岂有先为过度之事，而冀后世之无所加者乎？"而前车之鉴，实相去不远。

按照萧何的观点，秦始皇的营造已经如此壮丽，后世大可不必加建。实则不然。春秋战国的高台榭美宫室，到秦代登峰造极。秦始皇的好大喜功较楚灵王有过之而无不及，统一天下后，民力国力亦远胜于楚国。秦代宫室之盛，"为我国古代社会所罕见，自夏、商以下迄于春秋、战国，皆未有能与之相比拟者"。

可是秦二世继位后，虽然无时无处不标榜始皇，但却决心续建阿房宫。据《史记》记载，当时二世的说法是：先帝因为咸阳宫廷狭小，所以兴建阿房宫，但在建成之前先帝就去世了，朝廷只好停工去修陵墓。现在陵墓修好了，如果不继续修建阿房宫，就等于在说否定了先帝所做的事情。显然，这一说法表面是要完成始皇帝未竟大业，其实是想营造宫室以满足自己的享乐追求。《史记·李斯列传》记载："（二世云）吾既已临天下矣，欲悉耳目之所好，穷心志之所乐，以安宗庙而乐万姓，长有天下，终吾年寿。"秦二世以天下奉一人的心意，十分明了。秦始皇的所作所为，正好为二世满足自己的欲望提供了借口。

当时秦国赋税深重，徭役无已，百姓不堪忍受，纷纷揭竿而起。右丞相冯去疾、左丞相李斯、将军冯劫共同进谏：现在盗贼很多，都是因为戍边、土木、运输等差役劳动百姓太苦，希望陛下停止阿房宫的兴建，减少各地的运输任务。二世大怒，说：先帝起于诸侯，一统天下，又击退四夷，安定边境，功高如此，因此修建宫殿，以示得意。你们看先帝功业井然有序。如今我即位才两年，盗贼蜂起，你们不能加以禁绝，又想中止先帝的遗业。既无以报答先帝，又不能为我尽力，要你们有什么用？几句话就振振有辞地四次提到先帝，众臣无言以对，被下到监狱里问罪，冯去疾、冯劫当场自杀，李斯最终也被问斩。不久，庞大帝国土崩瓦解，持续不过两代。遥想楚灵王以台亡身，如果秦二世能熟记"前事之不忘，后事之师"的道理，当不至于迅速地以宫亡国。当然，对于秦国的灭亡，根源还在于始皇帝先行极度奢侈的榜样。中国古代"子以述父为孝，臣以系事为忠"，二世事事以先帝为模范，群臣还有什么好说。有了这样的前车之鉴，萧何大治宫室之后再说"且无令后世有以加也"，实在不能令人信服。

回顾汉代国运兴衰的历程，司马光称"孝武卒以宫室罢敝天下"，史上多有实证。元狩三年（前120年），朝廷以练习水战的名义，在上林苑之南引丰水而筑成昆明池。《史记·平准书》记载："列观环之。治楼船，高十余丈，旗帜加其上，甚壮。"看到壮丽的楼船，武帝不但全然没有了高祖的怒气，而变本加厉一发而不可止，"天子感之，乃作柏梁台，高数十丈。宫室之修，由此日丽"。《通鉴·汉纪十二》："（元鼎二年，前115年）起柏梁台，作承露盘，高二十丈，大七围，以铜为之。"《通鉴·汉纪十三》："（元丰二年，前109年）长安作飞廉、桂观，甘泉作益寿、延寿观，使卿持节设具而候神人。又作通天茎台，置祠具其下。更置甘泉前殿，益广诸宫室。"《通鉴·汉纪十三》："（太初四年，前101年）起明光宫。"

在武帝所建诸宫中，规模最大的是太初元年（前104年）建造的建章宫。《通鉴·汉纪十三》记载："度为千门万户。其东则凤阙，高二十余丈；其西则唐中，数十里虎圈；其北治大池，渐台高二十余丈，命曰太液池，中有蓬莱、方丈、瀛洲，壶梁象海中神山、龟鱼之属；其南有玉堂、璧门、大鸟之属。立神明台、井干楼，度五十丈，辇道相属焉。"这段记述其实遗漏了很关键的一句，就是《史记·孝武本纪》中所谓"前殿度高未央"。据说建章宫的前殿非常高峻，可以居高临下地俯瞰未央宫。结果，"无令后世有以加"的未央宫，就这样被比了下去。

在《通鉴·汉纪十四》中，司马光对汉武帝的批评十分严厉，"穷奢极欲，繁刑重敛，内侈宫室，外事四夷，信惑神怪，巡游无度，使百姓疲敝，起为盗贼，其所以异于秦始皇者无几矣。"要而言之为两点，一是频频发动对四夷（主要是匈奴）的战争，二是大肆敛财以营造宫室。对于前者，武帝已诚心做过辩解，我们认为尚可托以无奈，"汉家庶事草创，加四夷侵陵中国，朕不变更制度，后世无法；不出师征伐，天下不安；为此者不得不劳民。若后世又如朕所为，是袭亡秦之迹也。"对于后者，则武帝责无旁贷。

两汉时人们严厉批评宫室建筑之奢侈，刘向《说苑》、王充《备乏》中都有论述。当时思想界的主流观念，与春秋战国之际诸子百家倡导的"卑宫室"非常相似。有关《尚书》的今古文之争，如果置于这一思想背景之下来讨论，则可能从另一角度得到答案。在《今文尚书》中，谈到亡国的原因时，《微子》《酒诰》指斥的是酒，《牧誓》批评的是女色，可见在西周王室看来，商纣亡国主要是因为沉迷于酒色，与宫室关系不大。而在《古文尚书》中，有两篇文字提到宫室奢侈的危害，一是《五子之歌》谈论亡国的征兆："内作色荒，外作禽荒，甘酒嗜音，峻宇雕墙。有一于此，未或不亡。"二是《泰誓上》谴责纣王："惟宫室、台榭、陂池、侈服，以残害于尔万姓。"从这一角度看，我们认为《五子之歌》《泰誓上》等篇章的确是汉代人作伪，其史实虽可能取自商周，思想却难免打上时代的烙印。宫室奢侈被列为亡国罪状之一，或许正是武帝"内侈宫室"的社会现实在思想领域的及时回音。

晚年的武帝平和了许多，据《通鉴·汉纪十四》记载，他反思平生所为，颇有悔意："朕即位以来，所为狂悖，使天下愁苦，不可追悔。自今事有伤害百姓，糜费天下者，悉罢之。"此后武帝转向内务整顿，与民休息；后继的昭帝与宣帝，由霍光辅政，继续奉行武帝晚年的政策，史称"宣帝中兴"。武帝一度有亡秦之过而能及时避免亡秦的祸乱，最重要的两点就是"晚而改过，顾托得人"，诚恳地颁布《轮台罪己诏》，并将子孙托付给霍光。在史家眼中，西汉先有"文景之治"，后有"宣帝中兴"，其间隔着武帝在位的五十余年，武帝一生的"文治武功"竟被视作衰落，有待后继之君主中兴。我们不难想象，这个教训给予中国后代帝王的震撼之深和影响之大。从此，"卑宫室"的思想深深烙印进中华帝国的意识形态中。"创业垂统之君，躬行节俭，以训示子孙"遂成执政准则，为历代帝王所效法。

三　北宋：时弥近者制弥陋

在《日知录》中，顾炎武说了这样一段话："余见天下州城，为唐旧治者，其城郭必皆宽广，街道必皆正直，廨舍之为唐旧创者，其基址必皆宏敞。宋以下所置，时弥近者制弥陋。人情苟且，十百于前代矣。"我们认为，他的观察深刻透彻，今日治建筑史者亦多有同感。且不论天下州城，即以天子居住的都城和皇宫而言，北宋以后的规模和气势也远不及汉唐。

北宋的都城开封，前身是唐德宗建中二年（781年）修筑的汴州城，历五代至北宋虽屡经扩建，依然街道狭窄、屋宇拥挤。都城内的皇城，前身是唐汴州宣武军节度使衙署。立国之后宋太祖深感其规模狭小，遂于建隆三年（962年）下诏模仿洛阳宫城扩建。出于各种考虑，扩建后的皇城周围只有 5 里，大大小于周围 9 里 300 步的洛阳唐宫。雍熙三年（986 年）宋太宗欲再次扩建，但遭到居民的极力抵制，以至于不能实施。宣德门是皇城的正门，而据陆游《家事旧闻》记载："制度极卑陋，至神宗时始增大之，然也不过三门而已。蔡京本无学术，辄曰：天子五门，今三门，非古也，……因得以借口穷极土木之工。"宣德门的地位相当于明清故宫的午门，后者为九开间的重檐大殿，相比之下，五开间的宣德门实在算不了什么，却被冠以"穷极土木之工"的恶名。皇城中的宫殿，多是在旧有宫殿的基础上扩建而成，最重要的大庆殿和文德殿都沿用了前代建筑。宋太祖建国之初所作的扩建，基本上奠定了北宋开封皇宫的规模，其后诸帝没有太大的扩建。皇城西北角有一片后苑，是帝后们的游宴之所。面积很小，纵横不满百步，规模也不大，主殿宣和殿，殿身只有三间，建筑上不施文采，仅下部柱子涂以朱，上部梁枋刷以绿而已。宋人自己也曾感叹本朝君王的俭朴，叶梦得《石林燕语·卷一》云："祖宗不崇园池之观，前代未有也。"

从西汉的"非壮丽无以重威"，到宋代以降的"时弥近者制弥陋"，建筑气象的变化之大真令人难以置信。然而实际上，历史的发展并非如此决断。从西汉到北宋，对史料细加梳理我们就会发现，两个时代的建筑营造，看似截然相反，实则一脉相承，"卑宫室"的思想贯穿着这一过程的始终。

据《后汉书·杨震列传》记载，当年汉灵帝打算修筑毕圭与灵琨两苑时，杨赐表示反对，他认为城外已有五六处苑囿，足以供游赏观乐，皇帝应体会"夏禹卑宫，太宗露台"的深意，体察下民的劳苦，不要再行添造。灵帝听罢，一度决定放弃。后来另有大臣引用孟子与梁惠王的典故，认为"今与百姓共之，无害于政也"，这才使苑囿工程得以继续。

据《建康实录·太祖下》记载，三国时孙权迁都建康，将武昌旧宫的材料拆卸下来以后，用于营造建康新宫。不使用新材料，其考虑是："大禹以卑宫为美，今军事未已，所在多赋，妨损农业。"

隋炀帝为政暴虐，且以穷兵黩武、奢侈腐化而遗臭于世，但据《隋书·帝纪第三》记载，他在即位诏书中却表现了难得的睿智："岂谓瑶台琼室方为宫殿者乎，土阶采椽而非帝王者乎？……民惟国本，本固邦宁，百姓足，孰与不足！今所营构，务从节俭，无令雕墙峻宇复起于当今，欲使卑宫菲食将贻于后世。"这番话语是否出自真心我们不得而知，但不难想象，即使只是惺惺作态，这位暴虐的皇帝也无法摆脱传统观念的强大影响。

唐太宗建玉华宫，宫内建筑的屋顶皆用茅草修葺，并相当得意地自诩道："唐尧茅茨不剪，以为圣德，不知尧时无瓦，盖桀纣为之。今朕架采橡于椒风之日，立茅茨于有瓦之时，将为节俭，自当不谢。"帝王将皇家宫室降低到原始茅屋的地步，并因此洋洋自得，虽不免作秀的嫌疑，却也可见"卑宫室"思想的深入。

"卑宫室"的思想成熟于先秦，定鼎于汉，弘扬于其后千余年间，并于北宋达到巅峰。陈寅恪在邓广铭《宋史职官制考证》序中说道："华夏文化，历数千载之演进，造极于赵宋之世。"作为中国文化的集大成者，北宋以来的州城、廨舍却"时弥近者制弥陋"，这实在值得我们做一番深思，而不能简单地将之归结为人情苟且。

宋代堪称"文人治国"的典范，而"卑宫室"正是儒士文人的理想。司马光编纂《资治通鉴》的初衷是，"专取关国家兴衰，系生民休戚，善可为法，恶可为戒者，为编年一书"，希望圣君"以清闲之燕，时赐有览，监前世之兴衰，考当今之得失"，使北宋成为前所未有的治世。这部书对宋代以至后世帝王的影响都是不可估量的。司马光在书中对"非壮丽无以重威"的批判，必然也给君王留下了深刻印象。

太祖赵匡胤陈桥兵变，黄袍加身，既无商、周之德，又乏汉、唐之功，得天下过于容易，因此"上畏天命，下畏人心"，在处理"一姓与万姓"的关系上尤其谨慎，扩建皇城时适可而止，当不无免除百姓苦役的考虑。帝王扩建皇城的计划竟因周围居民的反对而废弃，平民在与君王的角力中竟能取得如此巨大的胜利，也可算是古今一大奇闻。当时营建的金明池虽为皇家园囿，却能依循古训与民同乐，"河间云水，戏龙屏风，不禁游人"。

在王夫之《宋论》中，有一节专论及宋太祖之慈、俭、简："民之恃上以休养者，慈也、俭也、简也，……不忍于人之死，则慈；不忍于物之珍，则俭；不忍于吏民之劳，则简。"而在此之前，隋唐宫苑的壮丽是赵宋时期所无法比拟的。《隋书·食货志》记载，文帝委任杨素兴造仁寿宫："（素）夷山堙谷，营构观宇，崇台累榭，宛转相属。役使严急，丁夫多死，疲敝颠仆者，推填坑坎，覆以土石，因而筑为平地。死者以万数。……帝以岁暮晚日登仁寿殿，周望原隰，见宫外磷火弥漫，又闻哭声。"工程之浩大，致使役夫倦极晕倒，死者不计其数，皆被就地掩埋，夷为平地。宫殿建成之后，文帝登殿四望，只见宫外鬼火闪烁，哭声四起。人们往往只看到宫室的壮丽，却不知"一殿功成万骨枯"，壮丽楼台的下面游荡着无数冤魂屈鬼。以宋太祖体恤民情之心而思之，隋唐那样工程浩大的宫苑，到底是不能为，还是不忍为，我们已经可想而知。

依照《宋论·太祖》的看法："三代以下称治者三：文、景之治，再传而止；贞观之治，及子而乱。"西汉的文景之治传了两代，唐贞观之治只有一代，而北宋建国之后，历太祖、太宗、真宗、仁宗、英宗五代，直到神宗熙宁变法之前，百余年间，百姓康宁。由此来看，北宋治世之长久可谓远胜前代。"子孙之克绍、多士之赞襄"固然重要，更重要的还是太祖留下的"家法"与"政教"。北宋宫殿在太祖扩建之后，其后诸帝再也没有大的建设，除了政治与经济的原因，必定还要加上传统思想的制约。在这一点上，宋太祖这位创业垂统之君，确实给子孙做了个好榜样。

《宋论·太祖》中还对"一姓与万姓"的关系作了深刻剖析，阐明宋太祖能够不同于汉文帝、汉景帝和唐太宗的本质所在。王夫之认为文、景"操术而诡于道"，太宗"务名而远于诚"，他们的慈、俭、简，皆是刻意而为，关注万民休戚只是为了保住自己的政权，并非真心为万民着想，"是三君者，有老氏处錞之术以亘于中，既机深而事必诡；有霸者假仁之美以著于外，抑德薄而道必穷"。宋太祖则不同，他"怵于天命之不恒，感于民劳之已极"，施行仁政出于不忍之心，不为求利，不为沽名，是真能体贴民情，以民心为己心的。"君子善推以广其德，善人不待推而自生于心。一人之泽，施及百年，弗待后嗣之相踵以为百年也。"文、景、太宗只是玩弄权术，太祖方有大仁之心。我们推测在宋太祖的心中，大概怀有先秦儒家的执政理念，《孟子·公孙丑上》云：

"先王有不忍人之心，斯有不忍人之政矣。以不忍人之心，行不忍人之政，治天下可运之掌上。"

以此来看，"卑宫室"思想的影响在北宋达到巅峰并不奇怪。西汉初与北宋初同样处于长期战乱百废待兴之时，而萧何认为天下未定，应当乘机营造宫室；司马光则认为天下未定，必须克己节用，急民之急。一为帝王壮威，一为百姓休养，可见在此千余年间，时代人心实已大不相同。萧何与司马光的政治策略相互背离，但皆为历史上卓有建树的伟人，后人只有将眼界延伸得足够远大，二者的是非功过，才能一目了然。

四　余响：清漪园与乾隆帝

关于清漪园的营建，乾隆帝有一篇极其委婉的妙文，其《万寿山清漪园记》云："万寿山清漪园成于辛巳，而今始作记者，以建置题额间或缓待而亦有所难于措辞也。夫建园矣，何所难而措辞？以与我初言有所背，则不能不愧于心。有所言乃若诵吾过而终不能不言者，所谓君子之过。予虽不言，能免天下之言之乎？盖湖之成以治水，山之名以临湖，既具湖山之胜概，能无亭台之点缀？事有相因，文缘质起，而出内帑，给雇直，敦朴素，祛藻饰，一如圆明园旧制，无敢中愈制。虽然，圆明园后记有云，不肯舍此重费民力建园囿矣，今之清漪园非重建乎？非食言乎？以临湖而易山，以近山而创园囿，虽云治水，谁其信之？然而畅春以奉东湖，圆明以恒莅政，清漪静明，一水可通，以为敕几清暇散志澄怀之所，萧何所谓无令后有以加者，意在斯乎！意在斯乎！及忆司马光之言，则又爽然自失。园虽成，过辰而往，逮午而返，未尝度农，犹初志也，或亦有以谅予矣。"

我们以上所论，几乎都可以在这篇文章中得到呼应。

为了解决西郊园林、京城宫廷以及漕运的用水问题，朝廷于乾隆十四年（1749年）冬，利用冬天农闲，雇佣民工在两个月内完成了西湖的整治工程，并利用浚湖土方改造了瓮山东部的山形。乾隆十五年，改瓮山为"万寿山"，改西湖为"昆明湖"，并以为皇太后祝寿为名，在山上修建"大报恩延寿寺",在湖边修建厅堂廊榭。乾隆十六年,清漪园建成。按照乾隆皇帝的习惯,每建成一座御园,必会撰写《园记》一篇,详述建园经过,唯独清漪园不然。这一年乾隆只写了一篇《万寿山昆明湖记》,谈及治水和祝寿之事,对于造园只字未提。直到十年之后,才写出这篇《万寿山清漪园记》。

不难想象,在这十年之间,皇帝曾有多少次提起笔来,却又欲说还休。一座园子何以竟令雄才大略的帝王如此"难于措辞"?早在乾隆九年,圆明园扩建完成后,乾隆写过一篇《圆明园后记》,认为"帝王豫游之地,无以逾此。后世子孙,必不舍此而重费民财以创建苑囿"。但几年之后,他又新建了清漪园,因此"不能不愧于心",在文中一再辩说,几近语无伦次。

在当时京师西北郊已经建成的诸园中,畅春园、圆明园都是平地起造,缺乏天然大山大水的基础;静宜园座落于山地,静明园只有小型水景。唯独清漪园所在的西湖水面景象开阔,又与瓮山紧密相依,具有天然山水园最理想的气势。其位置恰在上述四园之间,建成后可使周围形成平地园、山地园、山水园互相资借的园林集群。可谓一园建成,全局皆活。这对于"山水之乐,不能忘于怀"的乾隆帝,自然有着难以抗拒的吸引力。尽管如此,皇帝还是借治水之名才完成了山形水势的整治,以祝寿为名才展开了全面的园林建设。中国古代崇尚"以孝治天下",为母亲祝寿无可厚非,水系的整治也相当成功,昆明湖作为一处大型水库,我们至今受益。整件事情做得相当漂亮,但乾隆帝依然不能释怀,一再申说:当初并未有建园之意,是因为治水才浚了湖,因为浚湖而修了山,山水都有了,不加亭台点缀实在可惜。有意无意间,园已建成。一切都事出有因,而且用的是自己的钱(出自内帑),并给人发工资(给雇直),所有建筑"敦朴素,袪藻饰",不敢逾越圆明园旧制。然而,不辩解不能心安,辩解了还是不安。想起《圆明园后记》中的话,自愧食言;说造园事出有因,又有谁肯相信?嗟叹之余,还要借萧何的话壮壮底气:此园修成,可以免去后世加建之劳。旋即想起司马光的批评,"又爽然自失"。园子建好后,"过辰而往,逮午而返",仅仅待了不到两个时辰,似乎躲躲藏藏颇有窘态。

乾隆帝的清漪园实为天地间一大杰作，治水祝寿，随手成园，一切顺理成章。然而一代帝王却要扭捏造作成这般摸样，园子造好后，还不敢久驻，并且用了十年时间才想好开脱之辞，还说不圆融，实在令人感慨。

我们认为，这些皆与乾隆熟读圣人之书有关，历代君臣在营造问题上的激烈争论无疑给乾隆留下了深刻印象，同时也要得益于清初皇室的"家法"。康熙帝的畅春园，以自然简朴为主，"承维俭德，捐泰去雕"，园中建筑皆为灰瓦顶的小式建筑，轩楹雅俗，不施彩绘。雍正帝曾着农夫装躬亲耕作（图 6-3），也力图使圆明园避免奢华。"其采椽栝柱，素甍版扉，不斲不枅，不施丹臒"，"不求自安，而期万方之宁谧；不图自逸，而冀百族之恬熙"。畅春园、圆明园以及清漪园是否真的朴实到符合俭的标准，另当别论，但仅就三代帝王在造园之时对俭朴的念念不忘而言，我们不难感受到，"卑宫室"思想对圣王明君的影响，已到了沦肌浃髓的程度。

图 6-3 雍正农装相

经过长时间的浸染，俭约已经内化为中华民族的基本品质之一，在今天这个崇尚消费与奢华的时代，重新思考这一品质，无疑具有重要意义。数千年间，中国传统建筑一直停留在一个适中的尺度上，没有在空间与体量方面进行大规模的拓展，如果没有这种文化上的约束与认同是不可想象的。而"卑宫室"的意义，并不像人们通常认为的那样，是导致中国传统建筑保守落后的罪魁祸首。后面我们还将看到，这一文化抉择如何造就了中国建筑的独特形象，并如何在园林中得到最充分的展现。

【附录】

一. 参考阅读

1.《国语·楚语上》：

灵王为章华之台，与伍举升焉，曰：台美夫！对曰：臣闻国君服宠以为美，安民以为乐，听德以为聪，致远以为明。不闻其以土木之崇高、彤镂为美，而以金石匏竹之昌大、嚣庶为乐；不闻其以观大、视侈、淫色以为明，而以察清浊为聪。先君庄王为匏居之台，高不过望国氛，大不过容宴豆，木不妨守备，用不烦官府，民不废时务，官不易朝常。……今君为此台也，国民罢焉，财用尽焉，年谷败焉，百官烦焉，举国留之，数年乃成。……夫美也者，上下、内外、小大、远近皆无害焉，故曰美。若于目观则美，缩于财用则匮，是聚民利以自封而瘠民也，胡美之为？……故先王之为台榭也，榭不过讲军实，台不过望氛祥。故榭度于大卒之居，台度于临观之高。其所不夺穑地，其为不匮财用，其事不烦官业，其日不废时务。瘠硗之地，于是乎为之；城守之木，于是乎用之；官僚之暇，于是乎临之；四时之隙，于是乎成之。……夫为台榭，将以教民利也，不知其以匮之也。若君谓此台美而为之正，楚其殆矣！

2. 雍正：《御制圆明园记》：

圆明园在畅春园之北，……爰就明戚废墅，节缩其址，筑畅春园。熙春盛暑时临幸焉。朕以扈跸，拜赐一区。林泉清淑，陂淀渟泓，因高就深，傍山依水，相度地宜，构结亭榭，取天然之趣，省工役之烦。……及朕缵承大统，夙夜孜孜。斋居治事，虽炎景郁蒸不为避暑迎凉之计。时逾三载，金谓大礼告成，百务具举，宜宁神受福，少屏烦喧。而风土清佳，惟园居为胜。始命所司酌量修葺，亭台邱壑，悉仍旧观。惟建设轩墀，分列朝署，俾侍直诸臣有视事之所。构殿于园之南，御以听政。……其采椽栝柱，素甓版扉，不斲不枅，不施丹膅，则法皇考之节俭也。书接臣僚，宵披章奏，校文于墀，观射于圃，燕闲斋肃，动作有恒，则法皇考之勤劳也。春秋佳日，景物芳鲜，禽奏和声，花凝湛露，偶召诸王大臣从容游赏，济以舟楫，饷以果蔬，一体宣情，抒写畅洽，仰观俯察，游泳适宜，万象毕呈，心神怡旷，此则法皇考之亲贤礼下对时育物也。……不求自安，而期万方之宁谧，不图自逸，而冀百族之恬熙。庶几世跻春台，人游乐国，廓鸿基于孔固，绥福履于方来，以上答皇考垂祐之深恩。而朕之心至是或可以少慰也夫。爰宣示予怀而为之记。

二. 思考题

1. 先秦的俭约观念与诸子思想有何关联？
2. 萧何认为宫室建筑"非壮丽无以重威"，你怎样看？
3. "卑宫室"思想对于中国古代社会有何影响？

第七讲
土木结合及其演进

国传统建筑的材料，以土、木为主，砖、石次之，由此引申，古代凡与建筑相关的事物及活动皆以"土木"称之。在古代文献中，所谓大兴土木、土木之役、土木之费、土木之功、土木营造、土木营缮、土木壮丽等，俯拾皆是。人们对于暴君权臣营造无度的批评，也常使用殚极土木、崇饰土木、滥兴土木、土木被锦绣等。以土、木这两种天然的柔性材料为主，是中国传统建筑的重要特点。在埃及、西亚、印度、欧洲等地的早期建筑也曾以土、木为主，但很快采用砖、石一类较为坚固耐久的硬性材料。只有中国建筑几千年来一脉相承，唯有演进，没有革命。中国建筑如此，中华文明亦然。其所以然的原因，另当详论，本讲着力于探讨中国建筑中土、木的渊源流变。从早期南方的巢居、北方的穴居，到后来综合性的台榭，土、木的使用方式虽有变化，但二者与中国建筑的关系始终如一。

一 土窟木巢

远古人民的居住情况，散见于各种古籍。《孟子·滕文公下》记载："当尧之时，水逆行，泛滥于中国，蛇龙居之，民无所定，下者为巢，上者为营窟。"《礼记·礼运》云："昔者先王未有宫室，冬则居营窟，夏则居橧巢。"这些文字都提到了两种居住形式，一种是构木为巢，一种是陶土为窟。为巢还是为窟，在《孟子》中与位置的高下有关，洪水横行之时，为了避免水害，人们于地势低的沼泽地带搭建巢居，于地势高的丘塬地带挖掘穴居；在《礼记》中与季节的变换有关，冬天寒冷，土窟可以保暖，夏天炎热，木巢便于通风。

考古发掘所获得的信息与文献中的记载恰可相互印证。有关各地的早期建筑，人们发现其结构与构造往往有一定差异，发展进程也不同步，但地理因素往往会引发一些共性，产生地域性特点。一般认为，中国地域性的传统建筑主要为两种，一种是长江流域多水地区由巢居发展而来的干栏式建筑；另一种是黄河流域由穴居发展而来的木骨泥墙房屋。早期人类巢居可能与禽鸟的树巢相去不远，在热带雨林地区，它们迄今仍未销声匿迹。倘若遇到某种特殊情况，即便在现代城市和乡村，巢居以其简易而有效的结构方式，依旧不失其实用价值。由巢居发展而来的干栏建筑也有遗存的实物可考。在距今约7000年的余姚河姆渡一期遗址，发现了目前已知最早使用榫卯构造的木构干栏；遗址中出土了大量木构件，有圆木、桩木、地板等，形式多样；构件上的榫头卯口，做工精良，有些还存留二次加工的痕迹，表明构件曾被重复使用过。这些房屋处在南方沼泽地区，推测是建在由木桩构成的平台上的干栏建筑（图7-1）。

在风沙长期沉积的作用下，黄河中上游的土层深厚，使这里便于开

图7-1 河姆渡遗址的木构榫卯

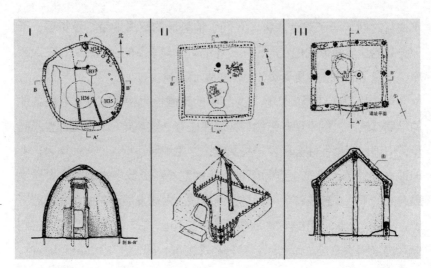

图7-2 北方土木结构

挖洞穴。从最初的横穴式到竖穴式再到半穴式，北方的穴居最终演变为地上建筑。这种土木混合结构的房屋，目前研究者将其大致分为三种：（1）锥形棚顶屋，用于半地穴或浅地穴式，地穴四周有低矮的围墙，其上斜立密排的细木柱，在房屋上方汇聚成攒尖顶，木柱内外抹草泥，同时房内中部立都柱作为内部支撑；（2）木栅抹泥承重墙屋，多用于地上建筑兼用于半地穴或浅地穴式，在房址周围密布直立的细木柱，柱间有横向木条相连，外敷土浆形成厚达30厘米以上可承重的木骨泥墙，上部建锥形屋顶，室内也有一根或数根都柱，与墙体共同支撑屋顶；（3）是第2种的改进，周围仍采用木骨泥墙，但木骨的数量减少而直径和间距加大，这表明施工技术的提高，也预示着支撑结构向柱承重演变的趋势（图7-2）。以上三种房屋虽有区别，但都以木骨泥墙和内柱两者共同支撑屋顶，这一特点后来得以延续，并成为台榭建筑的构成要素。

从早期的巢居到晚期的干栏，从早期的穴居到晚期的土木房屋，一从上而下，一从下而上，两者殊途同归于地面。《孟子·滕文公下》云："（洪水）使禹治之。禹掘地而注之海，驱蛇龙而放之菹，水由地中行，江、淮、河、汉是也。险阻既远，鸟兽之害人者消，然后人得平土而居之。"平土就是平地，据此推测，洪水消退之后，人们回到大地，这一情形与建筑的变化正相符合。在整个演变过程中，南方建筑以木为主,从巢居到干栏与井干,很少有木骨泥墙房屋;北方建筑以土为主,从穴居到木骨泥墙,很少有纯粹木构的房屋。建筑上重大差别的原因,与《孟子》和《礼记》中所述基本相同,既有空间(南与北)又有时间(热与寒)上的比较:南方炎热潮湿,采用木构干栏,将房屋架在空中,既能通风祛暑又能避开湿气;北方寒冷干燥,没有水患之虞,采用土筑窟室有助于冬暖夏凉。同时南方多木,北方多土,都可以就地取材。

夏商周三代上承新石器时期的建筑传统。从已发掘的郑州商城遗址来看,城墙采用版筑法筑成,专家估算,城之土方量约为 144 万立方米,

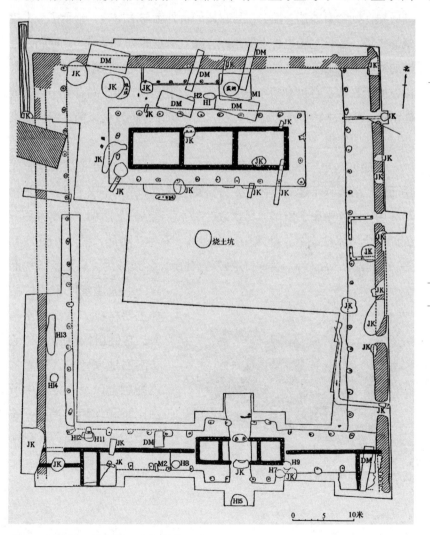

图 7-3　偃师二里头第二宫殿平面

即使用万人筑城，也需四五年以上时间才能完成。无论从夯筑工具还是从建筑规模着眼，这时的夯筑技术与新石器时期相比都有较大进步。河南偃师二里头夏代二号宫殿采用院落式布局，院北居中是宽九间、深三间的正殿，位于夯土台基之上，殿外有一圈檐廊，殿内用隔墙分为三室（图7-3）。正殿的围墙和隔墙皆为木骨泥墙，以土为主；三间小室进深超过6米，开间在8米以上，其室内不用内柱，无法采用"硬山搁檩"的构造方式，推测屋顶必以复杂的木构支撑。此期的大型建筑主要采用木骨泥墙承重，尚处于土木混合结构的初始阶段，此后土与木的使用逐渐成熟，则各自独挡一面。二号宫殿的木外廊与木屋架，预示了全木建筑的先声，木骨泥墙也将发展为后世独立承重的夯土厚墙。此期尚无足够的资料用以比较南北方的结构差异，但从北方木骨泥墙体系的发展看，南方的干栏体系必也有相当程度的演进。不过北方建筑尚有夯土台基能够留存，南方木构则难觅踪迹，在考古学家未来的发现以前，我们的推测只能止于猜想。

　　一般说，土与木作为中国最主要的建筑材料，主要是就其承重作用而言。若着眼于建筑整体，则材料使用的基本原则不仅于此，而是物尽其用，即《中庸》所谓"尽物之性"，《营造法式》所谓"五材并用"。因此在土墙木柱之外，建筑中还有砖基、石础、陶瓦、铜件（图7-4）等，营宫室如治天下，务使万物各得其所、各致其用。只是就结构而言，中国建筑所采用的两种主要材料一直都是土与木，它们自始就带有一北一南的地域色彩，二者的逐渐融合以及在结构中所占比重和作用的消长，实为中国北方与南方文化融合、消长的具体而微。

图7-4　凤翔秦雍城遗址的金釭

二　干栏

前引"夏则居橧巢"一语，在《孔子家语·问礼》中被再次提到，注曰"有木谓橧，在树曰巢"，在此橧与巢被视作两类建筑。目前学术界一般认为，橧指栅居，巢指巢居。巢居显然是对禽鸟居住方式的模仿。在南太平洋岛国巴布亚新几内亚的原始森林里，现在还居住着一群"树屋人"，他们将房屋建在棕榈树上，离地面高达数米甚至数十米，棕榈树干做成的简易梯子是其用以上下的工具。"树屋"使人能避风避雨避野兽，也能更好地瞭望四周，加强邻居之间的相互联系。

在缺少理想的天然树木的场合，人们就采用了在地上埋设土桩的方法来替代天然树木支撑巢居的底座，这时的巢居就发生了性质上的变化，成为后世所说的栅居了。在余姚河姆渡遗址中发现的桩木，很可能就是为了支撑巢居基座而埋设的木桩。巢居与栅居都是流行于古代中国西南一带的民居形式，二者之间存在亲缘递嬗的关系，巢居较早，后来逐渐为栅居所替代。从结构方式看，栅居采用木桩将底层架空，其上构筑木构房屋；从使用功能看，架空的底层畜养牲畜，起居则在楼面之上。干栏建筑的特点也是"人处其上，畜产居下"，因此我们大体上可以相信，栅居即为干栏。

干栏是一种非常古老的居住方式，分布范围也非常广泛。刘致平在《中国建筑类型及结构》中说："此式建筑几乎各国皆有，如欧洲的湖中住宅即是。在亚洲则北至勘察加、日本，南至南洋群岛全有此种建筑。中国中原等处在最早用干栏即很普遍。以后可能因为北方风大过寒的关系，在北方的干栏逐渐减少，在南方的则今日仍可得见（不过多在山谷及水边），为西南少数民族所喜用。"刘先生所见颇具慧眼，我们想就其中两点展开讨论。一是干栏在中国的使用并不限于南方，早期的北方中原一带也曾普遍出现，这一点我们还可以从古文字的演变上进一步求证；二是后来干栏在北方逐渐式微，但在中国西南一带却仍大量保存，颇有"礼失求诸野"的意味。张良皋《匠学七说》、杨昌鸣《东南亚与中国西南少数民族建筑文化探析》二书，都对干栏建筑有非常详实的论述，是我们重要的参考资料。

从外观看，干栏是一种底层透空的高架式建筑，甲骨文中有大量干栏形象的古文字，说明其与殷商王朝的关系密切，张良皋对此有深入分析。他认为"殷"通"衣"，"衣"在甲骨文中简体作𠱫，繁体作𠱫，正是吊脚楼建于水沟上的摹写。今日鄂湘一带依山傍水的吊脚楼又被称作"半干栏"，𠱫字确实非常"象形"。"殷"字之外，张良皋认为殷代凡是典礼隆重的建筑，都用干栏形象，并引京、亳、高、享为证。𠱫，京原意是圆形谷仓，在生产力不发达的古代，谷仓非常重要，一般处于聚落中心，并逐渐引申出京城之义；𠱫，亳为商都，重要性也是不言而喻；𠱫，高是台、观；𠱫，享是祭堂，都是级别很高的建筑，它们或通过木构、或通过土台，将建筑抬到地面之上。"下者为巢"，其实早已点出巢居是应对洪水灾害的重要手段，干栏源自巢居，自然继承了这一优点，张良皋甚至认为，夏、商易代，干栏起了举足轻重的作用，"中国古代，曾经遍布河流泛滥所潴留的沼泽，……夏人周人的基本群众羌，是穴居民族，……聚落非常脆弱，经不起大水冲击。殷人则不然，他们用干栏，定居沼泽，水涨登楼暂避，水落下地耕作，大规模发展了农业，壮大了势力，因而能取代夏人，成为天下共主。"刘致平所谓"中原等处在最早用干栏即很普遍"的景象，或许就存在于洪水过后、沼泽遍布的时代。北方居住干栏之习惯大概延续的时间不短，因为它留下了一整套有关席居的习惯，即筵席制度。从先秦到两汉，席居可谓"席卷全国"。后经南北朝时期北方胡风的浸染，席居习惯日渐淡去，高足家居取而代之。干栏与席居互为表里，其兴衰消长也是休戚相关。筵席用植物编制，干栏用木材搭建，皆是易于朽坏之物，南方文化的特质常被形容为以柔弱胜刚强，脱胎于其中的筵席与干栏也不失婉约之气，予人温柔之感。

论及干栏建筑在北方的逐渐衰微，"风大过寒"当然有其影响，此外还应注意到两个重要原因是：（1）沼泽被逐渐开发为耕地，外在洪水的压力已经减少；（2）干栏需要大量的木材，而北方植被生长缓慢，供给不足。时至今天，只有森林茂密的西南地区依然保留着干栏的传统。巧合的是，干栏最早见于南北朝汉文古籍，正是西南少数民族"房屋"一词的音译，此外还有各种别称："干栏"、"干兰"、"阁栏"、"葛栏"、"高栏"，不一而足。《魏书·卷一〇一》记载："獠者，盖南蛮之别种，自汉中达于邛笮川洞之间，所在皆有。……依树积木，以居其上，名曰干兰，干兰大小，随其家口之数。"獠的干栏建在树上，还带有巢居的痕迹。《旧唐书·卷一九七》："陀洹国，在林邑西南大海中，……俗皆楼居，谓之干栏。诃陵国，在南方海中洲上居，……竖木为城，作大屋重阁，以棕榈皮覆之。东谢蛮，其地在黔州之西数百里，……散在山洞间，依树为层巢而居。南平獠者，……土气多瘴疠，山有毒草及沙虱、蝮蛇。人并楼居，登梯而上，号为干栏。"这些少数民族基本都居住在中国西南一带。张良皋认为中国西南正是干栏建筑的原生地，生于斯、长于斯，继而传播发扬，遍及九洲，其后又因种种原因渐次收缩，但在其原生地，仍然保留着顽强的生命力，所以能够硕果仅存。

杨昌鸣将干栏建筑的结构体系分为两大类型，即支撑框架体系（图7-5）和整体框架体系（图7-6）。巢居与栅居都属于前者，都由下部支撑结构和上部屋盖两部分组成，差别仅在于下部支撑一以树木一以桩柱，因而可分别称之为树上住宅和桩上住宅；此外还有一种坐落在夯土或砖、石高台上的住宅，其下部高台中空用于储物，台上为起居空间（图7-7）。明朝马欢《瀛崖胜览》记载，爪哇国中普遍流行的便是这种住宅："家家俱以砖砌土库，高三四尺，藏贮家私什物，居止坐卧于其上。"

图7-5　高里特人高仓属支撑框架体系　　图7-6　侗族谷仓属整体框架体系

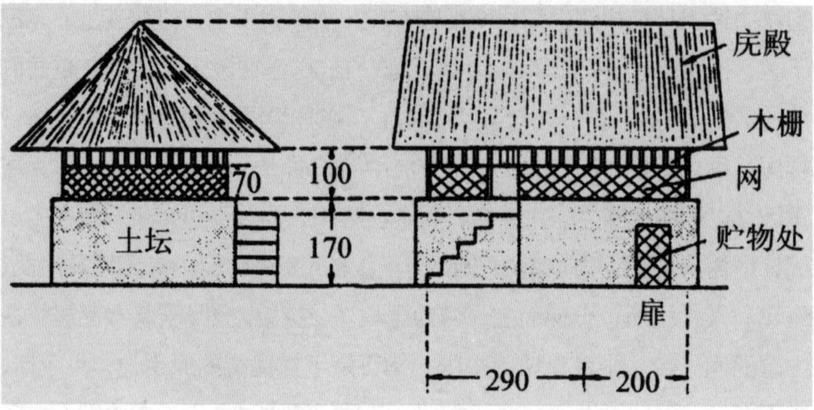

图 7-7 Sasak 人的土坛住宅

整体框架体系的房屋与之不同，其下部支撑结构和上部屋盖合为一个整体，简单地说就是用贯通上下的长柱取代下层短柱的栅居。整体框架体系由栅居发展而来，其进一步的演进便是中国木构三大体系之一的"穿斗式构架"。

三　窑洞

与南方干栏并驾齐驱的，是北方从地穴到半地穴到木骨泥墙的泥土结构。一者全木结构，一者以土为主，正可作为南方与北方两地建筑的代表（图 7-8），其主要特点在于各自针对不同气候的适应性。正如《汉书·翼奉传》云："巢居知风，穴居知雨。"在旧石器时期，穴居主要是指人类对于天然洞穴的利用；在新石器时期，穴居主要是指人工在深厚黄土中掏挖出来的窑洞。虽然这种居住方式并不限于世界上某一地区，但就中国传统建筑而言，仍以西北黄土高原的窑洞最具代表性。黄土地带具有土层单一、胶结紧密、粒度较细和垂直节理发育成熟的结构，经流水侵蚀及其他自然力作用，造成了以塬、梁、峁等沟深坡陡的独特地貌景观。在黄土断崖的一侧，易于开凿横穴；在缓坡或平地的情形下，则宜于先挖竖穴再凿横穴。除了地质条件外，当地气候严寒，人类有关保暖的要求不可忽视。可以肯定，在人工取暖的手段尚未完善的古代，唯有穴居能够给北方人提供足够的健康保障。

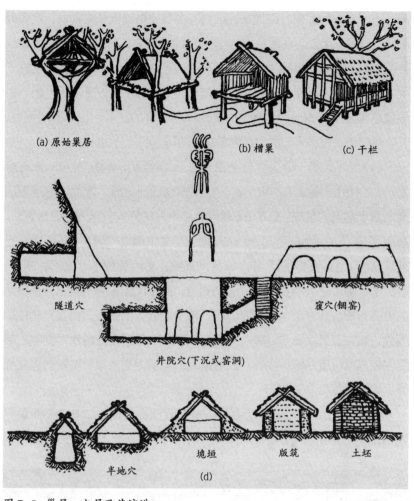

(a) 原始巢居　　　　　　　　　(b) 橧巢　　　　　　(c) 干栏

隧道穴　　　　　　　　　　　　　　　　　　窨穴(锢窑)

井院穴(下沉式窑洞)

半地穴　　　　　　　　　墝垣　　版筑　　土坯
(d)

图 7-8　巢居、穴居及其演进

在中国西北，穴居的生活方式具有很强的生命力。考古发现，早在距今六七千年前的陕西半坡遗址中，就已经出现了穴居建筑。在距今5500年前的陕西高陵县杨官寨遗址，发现了规模宏大的窑洞建筑群。遗存共17处，排列在泾河断崖边，平面多呈"吕"字形的前后室布局，前室建于地面，后室则为窑洞。在陕西岐山县，近年发现一处距今约5000年前的下沉式窑洞遗址，坐北朝南，内有天井、窑洞、火塘等。在距今约5000年前的甘肃镇原常山下层遗址，考古发现一种由门道、门洞、住室、顶盖四部分构成的地穴式住宅。通往屋外的道路是斜坡竖井坑道，门洞为拱形顶，住室是一个口小底大的圆袋状土坑。门道和门洞深入于地下；住室的顶部则打破地表，推测其内立柱再铺设草泥顶后，地表外观似一扁圆形土丘。在距今4000多年前的甘肃宁县阳坬遗址、宁夏海原县菜园村遗址，都发现了窑洞式房屋。后者共4座，位于菜园村南林子梁东坡中部，不是在天然断崖上掏挖，而是在黄土陡坡上人工削出一段崖壁后再向下斜挖而成的横穴。其中保存较好的三号房由半圆形场院、长条形门道、过洞式门洞和椭圆穹窿顶的居室四部分组成。

《诗经·大雅·绵》："自土沮漆。古公亶父，陶复陶穴，未有家室。"文中记述周文王的祖父古公亶父率众迁徙之时，未及建造地面房屋而居于窑洞的境况。《诗经·豳风》："十月蟋蟀入我床下。穹窒熏鼠，塞向墐户。……洒扫穹窒，我征聿至。"文中两处"穹窒"，所指应当就是窑洞。当时的"豳"在今彬县龙高镇，秦时称豳亭，汉时称豳乡，唐、宋、明时称公刘乡，元时称公刘里，清至民国初称笃圣里。今日龙高仍旧存留多处窑洞，它们有明庄、暗庄之分。明庄多因山崖一侧挖掘而成；暗庄又称"地坑庄子"，即"下沉式"窑洞，先掘地为坑院，然后在朝南的坑壁凿窑，在其对面壁面斜向穿洞为出入口，坑院内深挖渗井用以排水。

据统计，目前中国仍有大约4000万人住在窑洞中，其中不少是平地掘出的"下沉式"（图7-9），在其坑院内由下而上望，仿佛坐井观

图7-9 渭北旱原下沉窑洞院

图 7-10 平遥近郊锢窑

天。中国传统建筑中的庭院谓之天井，很可能源出于此。在山西各地民居中，还常见一种平地筑造的锢窑，它们虽为地面建筑，但多处做法隐约存留着地穴时代的痕迹（图 7-10）。以平遥以南 10 公里保存较好的永庆堡（照壁堡）为例，四周围以高大的土墙，平面略呈长方形；堡内民居皆为南北长东西窄的三合院，除南侧倒座屋以外，北、东、西三面都是砖筑的锢窑。全部居室朝外都是厚实的砖墙，朝内则是宽敞的木制门、窗或槅扇。人们居于其中，不免一种外部封闭而内部开敞的强烈感受。在山西各地寺庙中，常见高大厚重俨然城垣的外墙，从深幽的门洞向内之际，恍若进入地穴。平遥附近的双林寺和清凉寺（图 7-11），皆为此种情况。即便在北京四合院中，所谓坐北朝南、坐西朝东等习惯说法，实际上也必定存在于院落对外封闭对内开敞的特

图 7-11 平遥清凉寺

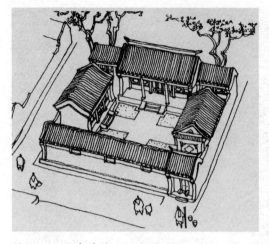

图 7-12　北京最简之四合院

殊语境中（图 7-12）。坐北朝南的前提是北墙无门窗，坐西朝东的前提是西墙无门窗，否则便不成立。再如福建土楼，夯土外墙厚可逾两米，高可达五、六层；其对外开设的窗洞既小又少，对内则空间完全开敞（图 7-13）。这种做法固然有其防御上的考虑，但土楼毕竟是居住建筑，我们不能设想主人全然没有日常生活上有关采光和通风需求。由此推测，祖先曾在北方长期居住的事实不可忽视，或可引申说，穴居时代的集体记忆在中华民族内向心理的塑造过程中，是极其重要的因素之一。

　　"下沉式"窑洞的屋顶，实际上就是通常的地面。有趣的是，当建筑上升到地面之后，这种现象在很多地方都留下了长久的印记。在距今

图 7-13　永定客家土楼群

约8000年的内蒙古兴隆洼遗址，考古学家发现半地穴式的房址170余座，但全部房址都没有留下门户的痕迹，推测当时人们可能是在屋顶开孔树立木梯，以垂直上下的方式代替水平的出入。若果如此，则我们不难想象，当时居民们出入房屋的方式大致接近于"下沉式"窑洞的上下方式，而聚落中房屋之间的交通都在屋顶上进行。在中国东北，这种居住方式直到南北朝时还在持续，《魏书·勿吉传》载，高句丽北的勿吉人："筑城穴居，屋形似冢，开口于上，以梯出入。"有趣的是，这种情形在大约同时的西方也曾出现过。土耳其中部安纳托利亚（Anatolia）的加泰土丘（Catal Huyuk）遗址（图7-14），是一处距今约8000年的小城，占地约30英亩，估计当时居民总共约7000人。遗址中约1000座房屋的墙体都用砖砌成，一座接一座呈蜂窝状密集排列，房屋之间未见道路，室内则留下了木梯的痕迹。

今天在山西平遥、灵石等地的坡地上，仍可见屋顶坡度极平缓的民居建筑。由于当地降雨量很小，这种屋顶的排水不成问题，同时容易积土长草，表面看上去与天然山坡浑然一体，农人常将其用作晾晒谷物的

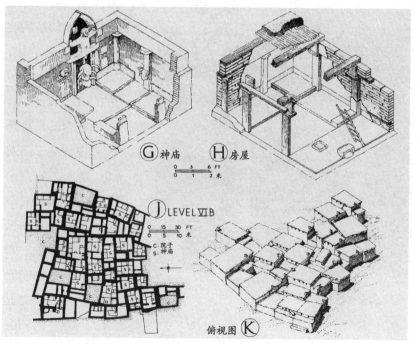

图7-14　土耳其加泰土丘（Catal Huyuk）遗址

场地，以木梯上下。在平遥永庆堡，我们发现，这个面积约150×220平方米的小城的屋顶，竟然相互联系纵横无阻。毫无疑问，这样的处理方式使屋顶产生额外的交通功能，从而大大促进了堡内居民在紧急情况下团结御敌的有效力量。

屋顶连通的做法，在中国西部的部分彝族和羌族村落中也有出现，其功用类似于山西地区，但来源是否也是远古的窑洞，则有待进一步研究。

"下沉式"窑洞留下的另一类痕迹是"门隧"。"门隧"即门道的古称。《礼记·曲礼》记载："升降不由阼阶，出入不当门隧。"由于传统观念"事死如事生"的影响，隧又为天子墓道的称呼。《左传·僖公二十五年》："晋侯朝王，王享醴，命之宥。请隧，弗许。"杨伯峻注："古代天子葬礼有隧，诸侯以下有羡道。隧有负土，即全系地下道；羡道无负土，虽是地道，犹露出地面。"据杨鸿勋先生对陕西凤雏村甲组建筑遗址的研究，西周时期的地面建筑的门道就有下降入地的意味。

图 7-15 平遥慈相寺山门

"门道宽300厘米，进深600厘米，还保留地面路土及中间门槛的痕迹，门槛处地面高起，向南北逐渐坡下。……此门的门道处无台基，即东、西塾台基是断开的，台基残面高于门道80～100厘米。"在今天山西很多古建筑的入口处理上，都有令人联想起"门隧"的做法。如平遥寺慈相寺的山门低矮深幽，券形门顶之上是高大的楼层；人们由外而内，虽行走于地面，却颇有下降进入隧道的感觉（图7-15）。

有关长江中下游早期城址的研究，表明北方厚土高墙围合的建筑方式，即使在低湿的南方也不是一无是处。考古发现，新石器时期很多土筑的古城，御敌之外兼具防洪的功能。在湖南、湖北等地的江、湖附近，将房屋、田地等用土堤环绕起来的做法，至今仍很常见。被围合的地域通称"垸子"，在水患频仍的环境里，它们为人类的生命和财产安全提供着基本的保障。"垸子"的出入口均为豁口，附近保留足够体量的土堆，一旦洪水来临，就要及时填实豁口。

四　土木结合及其演进

春秋战国时盛行"高台榭美宫室"，虽然其中土所占的分量重于木，但南方的影响仍然不可低估。台榭中的榭即为木构，此外，高台将建筑提升到地面之上，似乎也是南方巢居一贯做法的延续，只不过抬高的方式由架木变为夯土而已；与此相比，北方的穴居传统不会产生向上抬升的需求。前面提到的土坛建筑大体上可被视为高台的前身，同样用以抬升建筑，土坛和支柱实际上异曲同工，这也隐约透漏出高台建筑与干栏建筑之间的某种关联。

先秦的台榭之风弥漫于全国，南北各具特点，而以楚国最为兴盛。在《左传·成公十二年》中，有一段故事暗示出南北差异。晋国郤至到楚国聘问修好，楚王设礼接待，在地下室悬挂乐器，由子反主持；登堂之前，地下钟磬忽然齐鸣，郤至大惊，掉头就跑。据古人解释，以"金奏"之礼接待卿大夫不合礼制，因此郤至听到乐声便立即告退。我们从建筑角度看，晋国地处中原，其殿堂下的台座极可能是夯土而成的实体；楚国在南方，保留了更多的干栏遗制，因此台下可以架空悬挂乐器，与土坛住宅下部台中"藏贮家私什物"相似。前文提到的楚章华台，其第二层便是木骨泥墙围成的空心地室。郤至闻金"惊而走出"，固有非礼勿听之意，但一登堂便听到脚下钟磬齐鸣，郤至更可能是被吓跑的，因为他在晋国见惯了实心高台，而不知台下可以中空藏物。"干栏之制，萌生于南方，成熟于南方，到北方已是'传播'"，在这个意义

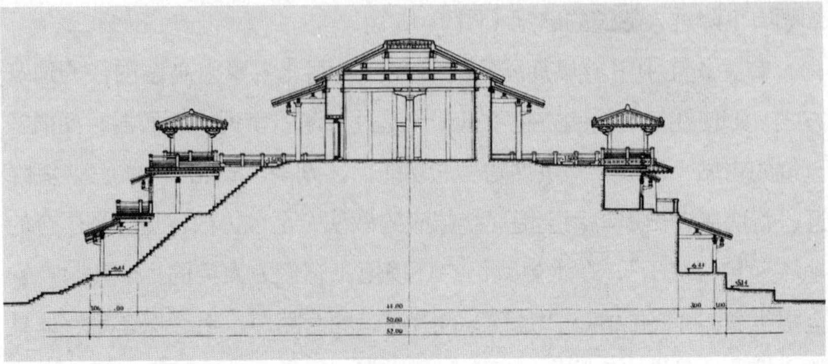

图7-16 平山中山王墓王堂剖面想象图

上，我们可以将从巢居、栅居、干栏到高台（先南后北）的发展，串连在同一条前承后启的线索上。

高台建筑最初可能源出于南方，但三代以来北方文化一直居于支配性地位，后来的高台不免染上较多的北方色彩，最突出的一点便是土的作用大于木。春秋战国时，台榭是宫室建筑的主要形式。其具体做法是，先夯筑高大的多层土台，再依附土台向外搭建多层木构，并在台顶建造宫殿（图7-16）。夯土称台，木构曰榭，二者共同构成整体。《尔雅》云："观四方而高曰台，有木曰榭。"《说文解字》云："榭，台有屋也。"《释名》云："榭者，藉也。"这些记述都说明台榭是以土台为中心，木榭依附于台而建。北方之土成为主体，南方之木成为附庸。正如《史记·六国年表》中所谓："夫作事者必于东南，收功实者常于西北"，太史公的政治经验，也可移来阐述建筑方面的发展。

夯土和木架结合的台榭，是中国古代最重要的建筑形式。建筑活动常常被称为"土木之事"，土在木前，隐隐透漏出在中华文明的早期土重于木的信息。随着时间的推移，南方的木构技术会一次次冲击北方正统，逐渐取代夯土的作用，最终形成以"墙倒屋不塌"为特点的木结构建筑。承重结构以木构架组成的骨干为主，土墙或砖墙不再承重，只起围护、分隔和扶持柱子的作用。中国最早的工官称"司空"，后世称"将作"；司空陶土，将作斫木，与从夯土为主到构木为主的演变恰相呼应。但是，全木构架结构代替土木混合结构是一个漫长的过程。至少在唐代以前，大型建筑一般都采用土木混合结构，并且，其中土的比例和

图 7-17 秦咸阳一号宫殿遗址复原图

作用都要大于木。

文献中有大量关于先秦台榭的记载，但其实物遗构保存下来的不多。保存至今并经考古发掘的，有战国后期的秦咸阳一号宫殿遗址（图7-17）。这是一座二层台榭，中心为夯土高台，四周搭有木构回廊，主殿建造于台顶。下层土台西南侧及北侧有挖出的房屋，西南五小间，北侧两大间，房屋之间留有夯土作为承重隔墙。"司空"名称的出现，大概与这种从夯土中挖出房间的建造方式不无关系。各间前檐装有木质门窗，前檐之外又建一圈木构回廊，以保护台壁免受雨水冲刷。二层主殿平面大体呈方形，四周为厚2.15米的夯土墙，内外嵌有壁柱以加固墙体，主殿正中埋设一块方约1.4米的柱础，上立直径64厘米的"都柱"。"都柱"和由壁柱加固的土墙共同承担上部重量，并以土墙承重为主（图7-18）。这些都是新石器时期半穴居建筑特征的延续，用壁柱加

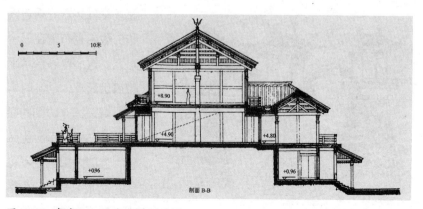

图 7-18 秦咸阳一号宫殿横剖面图

固的土墙相当于木骨泥墙，都柱相当于中柱。

两汉时期，宫殿沿用台榭形式，如萧何主持营造的未央宫就是一组大型台榭。未央宫的前殿位于龙首原一处高地上，借助地形增筑而成，即张衡《西京赋》所谓"疏龙首以抗殿"。前殿遗址东西宽约200米，南北长约400米，分为三层，每层各建一座宫殿，逐层升高，形成前、中、后三殿的格局。依汉制，殿下有二层台基，上层为阶，下层为陛；蔡邕《独断》记载："天子陈兵于陛。"陛是设置警卫之处，其实就是台榭下层围绕土台建造的木构房屋，供卫士居住。后来"陛下"变成对皇帝的尊称，意思是通过台阶下的臣属向上传话，表示卑者向尊者进言。建在台顶的主殿，与台下房屋隔绝，从地面有专设的道路登台；此外还有架空的阁道联结各殿，班固《西都赋》记载，"辇路经营，修涂飞阁，自未央而连桂宫，北弥明光而緪长乐"。未央宫、桂宫、明光宫、长乐宫等都是长安城中的宫殿，皇帝往来各宫都是通过高跨街道之上的架空阁道，不经由地面道路，防卫非常严密。汉赋中经常出现的"飞阁"、"复道"，就是指这种联系主殿的阁道。

曹魏邺城的西北是皇家内苑铜爵园，也就是杜牧"铜雀春深锁二乔"中的铜雀园。园西部建有三座高台：铜爵台居中，高十丈，上建房屋101间；金虎台在南，高八丈，上建房屋109间；冰井台在北，也高八丈，上建房屋145间。三台下部是跨墙夯筑的高大墩台，上部是多层的木构房屋，铜爵园中还有架空的阁道通向台顶，三台之间也有飞廊互通，台榭的意味仍然很强（图7-19）。冰井台中储有冰、炭、粟、盐，储备军马兵器的乘黄厩和白藏库也布置在三台附近。这三座高台承平时可供游观，动乱时则成为可以据守防御的堡垒。三国时期战乱频仍，各国内部也很不稳定，都城中需要一个集中仓储军资兼防内外敌

图7-19 唐代敦煌壁画上三台并峙的形象

人的设施。台榭自身的建筑特点恰可满足这一需求，因此在游观之外，又强化了其储藏、防御等方面的功能。

魏晋之际，宫殿主要还是采用台榭形式。晋室南迁后，因为台榭代表中原正统，仍在宫殿中被大量使用，但这并不影响当时南方的普通建筑依旧木构。土木混合的台榭毕竟是北方文化的产物，移植到南方总不免水土不服，逐渐地就被木构取代。南北朝时期，南北方的建筑交流日益密切，随着南方较发达的建筑技术不断北传，台榭中的土台逐渐减弱，而木构成分日益增强，最终演变为今人所谓的"纵三段式"建筑。其下部是台基，中部是柱梁构架，上部是瓦顶。台基的高度较以前大大降低，夯土表皮也渐被砖石包砌，而木质的屋身结构已大体完成向独立支撑体系的转变。至此可以肯定的是，夯土在一般建筑的作用已经处于木架的下风。

隋唐的大型宫殿，往往由若干座单体建筑聚合而成。中国早期台榭追求单体和实体的高大，后世院落则实现了群体和空间的复合，隋唐宫殿通过单体组合追求宏丽的做法，前承台榭遗韵，后启院落新风。隋唐的建筑仍不失宏大，还具有台榭的精神；其后中国建筑对宏大的追求日趋淡薄，很少再建单栋的大体量建筑，而是以群体组合为主，回归了木构本色。从某种意义上讲，土与砖石相近，易于建造像欧洲那样的巨大建筑，也易于长久保存。今天建筑考古所依据的主要就是坚实的夯土层。木则不适于建造太大的建筑，而以运用小建筑进行群体组合见长。

隋唐时单体建筑的组合大致有三种形式：左右并列、主次聚合和

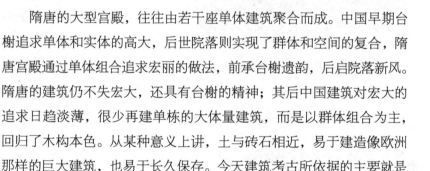

图 7-20 左右并列之朵楼

图 7-21　阎立本《历代帝王图》之晋武帝

左右环抱。左右并列指在主体两侧平行布置较小的辅助建筑。辅助建筑或与主体相连，或独立设置，相连的称"挟屋"，独立的称"朵殿"；如果是楼，则称"挟楼"或"朵楼"（图 7-20）。有趣的是，这种构图方式也可见于绘画，阎立本在其《历代帝王图》中就将高大的帝王置于中央，低矮的侍从在两侧拱卫，感觉上颇具"朵"意（图 7-21）。南北朝时期，邢劭《新宫赋》中有"法三山而起翼室"的字句，将这种三殿并列、中高边低的形式喻为海上三神山，一种深受古人喜爱意境。主次聚合是在主体四周或几面附加较小的建筑，形成大的组合体；其中有前后聚合的类型，如大明宫麟德殿（图 7-22）；也有

图 7-22　唐长安大明宫麟德殿复原图

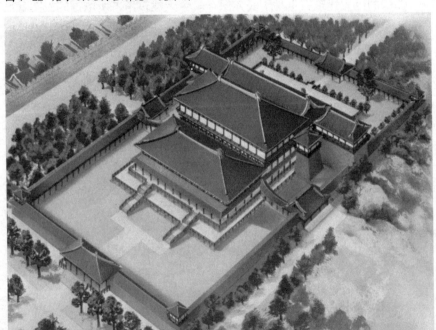

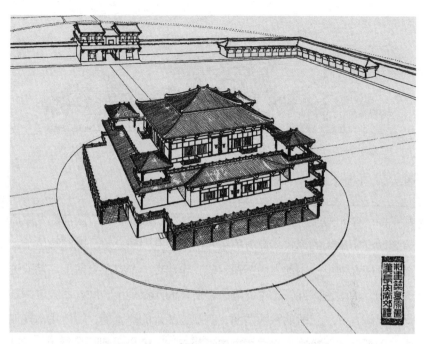

图 7-23　汉长安南郊礼制建筑中心建筑复原图

以中心建筑为主体，四面辅以次要建筑的类型，如汉长安南郊礼制建筑（图 7-23）；还有将两座建筑呈曲尺状相接、两面出歇山的类型；以及将附属建筑与主殿正面垂直相接、形成山面向外的"龟头屋"类型。一般说来，聚合而成的建筑群体主体部分比较高大，附建部分相对低小，为主体屋檐所覆盖。左右环抱是指在主建筑的前方，左右对称或不对称地建次要建筑，以曲尺廊与主体相连，组成凹形平面。

　　唐大明宫含元殿和麟德殿都是通过组合构成的宏伟殿宇。含元殿建在大明宫中部高地上。先凭借地形筑成 10 余米高的台座，其上再筑 3 米高的二层台基，下层为陛，上层为阶，阶上建大殿。大殿前面设置长长的坡道，平与坡相间，共七折，形似起伏的龙尾层层下垂，故称"龙尾道"。含元殿是一座重檐大殿，殿身面阔十一间副阶周匝，进深四间。大殿柱网三圈：内圈分为两排，共 20 根；中圈东、西、北三面由夯土墙代替，具有重要的承重和稳定作用，南面一排 12 根；外圈是 38 根副阶柱。殿两侧有东西行廊，行廊南折，通往两个突出在外的墩台，台上建有木构楼阁，东称"翔鸾"，西称"栖凤"，与主殿形成左右环抱的凹

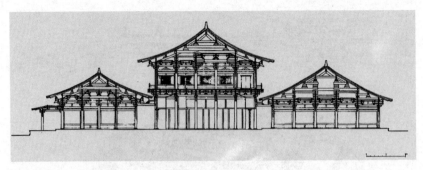

图 7-24　大明宫麟德殿剖面复原图

形平面。含元殿虽以殿名，其实是门的规格：殿身狭长，殿前的龙尾道是登城楼所采用的形式，前方的东西两阁也有门阙之意。麟德殿位于太液池西部高地上，由前中后三殿组成，也建在一个二层台基上。前殿进深四间，中殿进深五间，中间隔以走道，面阔都是十一间，后殿进深五间，面阔九间。三殿的东西两面，有厚达 5 米的夯土墙，墙体用木柱加固。中殿为二层楼阁，底层用土墙隔为三间，中央一间四面封闭，没有光线，称为"荫殿"，推测用于夏季避暑。前殿、后殿皆为单层，从侧面看，三殿主次有序、高低错落，非常壮观（图 7-24）。中殿、后殿的东西两侧对称建有东亭、西亭和郁仪楼、结隣楼，都建在用砖包砌的夯土墩上，是与主殿左右并列的"朵楼"。

　　含元殿与麟德殿都建在高台上，殿内都有很厚的土墙，说明春秋以来土木混合的传统对其仍有影响；与此同时，木构架成为承重主体，土墙仅为辅助，木重土轻的趋势已不可逆转。此后，全木构架日益居于主导地位。到明清紫禁城，外朝的三大殿仍然居于土筑台基之上（图 7-25），还能看出台榭遗意，但三大殿的承重体系已完全采用木构，其雄伟壮观无与伦比，更不必说"墙倒屋不塌"了。

　　中国传统建筑的演变，从穴居、巢居到干栏、台榭，从单体成长到院落组合，仅就材料而言，始终没有超出土、木的范围，虽然二者的作用时有交替。在中国历史的长河中，砖石结构只是偶尔采用，它们或为地下的陵墓，或为供佛的庙塔，或为交通的桥梁。人们的寻常起居，则一直置身于具有"生生之气"的土木之中。"如果说某种文化生成的初期阶段，地理环境的影响占有一定分量的话，那么，在这种文化的成熟

图7-25 矗立于台基之上的故宫太和殿

阶段，人文因素所起的作用就会远远超过地理环境的影响。而且，人文传统一旦形成，就会产生巨大的惯性，成为推动文化发展的主要力量。"中国建筑选择土木作为主要材料，初期是顺应环境的自然选择，后来则成为社会大众共持的文化执着。张华《博物志》云："（地以）石为之骨，川为之脉，草木为其毛，土为其肉。"泥土、草木是自然的皮肉毛发，取之既轻，归之也易，是两种最具生态意义的材料。对于崇尚天人合一，追求"与天地合其德，与日月合其明，与四时合其序"的中华民族，土木实在是最恰当不过的选择。

【附录】

一. 参考阅读

1. 傅熹年：《中国古代建筑》（《中国大百科全书·考古学》）：

（新石器时期，约公元前8000~前2000年）此期建筑基本可分南北两大系。南方潮湿地区从巢居发展为架空的干栏，已发现的最早遗迹为7000年前的余姚河姆渡遗址中的兼用榫卯和绑扎的干栏式建筑。黄河中下游黄土地区的房屋由半地穴居址发展为地上的木骨泥墙圆形房子和方形房子，如半坡遗址和姜寨遗址所见的居址。随后又发展成郑州大河村遗址的那种两坡顶多间横排房子。

2. 龙庆忠:《中国建筑与中华民族》(广州:华南理工大学出版社, 1990, 第3页):

由中国建筑之进化而观之我民族性。现今中国建筑乃经过悠久历史, 于此土地上, 由穴居进而为宫室之制, 由席地而坐之居, 进而为桌椅床榻之居, 由土木茅茸之居, 进而为砖石木瓦之居, 可谓独创亦兼收, 自尊亦宽容, 始蔚为今日之伟观也(其中穴居、巢居之遗迹, 尚见于四裔, 而土木、茅茸、席地而坐之居, 尚见于朝鲜、日本等处)。而其唯一未有多少变化者, 厥为礼式布局与构架精神也。于此可见, 我民族对于物质生活可求适应进化, 而对于精神生活, 则执其中而守其一, 从不愿以夷变夏。此亦盖可说明我民族仁智兼具, 意志坚定, 善变有方也。

二. 思考题

1. 论述中国传统建筑以土、木为主要材料的原因与意义。
2. 比较中国南、北方建筑的特点及其相互影响。
3. 比较中国土木建筑与西方砖石建筑之间的异同。

第八讲
建筑材料的文化选择

在2003 年版的《中国古代建筑史·第一卷》中，刘叙杰先生说："石材在秦代建筑遗址中发现不多，仅见于房屋的柱础、散水与若干部件，以及桥梁的桥墩，文献及实物均未发现全由石构之建筑。在铜、铁工具已经相对发展的情况下，国内各地也不是处处匮乏适用的石材，为何石建筑不能得到较大的发展？是一个令人思考的问题。"直观看去，中国建筑在坚固、耐久这两方面的表现，的确不及欧洲建筑，与中国文化其他方面的建树相比似乎也难以相提并论。然而在此时刻，我们不能轻率地做出传统建筑落后的结论。必须注意到，建筑并非技术或艺术的单纯表现，它的发展历程可能关系到华夏民族独特的形而上思考。只有着眼于更大的时空范围，历史的真相才会显现得较为清晰。

一　有关木、石两种材料的执着

法国作家雨果说，"建筑是石头的史书"，然而此语只适用于欧洲，对于中国并不贴切。中国传统建筑以土、木作为主要材料，而很少使用石材。由于木材在耐久性方面远逊于石材，使得中西两大文明的建筑给今人留下了全然不同的印象。从古希腊神庙到巴洛克教堂，以石构为主的欧洲建筑遗产蔚为壮观；相比之下，从先秦到明清，以木构为主的中国建筑遗产似乎乏善可陈。19 世纪以来，不少西方学者认为，中国古代建筑只不过存在于纸上（即文献），或干脆说实物等于零。这种偏颇的看法曾得到很多本土学者的呼应，继而汇成一股妄自菲薄的洪流。迄至今日，中国石结构建筑的低调表现，仍令很多学者感到困惑。为什么直到明清，在加工条件完备、同时也不无需求的情况下，石材在中国始终未能登堂入室？梁思成曾经给出一个大致不错的推论："中国结构既以木材为主，宫室之寿命固乃限于木质结构之未能耐久，但更深究其故，实缘于不着意于原物长存之观念。"然而为什么中国人"不着意于原物长存"，依然是个问题。要接近最终答案，还需要更加全面而深入的思考。

首先要注意的是，我们并不缺乏石材。在中国广袤的土地上，到处都蕴藏着适合建筑的优良石材，产品主要有大理石、花岗石两类。大理石是指沉积或变质的碳酸岩类的岩石，如大理岩、白云岩、灰岩、砂岩、页岩和板岩等。我国大理石矿产资源的品种多，总储量居世界前列。初步查明国产大理石品种近 400 个，其中按花色分类主要有如下几种。纯白有北京房山汉白玉，安徽怀宁和贵池白大理石，河北曲阳和涞源白大理石，四川宝兴蜀白玉，江苏赣榆白大理石，云南大理苍山白大理石，山东平度和掖县雪花白等。纯黑有广西桂林的桂林黑，湖南邵阳黑大理石，山东苍山墨玉、金星王，河南安阳墨豫黑等。红色有安徽灵璧红皖螺，四川南江的南江红，河北涞水的涞水红和阜平的阜平红，辽宁铁岭的东北红等。灰色有浙江杭州的杭灰，云南大理的云灰等。黄色有河南淅川松香黄、松香玉和米黄等。绿色有辽宁丹东的丹东绿，山东莱阳的莱阳绿和栖霞的海浪玉，安徽怀宁的碧波等。彩色有云南的春花、秋花、水墨花，浙江衢州的雪夜梅花等。大理石的质感柔美，格调高雅，花色繁多，是建筑装饰的理想材料，也是艺术雕刻的传统材料。大理石原指产于云南大理的白底黑纹的石灰岩，剖面类似水墨山水画，古代常用来制作画屏或镶嵌画，后泛称一切有花纹的石灰岩。西方建筑和雕塑常用的白色石灰石也被称为大理石。

花岗石是指各类岩浆岩，如花岗岩、安山岩、辉绿岩、绿长岩、片麻岩等。我国花岗石矿产资源也是储量大，品种多。据统计，天然花岗石的品种 100 多种，其中较著名的如福建沿海的泉州白、辉绿岩，山东济南的济南青，河南偃师菊花青、雪花青、云里梅，四川石棉的石棉，江西上高的豆绿色，广东中山的中山玉，山西灵邱的贵妃红，桔、麻点白、绿黑花、黄黑花等。花岗石经过亿万年自然时效，形态极为稳定，不因常规温差而变形，无磁性反应，硬度高，因此精度保持性好。

近年来，中国石材产品的产量逐年上升，2007年出口石材2761万吨，价值34.27亿美元。石材市场的繁荣，吸引国际石材商纷纷投资中国，国内石材企业也积极参与国内外石材市场的竞争。中国的石材市场已经成为国际石材市场中不可或缺的重要力量，在不久的将来，世界石材的生产与贸易中心很可能会从欧洲转到亚洲的中国。

同时我们也要注意到，在中国古代，适用的木材亦非随处都容易取得。"蜀山兀，阿房出"，秦代修建阿房宫，木材就是从千里之外的四川运到陕西的。随着木材的不断砍伐，优良的大木也逐渐稀少，使得后世华北主要地区都很难找到可用之材，以至于要从长江流域大量搬运木材到北方。可见，古代建筑营造并非严格遵循"就地取材"的经济原则。在古代的交通条件下，建筑材料的长途运输是很不经济的，只有当木材的使用意义超越物质层面，进而成为一种执着的文化选择乃至建筑观念中的要素时，人们才会如此不惜人力物力地寻找大木来盖房子。

这种选择与华夏民族古老的价值观息息相关，中国自古以来宗教观念淡薄，从未出现过神权凌驾一切的时代。因此我们祖先有关建筑的基本思考，是从"人本"出发的。建筑既然服务于人，其理性和适度的使用就十分重要。从材料性质上看，木材显然比石材要容易加工得多，用木建造房屋效率更高，耗时更少。既然如此，花费大力气去建造石头房屋就没有多大必要。古代那些试图采用石头造屋的人物，也往往遭到强烈的批评。《礼记·檀弓上》中有这样一段："昔者夫子居于宋，见桓司马自为石椁，三年而不成。夫子曰：若是其靡也，死不如速朽之愈也。"司马桓魋为自己做石棺材，加工了三年还未完成，说明加工石材之不易。而他的这种行为，也遭到了孔子的反对和咒骂，说他这样奢侈浪费，还不如死了快点腐烂的好。可见对于务实的中国人来说，费力气建造石头建筑是奢侈的表现，无法被崇尚节俭的主流价值观所接受。而在西方古代，建筑服务于"神"，应当与神一样永恒，木材不耐久的特性无法满足西方人对建筑永恒纪念性的追求，坚固而不易腐蚀的石材才能得到他们的青睐。

中国传统哲学从未认真看待过永恒这一命题，儒释道三家学说大体上都认为"万物无常"，真正永恒的只有变化。这种常变和循环的观念，使得木材不耐久的特性，对于中国人来说并不算个问题。人是建筑服务的主体，人一直处在不断的繁衍和传播之中。每一代人对建筑物都有不同的需要，建筑也应该新陈代谢，没有必要永久保存经久不变。建筑物破旧了后代会修缮，倒塌了后代会重建，这是一个不断循环，推陈出新的自然过程。我们实在不必去考虑过于久远的未来，能更好更便利地满足当时人的需要更为重要！一条常见的禅宗偈语，准确表达了中国观念：佛法因缘生，缘灭法亦灭。人生短暂，死亡才是永恒的。陵墓建筑在功能上提出了耐久的需求，在意象上更与永恒相关。在中国，这里便成了石材发挥作用的主要场所之一。此外在耐久性要求较高的建筑部件，如铺地、台基、柱础中也曾大量使用石材，由此可知中国传统建筑在材料选择上的理性。

二 石加工技术与艺术

中国古人执着地以木材作为主要的建筑材料，几千年持续不变。经过长期的锤炼，中国古代的木作成就之辉煌毋庸质疑。相比之下，中国建筑在石结构方面的表现似乎不那么高明。曾有不少人认为，其原因在于中国古代有关石材的加工工具和结构技术都不发达。但是对于古代史实稍加考证，我们便不难发现，历史的真相并非如此。

《说文》云："玉，石之美者。"作为生活器物或建筑材料，玉、石之间并无本质差别。一般说，玉的硬度比石更大，因此其加工比石材更为困难，其加工工具的硬度必然超过建筑上加工石材所用工具的硬度。那么我们就从玉开始，来谈谈中国古代的石结构建筑。

早在距今60万年前，北京猿人用水晶制造工具，这是玉器萌芽的标志。新石器时代，中国人开始和玉打交道。迄今发现年代最早的玉器是一对白玉玦，出土于8200年前的兴隆洼文化墓葬，其加工颇为精美（图8-1）。考古学家推测，玉器在此之前已经有较长时间的发展。在黄河中下游的仰韶和龙山文化遗址中，出土过斧、铲、锛等工具形玉器。在辽宁新乐出土7000多年前的蛇纹石石凿，形制为工具，实际上可能不用于生产劳动，说明当时对器物已经有了超越实用的要求。距今5500年前后，菘泽文化有玉璜，红山文化有玉龙（图8-2）、玉鸟、玉龟、玉玦、玉璧等，良渚文化有玉琮（图8-3）、玉璧、玉纺轮及多种动物形玉器，还有不少精细刻绘的兽面、蛙鸟、云雷及人身兽面的复合纹饰玉器。大量的考古发现，表明了我国早在远古社会，玉器加工技术已经发展到一个相当高的水平。

图8-1 兴隆洼文化玉玦

玉器的发达，当然表明了中国古代石材加工的技术水平是很高的。古代文献中常用"玉"或斜玉旁的字来说明石头宫殿的奢华，为我们提供了探寻早期石建筑的线索。《竹书纪年》记载："桀（筑）琼宫，饰瑶台，立玉门。""帝辛受居殷。作琼室，立玉门。"琼、瑶、玉实际上都是指用作建筑材料的石头。文献中的夏代已能以石作为建筑材料，这与考古发现中青铜工具在中原最初使用的时间是一致的。据此我们还可以推测，至迟于商代末年，我们的祖先已具备切割并磨光大块石料的能力。

图8-2 红山文化玉猪龙

图8-3 良渚文化玉琮

将天然石块加工为工具，是人类最早的活动之一，从旧石器时代就已开始，并逐渐积累经验。从岩脉中取用石材进行建筑营造则极为不易，时间也较晚。但在中国，至迟秦代就已能进行大规模的石头开采了。据《史记正义》引《关中记》云："始皇陵在骊山，泉本北流，障使东西流，有土无石，取大石于渭南诸山。"这是文献中最早有关开采大石作为建筑材料的可靠记录。在秦始皇陵西北，考古学家发现了大规模的石材加工场，其南北宽约500米，东西长约1500米，出土遗物有石料、石材半成品以及石加工工具。可见始皇陵使用了数量极大的石料，其内部可能就是一座巨大的石结构宫殿。规模如此庞大的石建筑工程，只靠就地开采和加工是无法完成的。

由于建筑石材的用量之大，其开采和加工必然与金属工具的发展密切相关。汉代冶铁技术进步，铁工具增多，使得优良的石材更易取得，为石构建筑的发展提供了有利的条件。武帝时期，朝廷就曾大量使用高级石材建造宫殿。《史记·封禅书》记载："（建章宫）其南有玉堂、璧门、大鸟之属。"《水经注·渭水》引《汉武帝故事》云："（建章宫）南有璧门三层，高三十余丈，中殿十二间，阶陛咸以玉为之。铸铜凤五丈，饰以黄金。楼屋上椽首，薄以玉璧，因曰璧玉门也。""玉堂"指的是石材建造的殿堂，"璧门"指的是石材制造的门。西汉宫廷之内还设置石结构的藏书室，《史记·太史公自序》中曾经说到："紬史记石室金匮之书。"《史记索隐》云："石室金匮，皆国家藏书之处。"当时的书籍是竹简，为使之保存长久就需要防火。木材当然是易燃之物，选择石材作为藏书室方为恰当。

汉代石构建筑为数不少，除了文献中记载的以外，至今也有若干实物留存。例如建于东汉晚期的山东嘉祥县纸坊镇武翟山北麓的武梁祠，面阔2.4米，进深1.4米，东西两壁、后壁和前后屋顶由石搭建而成。其内部装饰了大量完整精美的古代画像石，是我国最具代表性的一处画像遗存。武梁祠从宋代开始就受到赵明诚、欧阳修等金石学家的重视，今日更成为了解中国古代美术史的重要遗迹。另外还有山东肥城的郭氏墓石祠，全部用青石砌筑而成，结构上还仿木形式；室内正中有八角形的石柱，高0.86米，两端呈斗形；跨度约2.13米的三角形石梁与东

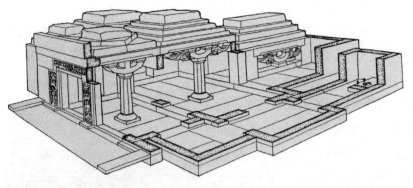

图8-4　沂南北寨村画像石墓

西两柱相连，承载着上部重达 20 多吨的屋顶，并将石祠分为东西两间。当时能将石雕凿成柱、斗及细部等，说明石加工技术水平已经很高；开采中又能制成石条石板，说明已经掌握了劈面以及磨光的方法。在山东沂南县的北寨村，发现东汉末或魏晋时的大型石墓。墓中分前、中、后三主室，加东西侧室共计八室。采用 280 块石料砌成，其中画像石 42 块，雕刻宴饮、百戏、车马、讲学、战争、宅院及历史故事、神话传说等（图8-4）。

图8-5　渠县沈府君墓阙

早期的地面石建筑除了祠墓以外，在四川、河南、山东等地，还存有30多座东汉石阙，如四川绵阳杨氏阙、渠县沈府君阙（图8-5）、雅安高颐墓阙等（图8-6）。它们的结构精确，雕刻细腻，同时详实记录了当时木结构的做法，深具文物价值。又如北京东汉秦君神道石柱（图8-7）和石阙，出土于西郊八宝山。残石包括石柱、柱础、阙顶等，其中一方柱上刻有铭

图8-6 雅安高颐墓阙

文曰"永元十七年（105年）四月卯令改为元兴元年。其十月，鲁工石巨宜造。"石柱通高225厘米，柱身有类似多立克柱式的竖向凹槽，可能受到过同时代罗马多立克柱式的影响。柱的上部有两只螭虎的半浮雕，螭虎盘于柱侧承托柱额，造型极富动感。鲁工石巨宜可能是工匠自己的戏谑式署名，其反读为宜巨石，亦即善于加工巨石者。这件遗构与前述石结构的祠、墓、阙等，共同证明了东汉时期山东石头建筑和雕刻技艺之极度发达，否则北京的小型石作工程何苦劳动千里之外的山东工匠。从全国来看，山东和四川两地在石头技艺上屡有突破，何以如此，尚需深入研究。就已知资料推测，汉代以前，两地凭借地理上的水陆优势，已经率先开展与西方世界的文化交流。与中国的战

图8-7 北京秦君墓神道柱表

国至汉代对应的，是欧洲的希腊和罗马时代。那时的欧洲建筑，正在经历从木到石的根本性转变，其成就之辉煌，众所周知。

郦道元为了注释《水经》，足迹遍布全国，其中有关重要建筑或其遗迹的记述甚多。以下引文，皆与汉魏时期的石结构建筑有关。《水经注·渭水》："磻溪旁有一石室，盖太公所居也。"《水经注·巨洋水》："寿光县有孔子石室，中有孔子像，弟子问经。"《水经注·河水》："龙门崭谷有三石室，因阿结牖，连扃接闼，似是栖游隐学之所，昔子夏教授西河，疑即此也。又子夏陵北有子夏石室，南北有二石室，临侧河崖。"《水经注·江水》："文翁为蜀守，立讲堂，作石室于城南。永初后，学堂遇火，后守更增二石室。"这些文献中记载的石建筑早已不存，依据简单的文字今人也难以复原，但鉴于唐代以前完整的建筑实物几近荡然，对今天的建筑史研究者而言，其学术价值当作充分的估计。

南北朝时期佛教盛行，佛教建筑也蔚为壮观。唐代杜牧《江南春》诗中"南朝四百八十寺，多少楼台烟雨中"，说明了当时佛寺兴建的盛

图 8-8　云冈石窟第 20 窟释迦坐像

图 8-9　云冈石窟外景

况，而实际情况可能比诗中数目有过之而无不及。据统计，在南北朝后期，北魏末年仅洛阳一地即有寺庙 1361 所，全国大约有寺庙 13727 所。西来宗教的盛行，大大促进了石头建筑的发达。此时开凿了大量的佛教石窟，如洛阳龙门石窟和大同云冈石窟（图 8-8，8-9），皆达到了石加工技术以及石雕刻艺术的高峰。石窟寺的开凿需要大量的人力物力，工程量极为浩大。它们都是经年累月长期积累而建成的，在工作量上说，堪与西方的哥特教堂并驾齐驱。这些石头的艺术巨构都是出于宗教力量的驱使，在古代中国一度像彗星那样闪烁。而在中国的大部分时期，由于宗教淡薄为常态，雕刻或建造这样大规模的石头构筑物被视为没有必要。

　　总之，从原始社会到唐代的实例都说明，我们的祖先自古以来就掌握了高超的石头加工技术。我国古代石头建筑广受压抑，绝非因为石头加工工具或技术不发达，而是因为没有必要，不是做不到，而是故意不为之。其间石匠们只能偶尔施展技艺，但也为我们留下了大量珍贵的石建筑和石雕刻遗产。

三　拱券的适应性与优点

　　石材的优点是坚固、耐久和防腐，砖是人造的石头，具有同样的优点。在中国古代，它们大量运用于桥梁和陵墓建筑中。砖与石的抗压能力远远强于抗拉，因而适合用于全部构件皆处在受压状态下的拱券结构。可是拱券通常会产生较大的水平侧推力，必须施以外力与之平衡，拱券结构才能稳定。只有在地面之下，拱券的水平侧推力，才会被大地天然地解决，从而呈现出结构上较大的合理性。早在战国时期，中国工匠就已开始掌握拱券技术，并逐渐运用于地下陵墓中（图8-10）。西汉早期盛行空心砖墓，但由于墓葬制从单棺葬变为双棺葬，空心砖梁板结

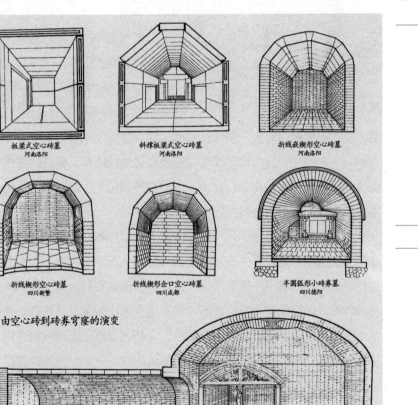

板梁式空心砖墓
河南洛阳

斜撑板梁式空心砖墓
河南洛阳

折线嵌楔形空心砖墓
河南洛阳

折线楔形空心砖墓
四川新繁

折线楔形企口空心砖墓
四川成都

半圆弧形小砖券墓
四川德阳

由空心砖到砖券穹窿的演变

穹窿顶小砖墓　河南洛阳

图8-10　战国两汉拱券

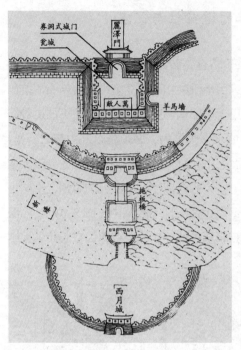

构的跨度必须增大以适应新的要求。然而砖的抗拉能力较差，以其作为梁板极大限制了墓室的跨度。经过一系列的探索，筒拱结构应运而生并逐渐流行，适应于这种结构的小块条砖越来越受青睐。在筒拱结构中，条砖只受到压力，使其耐压性较强的力学特点得以发挥，于是拱券技术在地下陵墓中就不断发展起来。开始时，筒拱结构采用并列拱的构造方式，券与券之间的横向联系较差，使得筒拱的整体性不强。稍

图 8-11　南宋静江府西城门（傅熹年摹绘）

后出现了纵联拱，筒拱的整体性得到加强。到西汉末年，墓室平面由长方形向方形变化，又出现了圆形穹窿及四边结顶结构，但筒拱并没有被淘汰，而是和新型结构并行使用。大约在三国时期，砖拱技术还用于军事地道工程，其遗构近年发现于安徽亳州。

　　中国的砖拱技术较早于地下建筑中普遍使用，很晚才使用于地面建筑，这是由于先民首先在观念上选择了木头而非石头作为优先的建筑材料。只有当木材无法满足防火、耐久等特殊需要时，才会放弃木材而使用砖石。城门洞在北宋以前多为梯形组合木构架承重，从南宋开始才逐步改为砖砌筒拱承重。从南宋到元，火药在军事上逐渐频繁使用，过去的木构架门洞就成为了城墙防御的薄弱部位，坚固耐久的砖石拱券才逐渐推广。早期实例如南宋静江府的城门。为了抵抗蒙古军，静江府曾多次扩建并增加城防设施。从南宋石刻《静江府修筑城池图》中可以发现，静江府的城门洞，除旧城内府治的双门为木构梯形门洞外，其余已经均为砖石拱券门洞（图8-11）。又如元大都和义门瓮城门洞（图8-12）。元末城门由木构改为砖砌筒拱承重，也是为了防御火攻，抵御

图 8-12 元大都和义门券洞

图 8-13 苏州开元寺无梁殿

图 8-14　平遥镇国寺后殿锢窑

当时大规模的农民起义。明代常常建造无梁殿用来存放皇室档案或佛经，整幢建筑完全由砖砌成券洞穹窿顶，没有一根梁柱，遂得其名曰"无梁"。由此名称也可见在以木梁柱体系为主的中国传统建筑中，"梁"所处的重要地位。苏州开元寺无梁殿就是其中一例，它的前身为木构，改建为砖砌的无梁殿，也是用来防火（图 8-13）。南京灵谷寺无梁殿始建于明初，据今约有 600 年的历史，灵谷寺内木构建筑均毁于战火，唯砖砌的无梁殿至今屹立不倒，可见砖石材料的防火耐久优势。在山西，砖砌的无梁殿又称锢窑，其数量甚多，如平遥镇国寺后殿（图 8-14）。

桥梁同样需要坚固耐久，因此石材在古代桥梁中较多使用。早期石桥多采用梁柱结构，其中有可靠记载的是东汉洛阳城东建春门阳渠石桥。《水经注》载："穀水又东屈南径建春门石桥下，桥首建两石柱，桥之右柱，铭云：阳嘉四年乙亥（135 年）壬申，诏书以城下漕渠，东通河济，南引江淮，方贡委输，所由而至……仲三月起作，八月毕成。"《洛阳伽蓝记》卷二中也有记载："穀水周围绕城，至建春门外，东入阳渠，石桥有四柱，在道南，铭玄：汉阳嘉四年将作大匠马宪造。逮我孝昌三年（527 年），大雨颓桥，柱始埋没。道北两柱，至今犹存。"两段对建春门石桥的记载略同，因而十分可信。"仲三月起作，八月毕成"，建春门石桥的施工期只有五六个月，时间不长，且在汛期施工，难度很大。由此推断早在东汉，桥梁施工技术已经很发达。而此桥使用时间长达 380 余年，可见其结构之坚固。

石拱券技术在桥梁上的运用，是中国桥梁建筑得以发展的重要动力。我国石拱桥创建的历史也能追溯很早。在河南新野县北安乐寨村及山东嘉祥县发现的一批东汉画像砖中，刻画了我国早期石拱桥以及桥上车水马龙的生动图景（图 8-15、8-16）。在山东邹城县高李庄东汉墓发现的画像石上，更清晰刻绘了一座相当写实的半圆形重券石桥

图 8-15　汉代画像石无柱拱桥

图 8-16　汉代画像石有柱拱桥

图 8-17　邹城县高李庄东汉墓画像石

（图 8-17）。这批画像砖属于东汉中期的作品，它证明我国至迟在当时已经有了石拱桥。东汉的石拱券墓室与石拱桥出现的时间吻合，这绝非偶然。一定是拱券技术已经发展到一定水平，才会大量地使用。

史料上对石拱桥最早的记载，比较可信的是晋太康三年（282 年）在洛阳修建的旅人桥。《水经注》："其水又东，左合七里涧……涧有石梁，即旅人桥也……凡是数桥，皆垒石为之，亦高壮矣。制作甚佳，虽以时往损功，而不废行旅。朱超石《与兄书》云：'桥去洛阳宫六七里，悉用大石，下圆通水，可受大舫也。奇制作，题其上云：太康三年（282 年）十一月初就功，日用七万五千人，至四月末止。此桥经破落，复更修补，今无复文字。'"这座"下圆通水，可受大舫"的桥，极有可能是石头建造的拱形桥梁。《水经注》中说其"制作甚佳"说明当时的石拱技术已经达到了相当的水平。而从"日用七万五千人"的描述，可见修建石拱桥需要耗费多么大的人力物力。石建筑工程的这一需求，也是其难以在地面建筑中受到中国人普遍青睐的原因之一。当然，石拱券技术运用于桥梁，是材料、功能与结构的完美结合。石头满足了桥梁坚固耐久的需求，而拱券是石头最合理的结构方式。拱券比简支梁的跨度能力要大的多，而且桥身隆起，能很好地满足河道中大型船只通航的需求。这种难以替代的合理性，使得长久以来颇受压抑的砖石拱券技术在桥梁中能开拓出一片天地。

后世的石拱桥作品，至今留存了很多著名的实例。如位于北京永定河上的卢沟桥（图 8-18）、颐和园昆明湖上的十七孔桥（图 8-19）等，在技术和艺术上均有很高成就。更为著名的是河北赵县的安济桥（图 8-20），它大胆地采用了大跨度的弓形拱券，跨度达 37.47 米，矢高不到弧跨的五分之一。全桥纵向有 28 道并列拱券，各券可逐道建造，脚手架重复使用，便于施工。为加强各券之间的横向联系，不使向外倾翻，除了用铁件和横向石条加强券间联系外，又使两头桥脚宽度比桥顶宽度宽 51 ~ 74 厘米，形成类似于木构建筑的侧脚，使各券自然向内挤紧。此河每遇大雨即洪水横流，为增加泄水面，在此桥大券和桥面之间的两肩上各开二孔，称为敞肩拱。这种做法也能够减轻自重，减少工程量和丰富造型的作用。赵州桥建成已距今 1400 年，经历

图 8-18　北京卢沟桥全景

图 8-19　颐和园十七孔桥

图 8-20　赵县赵州桥（安济桥）

了 10 次水灾，8 次战乱和多次地震，都没有被破坏，可见当时石拱券设计与施工的水平之高。

汉代以前，从未有过将拱券结构用于地面建筑之例。后世某些类型的木梁架房屋被砖石拱券所代替，是由于木材易燃且不耐久，导致不得不使用石材来满足建筑坚固防火的需求。而拱券结构能大量使用在桥梁中，由于桥梁并非居住性建筑，与人的关系较远，而且建造桥梁更多的是出于结构和功能上的考虑，石头耐久的性能和拱券结构的跨度优势都能得到有力的发挥。我们反复提到，中国石建筑的低调表现，是文化选择的结果。木构架体系确立其支配地位以后，对材料选择的影响自不必说，在木材能够满足我们的需要时绝不会弃木取石。砖石拱券结构从西汉中期以来一直使用在地下墓室中，逐渐与死亡意向之间发生联系，因而后世将其使用于地面建筑中，自然不易得到人们的普遍接受。

在一定意义上，中国建筑对于拱券结构的排斥倾向，颇有其意识形态方面的涵义。与静态立柱横梁的木结构不同，石拱券自身并非稳定，必须对其施加外力以达到平衡，整体才能存在，因而是典型的动态结构。这种结构实际上是矛盾平衡之后的结果，它被崇尚宁静和谐的民族所拒绝并不奇怪。与此类似的是，在中国早期木构架中曾经发挥较大作用的"叉手"和"托脚"，也于后期被抛弃。在山东金乡东汉初朱鲔石室屋架上，就有仿木形式的"叉手"做法（图 8-21）。结构上，这两种部件与横梁构成稳

图 8-21 山东金乡东汉初朱鲔石室屋架

图 8-22 东汉三折石拱墓

定的三角形。可是尽管稳定，三角形终究难以和谐存在于静态而宽容的立柱横梁体系中。古人将三角形称作"抵牾"，显然意在贬抑其内在冲突之形态。在一定意义上，三角形可被视为拱券的初始形态，汉代筒拱就是由三角形或梯形的空心砖顶（图8-22）发展而来。

四　异类的闽南石构

用木作为主要材料，是中国建筑文化的主流。但在宋元时期的闽南建筑中，情况却大不相同。这里保存着大量唐宋元明清的石建筑和石雕刻，特别是石头建造或雕刻的长桥高塔、佛道造像、印度教寺、清真寺以及穆斯林墓葬等。其壮观和精美程度皆非目睹而不能想象，实为中国传统建筑的一个异类。一般相信，闽南传统文化的主要来源有三：先秦至初唐闽越固有文化的底层积淀，晋唐时期中原华夏文化的有机移植，宋元时期西方文化的强烈影响。而使闽南文化大放异彩且有别于中国其他地域文化的，主要是宋元时期发达的海上贸易所带来西方文化的强烈影响。其中最值得注意的是，闽南于宋元时期正面接受石头作为建筑材料的西方理念，将石头从中国传统中被压抑的状态下解放出来，在建筑和雕刻工程中大规模使用，进而推动石结构技术与艺术的长足发展。

自西晋至唐代，中原石刻艺术在闽南地区已经完成了有机移植。闽南遗存的晋唐墓葬表明，除了石像生自身的形态和技法承袭中原以外，墓室建筑模拟府邸，周围环境力求风水形胜，各方面成就皆与中原形制一脉相承。宋元时期，闽南宗教石刻造像的成就登峰造极，其中有些称之为世界雕塑史上的极品亦不为过。当时海上丝绸之路的空前繁荣，这批石刻必不可免地受到西域文化的影响，然而华夏文化的主体地位并未动摇。闽南没有开凿像西北或中原那样空间深入的佛教石窟，其原因主要在于山体的地质状况。这里遍布的花岗岩硬度很大，即便依就山体开凿摩崖造像，也是耗费巨万的浩大工程。花岗岩良好的坚固耐久性，使宋元闽南雕凿的精美造像，有多座至今保存完好。例如泉州清源山的花岗岩老君造像。整个石像衣褶分明，刀法线条柔而力，手法精致，为宋代石雕精品。为了使造像得到更好的保护，闽南人常在其外建造石室，大大推动了石结构建筑的发展。

从唐代中期开始，随着佛教密宗的传播，中国建筑中增加了一种石刻类型——经幢。五代、北宋时期，经幢的数量愈多，形制愈繁。南宋以后，随着密宗的衰退，一般佛寺中不再建造经幢。其体量通常不大，但因雕刻精美而具艺术价值，又因铭文众多而具历史意义。在中国现存经幢中，唐代遗构极少。而闽南却存有一座唐代经幢的主体部分，还有五代、两宋的完整遗构10余例。这些经幢的建造经过和结构形态表明，它们既与北传佛教的关系密切，又有独具一格的地域特点。

宝箧印经塔是一种形制独特的佛塔。五代十国时吴越王追随古印度阿育王，制作八万四千塔，高仅盈尺，用以藏经或藏舍利。其原型与半球型佛塔同样出自古印度，传入中土后首先缩微成塔刹形式置于楼阁式塔顶部。如云冈北魏石窟中的浮雕塔、济南隋代四门塔。五代所制小型塔近年屡有发现，浙、皖两地尤多，如金华万佛塔地宫一处就出土了15座。两宋时期，在以闽南为中心的东南沿海如同安、泉州、仙游等地佛寺中，出现若干高达5～8米的大型石结构宝箧印经塔（图8-23）。它们的造型与吴越小型塔一脉相承，但尺度急剧增大，雕刻题材极为丰富。其中浓厚的印度色彩，与业已深刻汉化的北传佛教之间形成明显差异，暗示着海上丝路所新近带来的西域影响。

当中土的唐宋两代，西域各国如阿拉伯、埃及、波斯等先后统领于伊斯兰教的大旗之下。随着海外交通的兴盛，各国的石雕刻建筑艺术都对闽南产生了强烈影响。泉州出现过完全由穆斯林自行建造的建筑，西亚、北非或中亚的情调浓厚。明初排外风潮的爆发，使泉州伊斯兰教建筑几乎全部被毁。有幸的是，其中很多建筑以坚固的石头作

图8-23 泉州开元寺宝箧印经塔

为主体材料，遗留至今的断壁残垣，仍然能在中国文物中占据一席之地。泉州也出现过完全由印度教徒自行建造的寺庙建筑，种类繁多。建筑虽于明初全部被毁，但其雕刻精美的辉绿岩石部件，很多得以残存（图8-24）。泉州海交馆收藏的大量印度教石刻，不但是中国独存仅有的文物，而且堪称世界宗教艺术的奇珍异宝。泉州的印度教神庙和祭坛的石雕刻，反映出侨居的印度、锡兰或马

图8-24 泉州开元寺印度式石雕

八儿人的文化传统。然而雕刻工艺则出自泉州匠人之手，反映出了中国匠人的石雕刻的高超技艺。其中常可看到中国传统的图案，如双凤朝牡丹、狮子戏球、海棠菊花、牝鹿教子等。

交通是经济的命脉，修桥铺路是经济发展的必然要求。福建境内河流交错，为了使富庶的沿海地区的相互往来畅通无阻，修建桥梁至关重要。据省公路局统计，福建宋代建成桥梁共646座。在对外贸易最为发达的泉州，桥梁建设的成就尤具代表性。以泉州濒海或近海的五县统计，宋代建桥106座，总长度约50多里。南宋初年达到高峰，仅绍兴三十二年（1162年）就修建了25座。数十座跨江越海的石桥陆续兴建，基本满足了沿海地区陆地交通的需要。洛阳桥"当惠安属邑与莆田、三山、京国孔道"；安平桥位于安海与水头之间，"方舟而济者日以千计"；顺济桥"下通两粤，上达江浙"，石笋桥"南通百粤北三吴，担负舆肩走驉牝"。

两宋时期闽南的建造大型石桥，全部采用了我国传统的梁式结构。建设者们不断总结经验，在地质和水文情况十分复杂的沿海地区，创造了许多结构和施工上的奇迹。总的说来，欧洲古代石桥采用半圆拱券结构，它与中国梁式桥相比各有利弊。半圆拱桥的优点是部件尺度较小、整体承

载力较大，而其下部空间较高，在有舟船经过时十分有利。缺点是鹰架投资较高、整体施工期较长，而其桥面过高过陡在有车马经行时颇为不便，此外拱券自身必然产生的水平推力易于危及桥梁整体的稳定性。相比之下，水平梁式桥完全避免了拱桥的所有缺点。而因闽南内陆溪流短急舟船较少，桥下空间较低并非不利；作为闽南陆上道路的连接部分，梁式桥可以满足承载力的要求；至于石梁过重过大难以运输和安装的问题，也借用舟船得到了十分巧妙的解决。

在中国古代建筑史上，闽南石结构高层佛塔书写了极其灿烂的篇章。无论从结构技术，还是从造型艺术上看，它们都是绝无仅有的成就。两宋时期，正当欧洲高直式建筑登峰造极之时，在海上贸易极其繁荣的背景下，闽南佛塔和欧洲教堂皆为石结构的高层建筑（图8-25），二者之间如果完全没有联系，是很难想象的。关于泉州宋塔石构件加工技术的认识，目前学者之间也存在较大分歧。技术史专家

图 8-25 泉州开元寺东塔

图 8-26 泉州开元寺东塔局部

大多局限于僵化的文献范畴，认为中土既然没有足够硬度的加工工具，则泉州宋塔只能采用石头对磨的加工方式。可是只需亲眼看一次建筑实物，人们立刻就可明了这一说法纯属无稽之谈（图8-26）。

闽南曾因石结构建筑艺术和石雕刻造型艺术的成就，在中国古代纷繁绚丽的地域文明中异军突起，显示出与众不同的独特性格。它们极其雄辩地证明，古代中国有足够的经验和技术来加工石材，并建造石结构建筑。主流文化对材料的认识和选择，才导致了木材一直以来都占据着统治地位。使得我们的祖先即使有着加工石材并建造石建筑的能力，也很少有机会施展才华。而在受主流文化影响较小的闽南，石头建筑便从传统文化的压抑中解放出来，书写出绚丽的篇章！对于中国人来说，建造伟大的石头构筑，非不能也，是不为也。我们不必对欧洲哥特大教堂的宏伟壮丽望洋兴叹，对于我们来说建造这样伟大的石头建筑也绝非天方夜谭，只不过我们的文化让我们选择了木材作为主要的建筑材料，并且使中国传统建筑以一种适度而节俭的姿态呈现在世人眼前。

【附录】

一．参考阅读

1．傅熹年：《中国科学技术史·建筑卷》（北京：科学出版社，2008，第266页）：

当砖石拱券结构在东汉后期逐渐发展起来时，木构架和土木混合结构已有近千年的历史，达到相当高的水平，已经可以满足当时社会、经济条件下的种种需要，而且有就地取材、加工简易等优点。砖石结构房屋则除有烧砖采石、支模砌筑、平衡拱券推力等问题外，其发展初期建筑跨度也受到限制，故无法和木构及土木混合结构分庭抗礼，更无可能取代它。

砖石拱券结构始终不能成为中国古代建筑中的主流还有另两个不容忽视的重要原因。其一是在形成千年以后，用木构或土木混合结构所建宫殿已经和当时的礼法制度和社会习俗密切结合，形成只有这样建造（包括形式、结构、装饰）才符合宫殿、官署和邸宅体制的传统观念，而这在崇尚礼制的王朝中恰恰是最难于突破的。其二是中国古人内心并不真正相信永恒。"易"的根本精神是变化；战国以后已出现的五行德运循环之说；汉以后又产生了"自古及今，未有不亡之国也。……世之长短，以德为效，故常战栗，不敢讳亡"等观念，逐渐成为大家默认的共识。新皇帝即位，臣下在山呼万岁的同时，立即着手为他建陵墓，而陵墓虽号称万年吉地，却又承认陵谷变迁、沧海桑田这条不易之理，就是明显的例证。所以古人在永恒与现实之间更重视实在的现实和实际的享受。秦汉以来，大的宫殿大都在三数年内建成，大的殿宇一年内即完工。地皇元年（公元20）九月王莽建九庙，三年（公元22）正月即落成，历时仅16个月，这速度在今天看都是惊人的。其间，使用土木混合结构、木构架并能同时使用大量人力是关键。这就是说，为了及时建成、及身享受，当时宁肯要非永久性却可速成的建筑而不取费时多的永久性建筑。砖石结构建筑不能速成，是它不能取代木结构的原因之一。

2. 中国科学院自然科学史研究所主编：《中国古代建筑技术史》（北京：科学出版社，2000，第177页）：

既然我国在汉代已掌握起拱技术，那么为什么那时的城门洞不使用筒拱而迟至南宋才开始运用呢？这首先是攻城火器的发展从而对原有的城门洞顶盖结构产生威胁所致。其次是起拱的施工技术之改进，要在高大的城门洞上起拱无支模施工是不可想象的。

在南宋以前，城门洞的梁柱承重方式并未引起防御上的很大问题。但自南宋末到元代火药在军事上的运用日益频繁，攻城火器的进一步运用，使城门洞上的木架结构成为防御上的薄弱部位，所以改用耐火、坚固的砖砌筑筒拱城门洞。另一方面我们从元大都和义门上防火攻城门的灭火设备的设置上，也能印证当时城门洞由木架结构改变为砖砌筒拱结构的上述原因。

二．思考题

1．中国古代建筑执着地使用土木，有何文化上的深层原因？

2．如何评价中国古代的石建筑成就？

3．闽南石建筑发达的主要原因是什么？

第九讲
阙与观的虚实之辩

在中国古代建筑中，"阙"与"观"是两种源远流长的重要类型。它们的结构相同、外观相似，但又存在着本质差异，一虚一实，关系十分微妙。概言之，"阙"的功能与形态随时间推移而不断变化，"观"的功能与形态则始终稳定。从物质层面上看，它们的主要特征都是华美壮观，因而具有很大相似性。可是我们显然不能在二者之间划上等号，原因在于"阙"与"观"的布局方式和精神功能完全不同。用今天的话说，中国传统建筑也由硬件和软件两大部分组成。硬件所指为物质的建筑单字，它是必不可少的；软件所指为将单字组织成建筑综合体的词法和句法，它的作用更大，至今仍然发挥着不可或缺的作用。

长期以来，学界常有人谈论所谓"汉阙"，以为阙是东汉建筑的典型。经过深入细致的探索，我们认为，这种说法其实是个误解。事实上，现存汉阙大多是实体阙的砖石模型，其原型是春秋至秦汉时期宫城前面成对出现的土木门观。东汉时厚葬风潮大兴，人们事死如事生，于是纷纷在墓道前设石阙以增庄严。及于今日，西汉以前土木结构的原型早已湮废，惟有这些不朽的石构模型仍极力炫耀着前世的辉煌。中国早期建筑的物质遗存虽然薄弱，然而中国是个文献极其丰富的大国，作为文化载体，文献的价值实远甚于建筑实物。从文献出发，结合考古发现，我们就不难明白，西周以前的阙并非实体，而是指城垣缺口的虚空，但这一点往往为人所忽略。

东汉以后，两观式阙渐渐淡出。承其余绪者：一为城楼，一为柱表；又衍为午门，变为牌坊，在中国建筑史上煌煌大观。这些显性的物质成就，早已为中外学者所注重，然而究其形制而外，关于阙与观、虚与实的深层原因少有探讨。不少专家为了论证中国古代建筑的辉煌，年复一年殚精竭虑地搜求遗留至今的实物，迄今也已获得粲然可观的成果。可是事与愿违，物质的中国建筑与欧洲建筑相比，仍旧显得底气不足。同时中国古代建筑精神文化的璀璨遗产，却很少受到关注。当代中国的建筑学，无论从理论还是从实践上说，长期都在亦步亦趋地跟随欧美。这种可悲的尴尬处境，当然也跟建筑学重实物轻思想的俗套不无关系。在本文中，我们希望通过针对阙的相关研究，了解中国建筑发展的早期脉络，进而上溯古制，旁及以"司空"为代表的工官变迁，探寻早期建筑的虚虚实实，进而尝试对中外学界素来膜拜的老子空间说进行深入解析。

一　先秦阙的由虚而实

大约从东汉起，由于实体建筑的异化，学界有关"观"与"阙"的解释就众说纷纭、莫衷一是。在中国早期文献中，"阙"被解释为穿、凿，是个动词，跟今人所关注的建筑意义上的"阙"并不相同。《左传·隐公元年》云："阙地及泉。"《国语·吴语》："阙为石郭，陂汉，以象帝舜。"注："阙，穿也。"察"阙"之字形，必与门有关。又"门"内纳一"欮"字，《玉篇》："欮，掘也。一曰发也，穿也。"我们可以推测，本来作为动词的"欮"，在与门发生关系后，才成为专用名称"阙"。而这种所谓的"阙"是如此重要，以至于后来居上，反被借以表达"欮物使缺"的古意，这一变化耐人寻味。在字书中我们还能见到"阙"的另一种写法，"门"内纳一"缺"字。关于这种字形的起源，则不甚了了。但不管是"使缺"还是"缺"，"阙"之与"缺"通，成为我们追溯"阙"的起源之关键所在。

《诗经·郑风·子衿》："纵我不往，子宁不来？挑兮达兮，在城阙兮。"清马瑞辰《毛诗传笺通释》注："阙者，欮之假借。《说文》：'欮，缺也，古者城阙其南方谓之欮。'"这一解释虽已浸入后世礼制的内容，但它点明了"阙"与"缺"之间的联系，从而为我们推究"阙"之古貌提供了线索。有完整才有缺，所谓"阙"者，大概并非"城阙其南方"之专有名词，若究其根源，不可不溯源中国"城"（Walled City）的悠久传统。考古发掘表明，与我们今天习见的古城不同的是，华夏文明早期的环壕聚落并没有城门及城楼之设置，仅留出缺口以备出入。早期筑城的主要目的在于防洪保民，设置城楼这种强守御、壮观瞻的建筑并非必要。而且以当时的技术水平来看，尚难制作足够承托城楼之巨大荷载的大跨度水平构件。因此作为入口的"缺"，不能像后期城门那样具有醒目的标志。早期城址平面的主流形态从圆形逐渐演变为方形，功用之一也许就是方便定位。当物质文明逐渐扩张，贫富差别开始加大，防御外敌入侵成为居民的重要事项后，在城墙缺口处设置岗楼类的建筑物就成为当然之选。河南龙山时代的平粮台古城，可能是最能说明这种变化的早期例证，在其土墙的南面缺口处，建土坯房两座，中央夹峙宽仅1.7米的过道，显然出于防御方面的考虑（图9-1）。

以此为契机，"阙"的所指从虚空转向实体就成为可能，这种实体最初存在的形态可能就是新石器晚期其貌不扬的土坯房。要想成为后世认可的高大华美的"观"，则尚需时日。堆土的高台最初大约出现于新石器中期的南方，为了能在洪水骤然到来之际迅速填满城门处的缺口

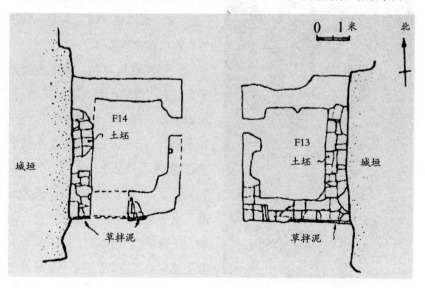

图 9-1　淮阳平粮台南城门

（阙），必须在其附近预先储备分量足够的土方。当土台与木构房屋结合之后，一种新的建筑形式就应运而生。建筑意义上的"台"大约出现于夏、商两代，其功能多样。史载夏桀曾把商汤囚之于夏台，《史记·越王句践世家》云："汤系夏台。"相传商纣王曾把周武王囚之于鹿台，鹿台又名南单台，高大坚固，还可用于藏宝。《尚书·武成》："散鹿台之财。"《史记·殷本纪》："纣厚赋以实鹿台。"《新序》："纣为鹿台，十年乃成。"

　　春秋时期高台建筑流行，"观"应当就是其小型化的结果（图 9-2）。"观"被置于门洞两侧之时，它与"阙"之间的长期纠缠就此开始。据《古今注》的说法："阙，观也，古每门树两观于其前，所以标表宫门也。其上可居，登之则可远观，故谓之观。"《尔雅·释宫》："观谓之阙。"注："宫门双阙。"这个解释反映了汉代人对于"阙"的认识，当时"阙"由虚到实的转变业已完成。随着技术的进步，门缺处两侧的实体建筑"观"作为门的显著标志，大概免不了会在联想"阙"的时候浮现出来。久而久之，"观"、"阙"二者的所指逐渐混淆。以至于出现了"双阙"的提法，"双阙"实由"两观"而来；可是仅仅一个"双"字，最终将"阙"务虚、"观"务实的本意抹煞殆尽。

　　大约在春秋时期，两观成为天子宫城方可使用的最高级建筑类型。随着诸侯、卿士们称霸专权，社会礼崩乐坏；天子式微，建筑礼制多遭僭越。《春秋公羊传·昭公二十五年》记载："告子家驹曰：季氏为无道，僭于公室久矣。吾欲弑之，何如？子家驹曰：侯僭于天子，大夫僭于诸侯久矣。昭公曰：吾何僭矣哉？子家驹曰：设两观，乘大路。"

图 9-2　燕下都战国中期青铜观

城门是城市防御的重点位置，除了通常的设施以外，在洞口的两侧局部加厚墙体或增筑土台以延长门道的深度，显然有加强防御的功能。考古发现，临淄齐故城小城东门（图9-3）采用了局部加厚墙体的做法，曲阜鲁故城南门（图9-4）则采用了增筑土台的做法，从而使两处城墙的城门部分向外侧凸出。如果当时在其凸出的土台之上营造木构建筑，两观随即实现。

鲁故城南门两侧增筑土台的做法，形成军事上所谓掎角之势，十分有利于防卫。这种凸出的土台如果从城门两侧移至墙外别处，则为马面。直到两千多年后，我们还能依稀看见它的身影。河北怀来鸡鸣驿城，明成化八年（1472年）筑土垣，今实测周1884.7米，墙身高10米，底宽7米，顶宽4米。四周设多座马面，又称墙台、土牛，西面有2座夹持城门，形成门阙状；隆庆四年（1570年）在墙面改为砖砌的同时，"重券东西城门，越城、越楼各二座"。"越城"当为门洞两侧的马面（图9-5）。

两观的威严并非开始即达颠峰，其重要性的提升，经历了一

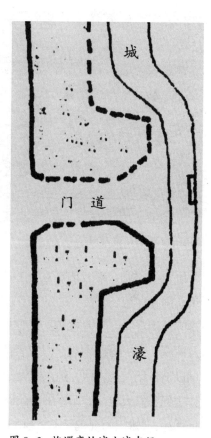

图9-3　临淄齐故城小城东门

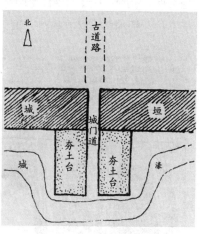

图9-4　曲阜鲁故城南门

图9-5 鸡鸣驿城西门

个缓慢的过程。春秋时，在有些人眼中，观不过是立于门侧的附属建筑。据《春秋公羊传·定公二年》记载："春，王正月。夏，五月壬辰，雉门及两观灾。其言雉门及两观灾何？两观微也。然则曷为不言雉门灾及两观？主灾者两观也。时灾者两观，则曷为后言之？不以微及大也。何以书？记灾也。秋，楚人伐吴。冬，十月，新作雉门及两观。其言新作之何？修大也。修旧不书，此何以书？讥。何讥尔？不务乎公室也。"何休注："雉门两观皆天子之制，门为主，观为饰。"

观的设置突破了礼制约束后，势必沿着"高台榭、美宫室"的路径发展。《韵会》云："阙，《说文》门观也。盖为二台于门外，作楼观于上。上圆下方，以其悬法，谓之象魏。象治象也，魏者言其状巍巍然高大也。使民观之，因谓之观。两观双植，中不为门，阙而为道，故谓之阙。"巍巍然高大的观终于摆脱从属于门的卑微地位，成为新兴王侯们要着意表现的"阙"（图9-6）。

对称立于入口处的两观，就是门阙。当高大华美

图9-6 成都扬子山墓汉画像砖门阙

的观对峙于门的两侧，其自身先前的防御或瞭望的功能和意义趋于弱化。作为入口的"阙"被两观强化以后，其自身的功能和意义却得到强调并丰富。及至后世，阙、观之间的虚实之别已全然模糊，阙更被许多附会许多想象，甚至具有某种含蓄载道的功能。依《古今注》的引申："人臣将朝，至此则思其所阙多少，故谓之阙。其上皆丹垩，其下皆画云气、仙灵、奇禽、怪兽，以昭示四方焉。"可以说，一种建筑类型的完善，总是从简单的物质构造和功能开始，逐步衍生出复杂的形态及其相应的观念。至"阙"而"思其所阙"，虽是穿凿附会，竟然盈溢诗情；以"阙"起兴，激发人的内省真的很精彩。人都难免于虚妄，于此至少可暂削其桀骜之气；执礼愈恭之时，持论愈平，阙的蕴涵从此超越了其建筑本身。

二　秦汉阙的辉煌

大约在战国后期的秦国，洋溢着高贵气息的阙最终取代了单纯高耸的观。虽然受到赵良的合理批评，但商鞅（约前390—前338年）主持建造"冀阙"无疑成为秦国崛起的标志性事件之一。《史记·秦本纪》记载："（孝公）十二年（前350年），作为咸阳，筑冀阙，秦徙都之。"正义："刘伯庄云：'冀犹记事，阙即象魏也。'"《史记·商君列传》索隐："冀阙即魏阙也，冀，记也，出列教令，当记于此门阙。"秦时是否已经有前述"象魏"之说，暂且不论，我们所属意者乃是这座建筑竟然能与咸阳城并举。咸阳作为都城，《三辅黄图》云："自秦孝公至始皇帝、胡亥，并都此城。"冀阙当时被用以标示咸阳宫，甚至借以指代咸阳城，后世常有此种用法。如岳飞《满江红》云："待从头收拾旧山河，朝天阙。""天阙"就是指皇宫或宫城。

上世纪70年代中叶后，在渭河北岸秦咸阳宫殿遗址区，发掘了一号宫殿遗址。遗址东西长60米，南北宽45米，台基高出地面6米，在今咸阳市窑店镇牛羊村北原上，地跨牛羊沟东西两侧，平面呈"凹"字形。这座宫殿亦可以被看作是一对由跨越谷道的飞阁连成一体、东西大体对称的"两观式阙"。有些学者相信，这就是冀阙。这种建筑做法可能滥觞于齐鲁地区，商鞅对赵良夸耀自己的功勋即言："大筑冀阙，营如鲁卫矣。"秦虎视天下，咸阳宫阙的象征意味亦得到强化和彰显，冀阙不过是始皇帝"写放六国宫室"的先声。

秦咸阳的城垣迄今未被发现，若果属子虚乌有，冀阙的意义更加重大。它直接导致了秦始皇引天地为己用，以阿房宫前方的两座山峰为阙。《史记·秦始皇本纪》记载："（阿房）东西五百步，南北五十丈，上可以坐万人，下可以建五丈旗。周驰为阁道，自殿下直抵南山，表南山之巅以为阙。为复道自阿房渡渭，属之咸阳，以象天极，阁道绝汉抵营室也。"从秦代开始，"天阙"成为中国古代都城规划中重要的组成部分。"表南山之巅以为阙"，这种巧夺天工的借景手法，成就了无比的壮观。它对后世建筑有深远的影响。

东晋定都建康之初，厉行节俭，即仿效秦朝手法，以城南牛头山双峰虚指为阙；直到梁朝，才着手于宫门之外建造对峙的两观式实体门阙。沈约《上建阙表》云："昔在有晋，经创江左……万雉之外，两观弗兴，空指南峰，县（悬）法无所。世历三代，年将二百。"（天监七年，508年）诏作神龙、仁兽阙于端门、大司马门外。"

秦始皇多次巡游东陲，在山海关一带树立帝国东门的形象，并刻石立碑。《史记·秦始皇本纪》记载："始皇之碣石，使燕人卢生求羡门、高誓。刻碣石门，坏城郭，决通堤防。"近年考古学家在辽宁绥中止锚湾和河北秦皇岛金山嘴两地，掘出秦代宫殿遗址（图9-7）。"金山嘴，止锚湾两地相距30公里，均处于伸向海中的两处小海岬的尖

图 9-7 绥中黑山头秦汉宫室

端，左右对峙连成一线，由此往东南直对旅顺的老铁山和山东荣成的成山头。"三点恰好连成一条长达 300 多公里的直线，将渤海湾严密地封锁起来。

汉承秦制，宫阙成为都城长安的重要标志，城内北阙更是文武大臣奏事献捷之所。《汉书·高帝纪》记载："二月，至长安，萧何治未央宫，立东阙、北阙、前殿、武库、太仓。"颜师古注："未央殿虽南向，而上书奏事谒见之徒，皆诣北阙，公车司马亦在北焉。是则以北阙为正门，而又有东门东阙。至于西南两面，无门阙矣。"《关中记》："未央宫东有青龙阙，北有玄武阙，所谓北阙者也。"（图9-8）

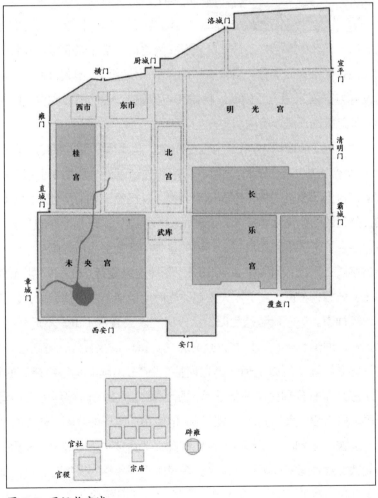

图9-8　西汉长安城

图9-9 东汉初陶楼门观

西汉中期，在成就辉煌的文治武功之后，朝廷对于建筑方面制度性的约束趋于松弛，使门阙建筑逐渐成为炫耀财富或权势的工具。贵族们开始于其府第入口的两侧，建造对峙的楼观。西汉时的实物早已不存，可是在东汉初年出土的墓葬明器中，则可见大量的陶质模型（图9-9）。这种做法与先前在其府邸内院独立设置的楼观相比，防御效果未必更好，但气势非凡。我们有理由相信，当两观升华为双阙之时，它们的防御功用趋弱，而礼仪意义则大大加强。讲求奢华的风气很快蔓延，不久以后，一般官员及地方豪强也用上了门阙。扬雄《卫尉箴》云："阙为城卫，以待暴卒。国以有固，民以有内。"

西汉时，门阙不但用于尘世的阳宅，也用于冥间的阴宅。在西汉的11个帝王中，除前期的高祖、惠帝和文帝以外，后期8个帝王的陵园都在封土四周筑围墙，每面设以门阙。从已经发掘的几处汉陵遗址来看，陵阙的结构是上木下土。上部木构坍毁以后，只有下部的夯土残基留存至今。帝王事死如事生，死后的墓地经营取法生前的国都，阙自然会被移植入陵园设计中。武帝以降，厚葬之风盛行。《汉书·霍光金日磾传》记载："（霍光妻）太夫人显改光时所自造茔制而侈大之，起三出阙，筑神道。……茂陵徐生曰：霍氏必亡。夫奢则不逊，不逊必侮上。侮上者，逆道也。在人之右，众必害之。霍氏秉权日久，害之者多矣。天下害之，而又行以逆道，不亡何待！""三出阙"是等级最高的阙，其形态是左右分别由高往低跌落两阶。霍光于武帝时被拜为大司马大将军，后历昭、宣二朝，大权独揽。但使用三出式的墓阙，依然有"侮上"之嫌。昭帝时，朝廷召集各地贤良文学到京城，与御史大夫桑弘羊就盐铁官营等国家政策展开辩论。在对比古今葬俗的得失时，贤良文学对厚葬风气痛心疾首："今富者积土成山，列树成林，台榭连阁，集观增楼；中者祠堂屏阁，垣阙罘罳。"

东汉时出现仿效木结构样式的石阙，就功能而言大多是礼仪性的墓阙（图9-10），其中最低的只有2米多，最高的不过7米。四川现存的石阙最多，实物以外还可见之于画像砖（图9-11）；山东、河南的数量次之。三地石阙的形制各异，可能从一定程度上反映了先前木结构楼观的地区差异。就仿效木结构的深度上看，四川最具体细致。这一点除了说明四川地区具有较高水平的石材加工水平外，我们若反推其木构，或许表明四川的木结构楼阁当时已经成熟定型，并在全国处于领先地位。在顽石上执着地模仿木构的做法，甚至与石头的本性相背离，可见建筑用材当以木为本的信仰已经根深蒂固。相比之下，鲁、豫两省的石阙似乎更符合石头的材料本性，如在嵩山太室阙和少室阙上，就看不出四川石阙那么繁丽的仿木雕琢。由此推测，南方的木构技术的确较北方先进，经过无数次南风北渐之后，逐步确立了木构在全国的独尊地位。由汉阙的具体做法来看，我们可以大致了解那一时期建筑的演化过程。

独立的观，始终具有瞭望和守卫的功能，因而并未骤然退出历史舞台。秦汉时在各地设"亭"，"亭长"的主要职责是维护治安，兼理过路官吏的迎来送往。西汉时全国有亭近三万处，大率十里一亭。从东汉雕刻题材看，亭的建筑形式与观相似，原因在于二者的功能接近。四川、河南出土的画像砖中多有这类图案，在亭前或两观之间，亭长作双手捧盾或拥慧状。

图9-10 雅安高颐阙全景

图9-11 彭县东汉墓画像砖门阙

图 9-12 北大小东门门阙

汉代两观式的门阙，简化以后则为大门两侧的墩柱，由于经济、实用且不失美观，其生命力极其顽强。时至今日，我们尚能在很多地方看到它的身影（图 9-12）。

三 阙的后期流变

随着建筑结构的进步，作为宫廷门户的阙，逐渐演变成壮观的城楼。隋朝于宫门之上建城楼，城楼与两侧阙楼之间以曲廊相连，形成一种环抱状的凹字形围合。据杜宝《大业杂记》记载："（隋东都洛阳宫城正门）则天门两重观，上曰紫薇观，左右连阙，阙高百二十尺。"唐长安大明宫含元殿遗址的发掘结果表明，主体宫殿的布局方式与东都则天门相同，主殿与两侧阙楼之间有廊庑连接，形成内凹环抱状（图 9-13）。大明宫麟德殿一层平面复原图，与此类似（图 9-14）。这种可能滥觞于秦咸阳宫的建筑形制，在都城发展史上占有重要地位。

宋代沿袭隋唐格局，汴梁宫城的正门为宣德门，其前方形成凸字形广场。在宣德门内，前后建大庆、紫宸两组宫廷。从辽宁博物馆

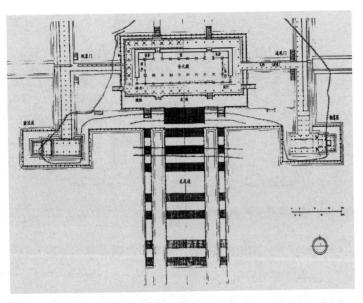

图 9-13 唐大明宫含元殿平面复原图

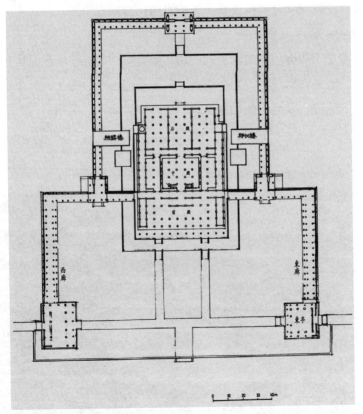

图 9-14 大明宫麟德殿一层平面复原图

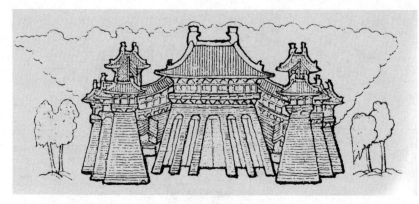

图 9-15 辽宁博物院藏宋代铜钟所镌宫阙图

藏北宋铁钟浮雕上，可以清晰看出宣德门宫阙的做法（图 9-15）。中央是城门主楼，下部开五个门洞，上部为带平座的七开间庑殿顶建筑，主楼两侧有廊屋通往两侧朵楼，朵楼又向前伸出廊屋，直抵前部阙楼。建筑史学者依据资料所作的宣德门宫阙复原图，与此十分相似（图 9-16）。

着重于防御功能的两观式门阙，随着时间的推移渐渐从历史前台淡出。但是它始终不曾完全消逝，只是形态上有所变化。其生命力是如此的旺盛，以至于如果从春秋末年开始计算，迄至今日，大约已经存在了 2500 年。明清两代作为紫禁城正门的午门，可谓历代相沿之宫

图 9-16 北宋东京宫殿鸟瞰（傅熹年绘）

图 9-17　明清故宫午门南面

阙的绝响。

明清午门又称午阙，是紫禁城四座城门中最大的一座，始建于明永乐十八年（1420 年），清顺治年间重修，通高 35.6 米，平面呈"凹"字形。北部中央的主楼面阔九间，重檐庑殿顶；东西城台从门楼两侧向南排开，成环抱状（图 9-17）。午门广场东西两侧的门又称"阙左门"、"阙右门"。明清《会典》中关于宫城午门各部分的称谓，更令人感叹中国传统的源远流长。"午门，在皇极门（清顺治二年改称"太和门"）金水桥南，中三门，镇以两观。门、观各有楼。""（顺治）四年，建阙门，曰午门。翼以两观，中三门，东西为左右掖门。""午门三阙，上覆重楼九间，南北彤扉各三十有六。左右设钟鼓明廊，翼以两观，杰阁四耸。左右各一阙，西向者曰左掖，东向者曰右掖。"

午门俗名"五凤楼"。从唐开元年起，至五代及宋，洛阳宫城正门都叫做五凤楼。宫廷午门之渊源十分久远，其组合方式更对民间建筑产生重大影响。在福建永定县及其周边地区，一种明清遗留的集合式民居颇受尊崇，其状貌类似宏伟的贵族府邸，这就是当地俗称的"五凤楼"。它们通常选址于前低后高的坡地上，主楼居于支配性地位，侧屋于两翼层层跌落，外观若凤凰展翅（图 9-18）。在我们看来，虽然没有金碧辉

图 9-18　永定高陂五凤楼

图 9-19　唐高宗武后乾陵

煌，但其气势之雄伟、形式之丰富并不逊于宫廷的午门。

　　作为帝王陵墓前方的礼仪之门，两观式的阙可上溯至秦代，西汉因之，随后逐渐流于民间，东汉时已遍布华北及四川。同时在陵墓神道的两侧，由于受到随佛教而来的西方艺术的影响，多设石兽、石像生等，这种使神道得到强调的做法，持续直至明清。魏晋以后，墓阙复归于帝王陵墓专用。唐乾陵因山为陵，又将南面的双乳峰视为天然墓阙，神道

图9-20 唐懿德太子墓羡道

于其间穿过，视觉效果较秦汉"方上"更为壮观。此外，在乾陵园区的四周，另有四对人工建造的两观式阙位于陵门之前（图9-19）。唐懿德太子墓不在地面设置门阙，而将其详细描绘于地下墓道中（图9-20）。五代时，帝陵墓阙仍在建造，《五代史·张全义传》记载："庄宗灭梁，欲掘梁太祖墓，斲棺戮尸。全义以为梁虽仇敌，今已屠灭其家，足以抱怨，剖棺之戮，非王者以大度示天下也。庄宗以为然，铲去墓阙而已。"北宋时在巩县宋代帝陵前设置东西对峙的鹊台和新台，仍为先前陵阙的变体。

四　华表与牌坊

总的说来，秦汉以来阙呈现两方面的发展，一方面走向宏伟壮观的城楼组群建筑，前已述及；另一方面为纤巧细腻的成对华表所取代。华表本是一种独立的柱状物，相传在尧舜时代就已经出现，最初作为识别道路的标志，称作"华表木"或"桓表"。另外也用于刻写意见，因此又叫"诽谤木"，相当于现代的意见箱。大约从东汉开始，华表渐渐作为两观式阙简化后的替代物成对出现。从东汉和南朝的遗构看，当时华表的构件配置和细部造型可能都曾受到随佛教东渐而来的西方影响。

在四川等地出土的大量东汉砖雕门阙图案上，人们发现两观之间有了结构上的过渡性联系。其形态各异，但通常与门屋相似，上为檐盖，下为门扇。魏晋以后，在成对柱表的顶部出现横向连系的构件，这可能就是牌坊的起源。南朝梁《玉篇·门部》云："在左曰阀，在右曰阅。"阀是大门左边的柱子，阅是大门右边的柱子，这种形制与《营造法式》中所载"乌头门"非常类似。面临通衢而开设大门，是门第门阀

图 9-21　明十三陵牌坊嘉靖

图 9-22　清东陵入口望柱

图 9-23 北大西门内主楼前华表

的来源，标志着上层贵族的特权。刘敦桢先生在《牌楼算例·绪言》中说："（牌坊）与'坊'之一字，关系最切。考古代民居所聚曰里，里门曰闾，士有嘉德懿行，特旨旌表，榜于门上者，谓之'表闾'。魏晋以降或云坊，其义实一。"可见坊门是牌坊的直接来源，牌就是坊门上旌表贤达的牌匾。梁思成先生在《敦煌壁画中所见的中国古代建筑》一文中，以敦煌北魏石窟中的阙形壁龛为据，推测北魏时的连阙经过发展之后，"就成为后世的牌楼"。

　　逮至明朝，牌坊已经大体上取代了阙的位置。方以智《通雅》云："士夫阀阅之门，亦谓之阙。唐宋敬则以孝义世被旌显，一门六阙相望。又杨炎祖哲，父播，三世以孝行闻，门树六阙。阙言额也。"在明十三陵的陵园入口处，可见石牌坊一座（图9-21）；在清东陵入口处，可见望柱一对（图9-22）。明清时期，柱表或牌坊，成对位于群体建筑轴线两侧，成为划定界域或烘托气势的重要陈设。在中国城乡的很多地方，我们都能发现那一对体量不大的身影，物质上的价值不大，却给人以深刻印象，其建筑艺术上的成就堪称巧夺天工（图9-23）。

五　阙与司空

　　从外在形式看，观是一种独立的单体，阙是由两座单体相隔一定距离组合而成的群体。就建筑的物质意义而言，二者似乎并无区别，它们或为土台之上的木构楼榭，或为全木结构的整体高楼（图9-24）。但从建筑的整体意义而言，无论观的结构如何变化，其实体的使用功能自始至终未曾大变；阙则不同，它最初仅为虚指，但经过长期的演化之后，转而指向标志性极强的实体两观，同时使得意味深长的"轴线"得以强化。换言之，观的变化很小，只有物质层面的简单涵义；阙的经历复杂多样，从而拥有物质和精神两个层面的涵义。如果用简图表示，观很像太极八卦图中的阳爻，阙很像两根阳爻合成的阴爻。前者的壮观显现于具象的高大，但仅此而已；后者的威严则隐藏于抽象的虚空之中，意蕴含蓄高深莫测。如同在中国的山水画中，画家刻意留下空白部分的美学价值绝不亚于画笔用力涂抹的点、线、面。

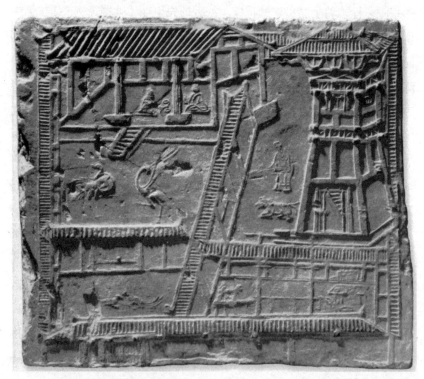

图9-24　成都扬子山墓汉画像砖楼观

虚空，是中国文化也是中国建筑的根本要素之一。早在 3000 年前，先哲总结北方民众长期在崖壁上挖掘窑洞的经验，对于虚空的本质意义似乎已了然于心。传说箕子授武王"洪范九畴"，已有"主空土以居民"的"司空"之创设。《道德经》云："埏埴以为器，当其无，有器之用。凿户牖以为室，当其无，有室之用。故有之以为利，无之以为用。"老子的语录，中外建筑师都很喜欢引用，但是解读未必一致。我们认为，老子及其以前有关空间的概念，都出自黄河中游地区以穴居为主要居住方式的远古事实。在这一段颇具思辩性的话语中，老子着力追寻实体与虚空这两个概念的相对关系，实体的形态必须满足虚空的要求，虚空的意象则完全由实体所决定。"有形"的实体使"无形"的虚空得以界定，"无形"的虚空赋予"有形"的实体以功能上的意义。

夏商时期的文献不足，但依据考古发现，可知在文化中心的黄河中游地区，窑洞仍是主要的居住性建筑。"郁郁乎文哉"的周代为孔子所推崇，当时的制度设计中就含有"虚空"的要素。朝臣中地位最高的三公是：司马、司徒、司空。传说禹曾经担任过舜的"司空"，职守是"总百揆"，相当于"冢宰"。《论语·宪问》云："君薨，百官总己以听于冢宰。""司空"一职相当于后代的宰相，一人之下，万人之上。春秋时晋、鲁等国有大司空之设置，主管土木工程。孔子在就任大司寇之前，曾短期就任大司空的副职小司空。据《孔子家语·相鲁第一》记载："于是二年，定公以为司空。乃别五土之性，五土之性一曰山林二曰川泽三曰丘陵四曰坟衍五曰原隰而物各得其所生之宜，所生之物各得其宜咸得厥所。""司空"篇原载于《周礼·冬官》，后"冬官"佚失，西汉武帝时，河间献王刘德取《考工记》补入。一般认为，此时"司空"的地位有所下降，其职守是"掌邦土，居四民，时地利"，相当于现在的建设部部长。汉成帝绥和元年（前 8 年），改御史大夫为大司空，性质已与前司空不同。哀帝时曾复旧称，后再改为大司空，与大司徒、大司马并称三公，成为共同负责最高国务的长官。东汉称司空，献帝建安十三年（208 年）罢司空，改设御史大夫，其职掌一如司空。晋有司空，为"八公"之一，其地位崇高，但往往作为权臣之加官。南北朝相沿。隋、唐虽设司空，为三公之一，但仅为虚衔，另设工部尚书一职。宋代亦以司空为重臣之加官。辽、金相沿，元以后废。明清用作工部尚书的别称。

值得注意的是，"司空"的称谓流变和职掌缩减，并非仅仅是文本的流变，而是主流社会意识形态变化的本质反映。以务实的《考工记》代替务虚的《司空》而论，就很耐人寻味。字面上职掌"空间"的司空，在实际事务中却专掌各门实体工程尤其是土木建筑。最后便是"将作监"接管司空执掌，司空沦为虚衔——真的司"空"了。秦汉以降这一方面的演变，充分反映了中国古代建筑文化总体上由虚而实、由宏观而微观、由精神而物质的转移。

从春秋时实用的观到战国时礼仪的阙，再到明清午门和华表，其间历经2000多年的演变，一种建筑的所指与能指皆发生了重大变化。萧默说："大凡一种建筑类型在它主要作为观瞻性建筑而存在、只具有精神性功能以前，总有一个主要作为实用性建筑、主要具有物质性功能的发展阶段存在。"建筑中的这一现象，很值得学者们的深究，而就迄今为止的建筑史研究而言，情形并不令人乐观。

"虚空"或当代流行的所谓"空间"，曾被建筑界炒作得沸沸扬扬。很多人以为，惟有标榜无为、执着空灵的老庄学派才有这样精深诡谲的眼光。事实上并非如此，儒家在这一方面拥有同样的睿智。孔孟之学在中国之所以独领风骚两千年，至今魅力犹存，关键当在于其兼容并蓄的智慧。譬如意在空灵的中国传统园林，长期被视为老庄哲学的体现。可是近年来，有些学者在对其进行深入研究之后，发现其中要素既出自道家，也与儒家相关。若以西方哲学作为参照系，我们其实不难看出中国的儒、道二家实际上同根同源，都是基于对大自然规律相当彻底的理解。譬如《周易》，实为包括道、儒二家的中国文化共同的源头活水。《易传·系辞上》云："形而上者谓之道，形而下者谓之器。"在某种意义上，"阙"与"观"的辩证关系正是建筑中"道器之分"的微妙反映。

从古至今，"观"始终未曾远离其登高望远的原始功能，"阙"则逐渐成为朝廷威权的代名词。实体的观单座独立足矣，虚空的阙则必须由一对实体组合构成。观、阙之变，要点不在于单体规模或形制上的扩大，而在于礼制意识在建筑组群中的体现。前者看起来功能明确，但精神方面的内涵却相对贫乏；后者因应了老子所谓的"无为而无不

184

为"，似乎没有任何实际功能，却体现着至高至远的威严。从狭义的建筑角度看，观与阙可能使用同样的材料，采取同样的结构方式。但是观与阙永远是两种不同类型的建筑，它们在意识层面的作用不可同日而语。换言之，观在很大程度上留在地面，阙则升华进入了中国文化特有的上层系统。

从一般意义上说，宏伟壮观的宫阙或墓阙，已经成为历史文献中的能指或博物馆中的藏品，但各类阙的那些历经岁月异化深刻的余绪，尚在现实生活中扮演着生动角色。我们经常见到的，多为成对而立的望柱、华表，甚至门墩，它们在各处似乎不经意地存在，但却始终发挥着引导、界定乃至震慑作用。教科书中常把它们称之为建筑小品，物质价值可能微不足道，在精神层面却蕴涵着源远流长的奇思妙想。仍在惶惑中孜孜以求的中国当代建筑师，是否能从中获取一些创作灵感呢？

【附录】

一．参考阅读

1. 方以智：《通雅》：

士夫闾阅之门。亦谓之阙。唐宋敬则以孝义世被旌显。一门六阙相望。又杨炎祖哲。父播。三世以孝行闻。门树六阙。阙言额也。又尹仁恕曾祖养。祖怦。父慕先。一门四阙。《史功臣表》。明其等曰伐。积日曰阅。《汉书》。赍伐阅上募府。后因作闾阅。元之品制。有爵者为乌头阀阅。《册府元龟》言。阀阅二柱相去一丈。柱端安瓦筒。号为乌头染。即为之阙。柱端之筒。谓之头。又曰桁。陆文量菽园杂记引博物志。蚓蚅似龙而小。好立险。故立于桁上。所谓露柱也。

2. 顾炎武：《阙里辩》（《阙里文献考・卷三十六》）：

《阙里志》引《汉晋春秋》曰："鲁有二石阙，曰阙里。"又以为后儒尊崇夫子之称。其说自相抵牾。按《史记・鲁世家》："炀公筑茅阙门。"《春秋・定公二年》："夏五月壬辰，雉门及两观灾。冬十月，新作雉门及两观。"注："雉门，公宫之南门。两观，阙也。"孔子宅至汉鲁恭王时尚存。《汉晋春秋》之云二石阙，必有所据。石阙之下，其里即名阙里。而夫子之宅在焉，遂以为名。《鲁论》有"阙党童子"，五百家为党，阙党是阙下之党。《左传》："郑伯享王于阙西辟。"是阙之西偏。《汉书·儒林传》有邹人阙门庆忌。注云："姓阙门，名庆忌。"盖亦如东门北宫之类。以居为氏者也。

3. 马瑞辰：《毛诗传笺通释·卷八》：

在城阙兮。传。乘城而见阙。笺。国乱。人废学业。但好登高。见于城阙。以候望为乐。正义。引释宫。观谓之阙。云阙是人君宫门。非城之所有。且宫门观阙不宜乘之候望。此言在城阙兮。谓城之上别有高阙。非宫阙也。瑞辰按。阙者。赽之假借。说文。赽。缺也。古者城阙其南方谓之赽。从郭。象城郭之重。两亭相对也。今按郭为重城。象两亭相对。两亭即内外城台也。盖古诸侯之城三面皆重。设城台。惟南方之城无台。其形缺然。故谓之赽。借作阙。公羊定十二年。何休注。天子周城。诸侯轩城。轩城者。阙南面以受过也。与说文城缺南方义合。周官小胥。王宫县。诸侯轩县。春秋传谓之曲县轩城。犹轩县曲县也。其形缺然而曲。惠士奇曰。古文曲作象缺之形。是也城阙即南城缺处耳。孔疏既谓阙非城之所有。又谓城之上别有高阙。非也。公羊疏疑为城墉不完。则益误矣。

二．思考题

1. 汉代以前的"观"与"阙"，你如何分别？

2. 从你所见的建筑中，还能看出"阙"的遗意吗？

3. "司空"的概念可能起源于南方还是北方？

第十讲
城门城楼与结构的执着

根据考古资料，直到新石器晚期，古城遗址的城门位置只有用于出入的缺口，而没有门扇和城楼。门扇和城楼的缺位，或因为无此必要，更可能出于建造技术的不足。建筑选材和结构方面的常识告诉我们，在使用天然原木的情况下，木质简支梁的适宜跨度在 5 米左右，极限一般不超过 10 米。但从实用方面考虑，城门的宽度通常会超过 5 米，这使得门扇或城楼的结构处理难度很大。加上防御方面有关坚固性的要求，早期人类几乎不可能成功实现一种大跨度的水平结构，以便有效支撑像城楼那么沉重的垂直荷载。在此方面，欧洲人之所以领先解决了同类问题，砖石拱券的较早运用颇为关键。而在中国，先民执着于木结构柱梁体系，心理上难于接受拱券结构。大跨度技术问题的实际解决，尚需经历漫长时间。在砖石拱券缺位的情况下，西汉时城楼的出现，很大程度上归功于木结构的梯形组合梁。这种替代性的技术手段一直持续到宋、元时期，最终使这一过程划上句号的是砖石拱券的推广。

一　城门的由虚到实

早期城市没有真正意义上的城门，而是在城墙上设置一个用于出入的缺口。"缺"与"阙"相通，城墙上的缺口与阙的来源有着密切关系。城门是防御上的薄弱部位，需要设置岗楼来加强防卫，岗楼可能就是成对的台观或者"阙"的前身。"阙"后来成为宫门的代名词。明周祈撰

《名义考》中说"古者宫庭，为二台于门外，作楼观于上，上圆下方，两观相植。中不为门，门在两旁，中央阙然为道。以其悬法为之象，状其巍然高大谓之魏。"

从河南龙山文化时期的淮阳平粮台古城遗址，考古发现了实体阙的最早雏形。其城垣围合成正方形，南面墙垣上有用于出入的洞口，宽约7.8米。那时的先民没有能力建造净跨如此之大的承重结构以支撑城楼，也难以制作横掩如此之宽的两道门扇。因此洞口两侧靠壁位置用土坯砖砌筑门房，用来封闭过宽的门洞，仅在中间留出通道宽约1.7米，相当于一轨之距，恰好能供马车进出。这个在洞口两侧设置起到防御作用的门房，可能是实体"阙"的源头。《释名》云："阙，阙也，在门两旁，阙然为道也。"

到了周代，结构技术也没有达到能够在城门洞口之上设置城楼的水平，为了加强防卫，人们常用加深门洞的办法。齐国故都临淄是周代最大的城市之一，西依系水，东临淄河。自前859年齐献公由薄姑迁都，至前221年被秦所灭，作为齐都长达638年。齐故城分大小二城，小城为宫城，其西北部存一土台，俗称"桓公台"。经钻探考证，城垣早在西周时期就存在，春秋、战国、西汉时多次修补。城垣夯土，依地势而建，基宽20～30米。城门多座，门道宽度介于8.2～20.5米。其中大城北垣东（图10-1）、小城北垣东（图10-2）以及小城东三座城门的宽度分别为12米、10米、10米。遗

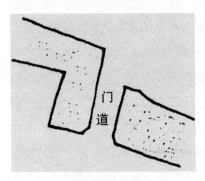

图 10-1 临淄齐大城东北门

图 10-2 临淄齐小城东北门

址测绘图清晰表明，三处城门洞口两侧的墙垣皆被特意加厚，虽然加厚的手法各不相同，但是目的显然在于延长洞口纵深方向的长度，以达到阻碍或延缓入侵之敌进攻的目的。

大约到战国时，建筑技术的改进使门户的防御性大为加强。两观的实用意义减弱，而礼仪上的重要性骤然提升。《说文》云："阙，门观也。"原本所指为虚空的"门缺为阙"，现在所指为实体的楼观，且必须成对出现。一观独立，只有物质意义上的功能；两观对峙，则其中轴线自然形成，威严油然而生。《白虎通义》中有关门和阙的定义可称经典："门必有阙者何？阙者，所以饰门，别尊卑也。"傅熹年先生对阙的解释则极平实："它的雏形是古代墙门豁口两侧的岗楼，在人们能够建造大型门屋后，便演变成门外侧的威仪性建筑，防御功能逐渐减弱。"

早期"大型门屋"的具体做法我们不得而知，但可以肯定的是，大约到春秋中期，城墙上的出入口已不再是门户洞开，而已经出现了可以升降的悬门用于守备。《左传·襄公十年》记载："偪阳人启门，诸侯之士门焉。悬门发，郰人纥抉之，以出门者。"这里记述的事情发生在公元前563年，晋国率领各诸侯国攻打偪阳时，守军诈降，打开城门诱敌入城，随即放下悬门，企图围而歼之；在此关键时刻，孔子的父亲叔梁纥双手用力托住悬门，救出同胞。传说孔子继承了父亲的神力，也以力能举门而闻名。《列子·说符》云："孔子之劲能拓国门之关，而不肯以力闻。"

《左传·庄公二十八年》云："众车入自纯门，及逵市。县门不发，楚言而出"；《襄公二十六年》："（楚兵）涉于乐氏，门于师之梁，县门发，获九人焉"；这些都说明悬门是当时城门的常用设施。墨子身处春秋战国之交，是防御工程方面的专家，在《墨子·备城门》中，对悬门有专门的介绍："凡守城之法，备城门为悬门沉机，长二丈，广八尺，为之两相如。"沉机是用来升降悬门的机关，门长二丈，宽八尺，共两扇，规格相同。春秋战国的一尺合24.63厘米，单面门扇的面积计算可得：（24.63×20）×（24.63×8），约合9.7平方米，平均板厚按4寸即9.852厘米计，木材平均容重若按每立方米500公斤计，可算出门扇重约478公斤。目前重量级挺举的世界纪录是266公斤，远低于门扇重量。春秋时叔梁纥托门的故事若果属实，则真可谓力大超群了，当时孟献子就发出感慨说，莫非这就是传说中的"有力如虎"。

二　城楼下部的支撑结构

门洞之上城楼的普遍出现，大约要到西汉中晚期。将城楼这样大而沉重的建筑整栋搁置在虚空的门洞之上，必须在其下部采用相当完善的大跨度结构技术。可是任何大规模技术和经济问题的解决，不可能一蹴而就。东汉画像砖中出现两观间不同类型的联系部件，可能就是过渡阶段各种试验的结果，其名或即"罘思"（图10-3）。城楼一旦崛起，两观的防御作用必将减弱，阙的礼仪性必将加强。在中国建筑史研究中，这一变化过程的意义重大。

上个世纪50年代的考古发掘资料表明，在西汉长安的城门之上，已经有了城楼。汉长安的四面城墙上各设置三门，大约就是班固《西都赋》所谓"披三条之广路，开十二之通门"。每座门设有三个门道，各宽6米，汉代车轨宽1.5米，亦即4车道的规格；门道建于夯土之上，两侧设地栿石以立木排柱，形成顶部为密集过梁式的木构门洞，中部为门扇。与门道对应，每条街也分作三股道路，中央为皇帝专用的驰道，

图10-3　简阳东汉岩墓单檐连接双阙

图 10-4 《中兴瑞应图》中城门结构

两侧供官吏庶民行走，左出右入。

　　这种做法对后世的影响至少持续了千年，至宋、金时期，在相关的图像资料上，城门洞的上方一直都是以排柱支撑的木结构体系承重，我们可以清晰看到洞口上方呈八字梯形。如名画《中兴瑞应图》中的城门结构（图 10-4），如洪洞女娲庙中经幢的城门镌刻（图 10-5）。金代河北昌黎县源影寺塔局部的门楼雕刻（图 10-6），更是这一建筑做法栩栩如生的模型。在泰安岱庙门洞之上，至今可见宋代遗存的八字梯形木构架（图 10-7）；其门道两侧，更有如《营造法式》立于石地栿之上的木质排柱（图 10-8）。

　　追溯源头，这种八字梯形的结构源于十分古老的经验。最初始于天然形成的三角形结构，也就是"圭窦"。"圭窦"实为自然的造化，无须人工。在西汉长城玉门关夯土城堡遗址中，门洞横楣朽落后，上方土墙塌陷自然形成了一个三角形的尖券（图 10-9）。春

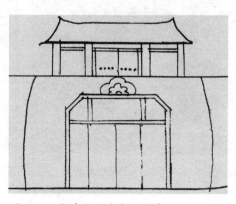

图 10-5 赵城女娲庙宋经幢雕刻

图 10-6　昌黎金代源影寺塔局部

图 10-7　泰安岱庙八字梯形木构架

图 10-8　泰安岱庙连续排叉柱

图 10-9 玉门关西汉土堡门洞

秋时贫寒人家土墙上的小门，上部做成三角形，则可以省去结构上原本必要的横楣。因此"圭窦"的含义曾被引申为穷苦人家的门户。《左传·襄公十年》云："筚门圭窦之人。"杜预注："圭窦，小户，穿壁为户，上锐下方，状如圭也。"《说文》："闺，特立之门户，上圆下方，似圭。"河南商水县扶苏城，是战国晚期秦国阳城遗址，其外城地下埋藏着陶质五边形水管，长 42.5 厘米，高 75 厘米，底宽 55 厘米，管壁厚 4.5 厘米。不难看出，这种水管的断面也是"圭窦"，从而当其埋于地下时，能够承受上部传来的巨大压力。从战国末年开始，地下墓室的顶部常常采用空心砖平铺而成；有些墓室为了扩大空间高度，将原来平置在墓顶的空心砖两块相对斜立，形成三角形的墓顶，同时也提高了墓顶承载的强度。西汉时，三角形的"闺窦"进化为大尺度的八字梯形结构。如洛阳出土的西汉砖墓（图 10-10），这种结构的受力状态类似于桁架，

图 10-10 洛阳西汉砖墓

由于中央水平部件的跨度大大缩小，其承重性能要比单一横梁强得多。在木构架体系长期占据主流地位的中国，这种八字梯形结构作为砖石拱券的替身，既能承受上部的巨大荷载，又在很大程度上保留了中国传统抬梁式大木构架的形态特征，形态上仍旧保持了中国特色，因此能于后世得到人们普遍的认可与接受。

经过自汉代开始的长时间流行，八字梯形的木结构日渐深入人心，以至于成为中国传统建筑的重要符号。在内蒙古和林格尔汉墓壁画中，木结构的居庸关城门洞口上方呈八字梯形状。而其生命力是如此的强大，以至于直到元至正五年（1345年），当居庸关云台整体改建为石结构时，城门洞口上方依然保留了这种形式（图10-11）。其原因是否在于，元大都的石匠尚未熟练掌握弧形拱券的砌筑技能呢？答案是否定的。中国建筑史的研究表明，尽管源流扑朔迷离，但可肯定，半圆弧形拱券在地下墓葬中的使用早在汉代就已大体成熟，割圆弧形拱券在地面桥梁上的使用则于隋代登峰造极。

在地面之上除了佛塔以外的高等级建筑中，直到很晚时期，砖石结构的弧形拱券才得以正确使用。目前已知年代最早的实物遗存，可能是南宋嘉定年间重建的安徽寿州城砖拱券门洞，细心观察残存的城砖，还

图10-11 居庸关云台门洞

可看到印有"建康都统许俊"的字样。另外据图像史料可以确认,在南宋中期的静江府城(今广西桂林),砖石结构的半圆形拱券也在城门洞口顶部得以大量采用。南宋时镌刻于桂林市北鹦鹉山白石崖上的静江府城图明确显示,主体城墙上共计18处城门顶部都采用了弧形拱券做法,而外围阳马城的门洞顶部仍为梯形桁架或大额枋做法。图像虽然不是实物,但其细部刻绘极为详实,大大增强了可信度。在宋元时期实际建造的弧形拱券顶城门实例中,还有元大都和义门(清北京西直门)瓮城箭楼的门洞,它于1969年在城墙城门被整体拆除的过程中赫然出现,现有照片留存。城门残高22米,门洞长9.92米、宽4.62米,内券高6.68米,外券高4.56米,门洞内有元至正十八年(1358年)的题记。元代末年义军蜂起,先前曾经大事拆毁城墙的蒙古统治者终于转而加固城防。《元史·顺帝纪》记载:"诏京师十一门,皆筑瓮城,造吊桥。"和义门瓮城箭楼的建造时间只比居庸关云台晚了13年,地理位置上不过一城一郊的距离而已,但两处拱券的外观形态却有很大差别。我们应当注意到,和义门瓮城箭楼虽然位于京城,但其功能只是军事防御而已;居庸关云台则为"过街塔"的基座,而且在其门洞之内的石壁上,满布着精美的佛、菩萨浮雕造像和纪念性铭文,其精神性功能和地位之高,是实用性设施根本无法相提并论的。

寿州城门、静江府城门和元大都和义门瓮城箭楼城门的砖砌筒拱结构,完全证实了元代以前的中国石匠在弧形拱券砌筑方面的技术能力。既然在形而下的技术层面找不到答案,我们只能转从形而上的文化角度着眼,以求认识云台拱券下部轮廓弃弧线取梯形的真正原因。对梯形的执着源于我们的祖先对木梁架体系的选择,在先秦以前,木梁架体系就奠定了其至高无上的地位,木材以外的其它材料和梁柱以外的其它结构都只能屈居其次。云台门洞设计意匠的间接来源,是我国传统建筑中长期占据主流地位的抬梁式大木构架;直接来源则是古代城门洞口顶端的承重木结构,即汉至宋代普遍采用以成排立柱支撑的梯形木结构桁架。云台位于居庸关关城之内,与直面敌方进攻的外部城门相比,军事上的意义较小,宗教或礼仪上的意义较大。换言之,其防御性功能与寿州城门、静江府城门以及和义门瓮城箭楼城门相比,完全不可等量齐观。较

图 10-12 梁思成设计梁启超墓亭

之弧形拱券，折线梯形的结构坚固性稍逊。但既然防御性要求不高，则这一点并不构成问题。当外观形式处于容许选择的状态时，汉文化的强大活力便被激发起来。元代统治者虽为蒙古人，但他们早在灭宋以前就推行"汉法"，忽必烈迁都燕京后，更大力提倡程朱理学。由此，汉族传统的建筑形式于不知不觉中产生影响是必然的。稍作分析，就能明了云台门洞顶部石结构做法正是对先前木结构城楼的刻意模仿。

八字梯形在中国，早已超越了作为结构的实用价值或作为图像的美学意义。它已然成为中国文化的代表性符号，其蕴涵之深远可能远非皮相之说所能解释。正因为如此，梁思成在为父亲梁启超设计墓园时，在墓亭门洞的上方，也选择了八字梯形（图 10-12）。我们不难想象，学贯中西的梁思成，一定在此设计之前，认真揣摩过中西传统建筑的差异。

三 埃菲尔铁塔的花边

由于对木结构体系的执着，门洞顶部的梯形结构在中国持续使用的时间超过千年，直到南宋时面临严重挑战。为了更好地抵御新型火炮的轰击，在那些战事特别猛烈的地区，部分城门的顶部结构被改为弧线的拱券形。如前述南宋重建的寿州城门；又如南宋静江府城门洞，顶部都采用了拱券结构。元代蒙古帝国的势力跨越欧亚，东西文化之间的碰撞与融汇必不可免。此后情况开始发生根本的转变，弧形券顶在城门和大型建筑中的使用渐渐增多，如北京和义门与正定阳和楼。明代以后，随着"无梁殿"（图 10-13）在全国各地的风行，半圆

形拱券成了城门和其它建筑门
洞上方最常见的处理方式。然
而即使到清代，我们仍可看出
传统形式那极其顽强的生命
力。以明清故宫的正门即午门
为例，其北面即背面的五道门
洞上方，全部呈弧形拱券状；
可是南面即正面的五道门洞的

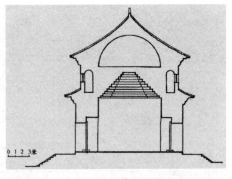

图10-13 五台山显通寺无梁殿剖面

上部，全部呈水平过梁状；一
南一北或一前一后，观念和实用二者各司其职、泾渭分明。乾隆年间
在香山静宜园内为六世班禅修建宗镜大昭之庙，1860年被英法联军焚
毁，但石结构的大红台基座尚存；其门洞外观为中式垂带阶级、须弥
座、矩形洞口及欧式三角楣的复杂组合（图10-14），入内则洞顶随即
转为半圆拱券（图10-15）。后世"中学为体，西学为用"的理想，在
此似乎得到了极为奇妙的诠释。

　　较之中国人对于木柱横梁体系的执着，欧洲人对于弧形拱券的执
着有过之而无不及。100多年前，几乎纯粹为了满足法国人那不可遏
止的虚荣心理，埃菲尔铁塔被建造起来（图10-16）。埃菲尔铁塔通高
300米，因设计师兼工程负责人古斯塔夫·埃菲尔而得名。可是就这么
一个拼命炫耀技术的新奇玩意儿，也不得不屈服于欧洲传统建筑中那固

图10-14　香山昭庙门洞外观　　图10-15　香山昭庙门洞内部

图 10-16 埃菲尔铁塔

执的审美习惯。铁塔的底部平面呈正方形，四个石墩的两两相距均达100米，以保证基座的稳定性。垂直结构的下部主要由两个逐渐收分的巨大桁架组合而成，上部则迅速收分为尖锥形。在19世纪末，这个完全由铸铁构成但又全无实用功能的庞然大物肯定会给人们带来极其强大的冲击力。巴黎政府及市民一度表示强烈反对，他们起初担心城市古老的天际线可能会受到破坏，继而对铁塔结构的安全和稳定性疑虑重重。埃菲尔自己本来有着足够的信心，他是结构和造型的设计者，也是施工方案包括脚手架和特殊工具的设计者。然而他了解公众的疑虑源自何处，无论如何，一个不含弧形拱券母题的高大建筑物是令人难以接受的。面对巨大的社会压力，埃菲尔不得不在诚实结构与虚假装饰之间做出重大妥协。经修改付诸实施的铁塔基座中增加了四个巨大的半圆装饰性铁架（图10-17），虽然它们与事实上的承重结构体系之间并无关联。

埃菲尔铁塔基座中附加的半圆装饰性铁架，是欧洲传统建筑文化中弧形拱券情结的鲜明反映。成熟于罗马帝国的石拱券建筑体系根深蒂固，欧洲建筑史大体上就是各种石结构弧形拱券轮番表演的历史。但无论如何变化，建筑形式始终不违背建筑材料的本性。石材的力学特点是受压极强而受拉极弱，与弧形拱券结构中楔形部件完全受压的状态恰好一致。因此，除了希腊以前主要采用横梁立柱的结构体系以外，从罗马

图 10-17 埃菲尔铁塔基座

图 10-18 罗马时代高架渠

图 10-19 欧洲中世纪教堂门楣

（图 10-18）到中世纪（图 10-19）直至今日，两千年欧洲建筑通常是以弧形拱券形态一脉相承的。

如果将半圆装饰性铁架剥去，埃菲尔铁塔基座中真实的形式会立即暴露，原来其承重结构的主体部分也是折线梯形，与居庸关云台门洞拱券的下部轮廓即其装饰形式大致相同。只不过云台、铁塔两个案例的虚实位置相互颠倒，中国人将弧形掩藏起来，而使梯形展露无遗；欧洲人将梯形掩藏起来，而使弧形展露无遗。倘若接着往上看，更能发现铁塔被弧券掩饰的基座梯形之上其实还有一个梯形，虽然在构图上处于次要的过渡位置。铁塔通高 300 米，下部将近五分之二的高度由这两个粗壮的梯形叠加而成，因而显得坚实挺拔。

18 世纪，冶金技术的革新导致铸铁的廉价生产，进而促成了铸铁结构在各类建筑中的大量使用。欧洲现代建筑的崛起，在很大程度上归功于铸铁和混凝土两种材料，铸铁的先锋作用尤其显著。可是铸铁在建筑领域的进展算不上一帆风顺，如同非木材料在中国历史上的遭遇那样，非石材料在希腊以后的欧洲起初也难以一步登上大雅之堂。首先向铸铁材料提供亮相场所的是桥梁，其外观则必不可免地附会传统扮成半圆形拱桥的模样。世界上第一座铸铁桥于 1779 年在英格兰什罗普郡的煤溪（Coalbrookdale in Shropshire）河上落成，它是工业革命成就的象

图 10-20　英国煤溪铁桥

征，后被英国国家博物馆收藏（图10-20）。煤溪铁桥半圆拱券的结构净跨为30米（即100英尺，看来英国人也喜欢"百尺为形"），几十吨重的部件都在本地铸造，而安装工程仅用三个月即告完成。与传统的石拱桥相比，这个铸铁拱券的主肋和连接件都显得极其纤细，但结构计算却表明还是用料过多的"超安全设计"。

实际上，古斯塔夫·埃菲尔在巴黎博览会以前，正是从事铁架桥梁设计的先锋工程师队伍中的一员。在这一群人手中，作为建筑材料的铸铁经受了大量试验。18世纪末，英国工程师将铁架从桥梁上转移开来，用之于工业厂房，以后又在各地花园的温室上大加尝试。1851年伦敦世界博览会的主角"水晶宫"由工程师约瑟夫·帕克斯顿设计，这位英国人就出身于园艺师家庭。如果说举世闻名的水晶宫仍然是身份较低的临时性建筑物，那么另外几座大约同时建造的铁架玻璃建筑物在欧洲人眼里已经非同凡响。如亨利·拉布鲁斯特于19世纪40年代设计建造的巴黎圣热维夫图书馆，西德尼·斯默克19世纪50年代设计建造的大英博物馆阅览室。在铁梁桥梁或铁架建筑物上，弧形拱券的结构功能并未完全消失，只是材料与形式的内在关系不尽合理罢了。埃菲尔将弧形拱券作为花边用之于铁塔基座，形式与功能完全分离，却毫不妨碍铁塔获得比这几座图书馆更为煊赫的声名，且最终独占鳌头，成为巴黎城市永久的标志。这是技术史的悖论，却是建筑史的妙处所在。

居庸关云台洞顶与埃菲尔铁塔底部这一对相互反转的结构造型，是中西文化两种截然相反性格的反映。它使我们认识到，无论在中国还是欧洲的传统建筑中，结构与形式两者之间的权衡取舍，尽管不可从根本上违背结构理性，但最终结果一定受制于文化的选择。在过去相当长时间里，欧洲建筑曾经几度模仿中国样式结果不伦不类，中国建筑也有过同样痛苦的经历。不幸的是，前者的模仿早已停止，后者的痛苦却似乎越演越烈。关于"固有文化"或"民族文化"的讨论进行了将近一个世纪，对于"现代化"的追求进行了大约半个世纪，可是中国建筑似乎仍未找到明确方向，中国建筑师的困惑渐渐演变成狂躁。也许，当代中国建筑真该大叫一声暂停，让建筑师静心做些深层思考。

在生态危机日益逼近的今天，任何终极性的价值判断都应准之以足够深广的时空尺度。文化上孰优孰劣的判断不可遽然落定，技术史上某些长期流行的结论也有反思的必要。一方面，欧洲舶来的科技和文化并非都那么先进，更不是都值得中国效仿；另一方面，中国古代的物质成就也未必全部当得起技术上的过高评价，也不值得过度自豪。如隋代赵州桥割圆生成的弓形拱券，有其实用上的明显优点且早于欧洲同类桥700多年，但若我们以此在熟谙拱券的罗马人后代面前喋喋不休，则不免有点班门弄斧的嫌疑。谁能相信，热衷于追求超越而且早在公元2世纪就矗立起罗马万神庙的意大利人，真的食古不化又经过1200年的学习才掌握佛罗伦萨维其奥桥（图10-21）的建造技术？难道说，跨度达到43米的古罗马万神庙半圆穹隆真的要比跨度不足30米的维其奥桥扁平拱券来得容易？平心而论，唯一的答案也许是，相对于平缓的弧线，欧洲人更喜欢拱起的半圆。彼时彼地也同中国人一样，他们执着于自己的文化选择，宁可承受某些功能上的不便或结构上的欠理，也不轻易放弃传统。

科学技术与人文社会，可谓人类进步的"两条劲腿"。在科学技术领域，真理的标准是客观的，创新意识与生俱来，学术水平一代超过一代，这些现象皆毋庸置疑。在人文社会领域，情形则大不相同，这里从来没有多少客观标准，可供我们判断某时期某地区状况的是非优劣。艺术史特别鲜明地揭示了这种情形：以中国为例，在王羲之的书帖面前，

图10-21 欧洲第一座弓形拱桥佛罗伦萨维其奥桥

后世书家几乎无一不亦步亦趋；在龙门石窟的大佛脚下，代代僧俗顶礼膜拜；在敦煌石窟的昏暗室内，今日游子仍能感受到尘封壁画的光辉。以欧洲为例，人们一直惊艳希腊雕刻的不可超越，赞叹哥特教堂的登峰造极，服膺文艺复兴绘画的精美绝伦。此情此景，显然同科学技术上的"与时俱进"大相径庭？建筑介于人文社会与科学技术之间，今日所谓"交叉学科"，其学术地位颇为暧昧。建筑有时被列入艺术门类，其欣赏趣味却远不及绘画雕塑那么狂飚突进，历史遗产中杰出建筑作品的魅力是永不磨灭的。现代摩天楼耸入云霄，仅就高度而言，古代建筑难以望其项背。但在不少中国人眼里，疏朗雄壮的唐宋殿堂另有其不可超越的恢宏气势；在大多欧洲人看来，奇诡瑰丽的中世纪城堡才是真正的天国。在建筑领域，单纯技术上的"先进与否"不能作为价值判断的标准，厚今薄古的态度经不起严格质疑。建筑史上若干重要的纪念碑并不完全由那一时代的材料强度和工艺水准所决定。近年来，更有学者经过谨慎思考后悟出一个道理：人类建筑行为中往往存在一种主观上的故意，非不能，是不为也。我们认为，先秦以来，中国传统建筑中很多貌似简陋的形象，皆非物质匮乏或技术落后使然，而是深思熟虑以后的选择。如建造者对土木材料的执着，如主事者对聚落选址的重视，如贤相们对"卑宫室"观念的力陈。相对于砖石材料，土木易于降解或循环使用；相对于穷山恶水，明堂汭位减少了生息劳作的支出成本；相对于铺张奢华，卑宫室加强了政权的公信力。而"非不能，是不为也"的相关现象常常在我们身边发生。

以北大、清华两校的建筑风格为例，前者中土，后者西洋，似乎早已成为无可争辩的共识。2003年北京大学物理学院领导决定装饰学院大楼的门面，将入口上部原有的矩形窗洞改为半圆券形。院长采取先施工后申报的办法，当图纸送到北京大学校园规划委员会的桌面上时，半圆券形窗洞已接近完成。委员们异口同声地发出了谴责，圆券随即被限期拆除。可是物理学家们大概真的认为半圆券形是先进科学的象征，因而对其割舍不下。不久之后我们在物理大楼门前看见的是，圆券从垂直转而水平，变成大门之上横向伸出的雨棚（图10-22）。2004年夏，在北京大学奥运乒乓球馆建筑设计方案的竞标过程中，圆形平面的设计方案

图 10-22 北大物理学院大门

显然比矩形方案受到更为严厉的审查。包括校外专家在内的评审委员会中的多数人认为，圆形与北大建筑的传统风格不够协调。虽然笔者当时还曾特意说明，水平的圆形有别于垂直的圆形，如未名湖南岸就有圆顶的古亭。

萧默先生曾语重心长地说，治建筑史者不可对当下社会的建筑状况视若无睹，笔者深有同感。中国的首都建设是当前世界建筑师关心的焦点，近期飘散的建筑花絮更引起众说纷纭。在"欧陆风"吹得越加猛烈的时候，我们终于将京城中心的黄金宝地借予埃菲尔的门徒，充作法兰西建筑花拳秀腿欢快表演的舞台。国家大剧院的施工现场热火朝天，但关于其设计意匠的争议远未结束。保罗·安德鲁这个法国人，执意要让我们这个刚刚步入小康的国家耗费几十亿巨资，以换取一个笼罩整体而全无功用的巨型圆顶，其初衷真是难以揣摩。到过巴黎的人对安德鲁设计的戴高乐机场候机楼多有好感，原因大概在于其空间造型雍容大方之外，细部处理丰俭得当。虽然用到不少昂贵建材，但在所有功能性特别是远离旅客身体的建筑部位，几乎完全采用脱模混凝土了事。其实这就是欧洲建筑的传统，在他们发达的都市里，除了市政厅、剧场、王宫一类公共建筑装修豪华外，大量一般性建筑都是注重实用而朴实无华的，包括四星、五星级旅馆。

此刻重提"帝国主义文化侵略"有点滑稽，但"建筑殖民主义"似乎不完全是笑话。撇开建筑师追求功利的本能不谈，任何人都有根深蒂固的文化归属感，更不用说在现代世界上备受尊宠的欧美人。自从几世纪前中西海上交通畅达以来，他们从未放弃过拯救世界首先是中国的宏图伟愿，只不过经常采取自以为正确的方式，不太虑及接受施舍者的切身体会罢了。

80年前，友善的美国建筑师亨利·墨菲来到中国，接受不少重要的设计委托，包括燕京大学校舍。他的创作手法主要是正面朝西、三合院和中式大屋顶。三合院和中式大屋顶带有较浓形而上色彩，此处暂且按下不提。正面朝西的手法与使用功能关联密切，利弊易于辨明，本文稍加讨论。中国建筑自古有"面南而王"之说，即群体中正面及入口朝南的单体等级高于朝西朝东者，如住宅中正房对厢房，如宫殿中正殿对配殿。欧洲建筑以西向为尊，如作为石头史书在各个城市里鹤立鸡群的教堂，立面及入口皆朝西。仅从立面及入口看，中西建筑的方向相差90度。静心观察则不难发现，二者主体朝向即大面积窗户的朝向其实完全一致，并非相互垂直拧着。中国面南是指建筑物的入口朝南，平面东西长、南北短；欧洲尊西是指建筑物的入口朝西，平面同样是东西长、南北短。对于同处北回归线以北的中国和欧洲来说，即使有电灯和空调机可用，为了引入自然的采光和通风，建筑物的平面设计理当如此。然而墨菲不是这样，燕京大学的建筑平面多半是东西短、南北长。这样一来，无论入口朝向何方，大部分房间的窗户都朝东或朝西，采光和通风都不适宜。显而易见，这是欧洲传统建筑中入口西向观念在中国的误用。诚然，就坚固和美观而言，墨菲的建筑作品多半属于上乘，有些已被我国政府定为国家重点文物保护单位。可是对于四季使用这些房间的工作人员来说，早晚都要经受阳光的暴晒，虽有空调机降温，也难以发自内心地表示恭维。一个西方建筑师，要在中国设计出令人喜闻乐见而且舒适的作品，仅仅友善是不够的。

【附录】

一. 参考阅读

1. 李允鉌：《华夏意匠》（天津大学出版社，2005，第64页）：

阙就是宫门的形制，或者说，阙是最早的宫门。不过采用阙的时代还没有门，只是"古者宫庭，为二台于门外，作楼观于上，上圆下方，两观相植。中不为门，门在两旁，中央阙然为道。以其悬法为之象，状其巍然高大谓之魏"。因此，《释名》说"阙，阙也，在门两旁，阙然为道也"《广雅》则谓"象魏，阙也"，此外，《尔雅》也有"观谓之阙"之说。大概，阙是从部落时代聚居地入口两侧所设的防守性的岗楼演变而成的。说得简单些，今日的"军事重地"也常见的入口处两侧设有岗哨，它们就是"阙"的来源。

2. 傅熹年：(《中国科学技术史·建筑卷》556 页)：

砖拱券结构自汉代已来都在使用，但跨度小，多用于墓室或水道等。从桂林南宋末摩崖石刻《靖江府修筑城池图》中可知，在南宋末年已出现用砖筒拱修建城门洞的做法，即出现了用于地上建筑的大跨度拱券，从图上所绘门洞多画两条线看，其券砖至少两重，或是一券一伏，这应是技术上的进步。但金元时北方却未必如此。从元大都的和义门遗址和比它晚23年建于大德十一年（1307）的元中都城的城门仍为木构城门道的情况可以推知，元代都城城内仍用木构城门道，尚未出现用砖券砌造的城门洞之例。这现象表明，用大跨砖券造门洞，南方要早于北方。

从使用功能看，把城门洞由木构改为砖券主要是出于防火攻的需要。在南宋金元之际，基本情况是南宋处于守势，先后受到金和蒙古的攻击。史载，蒙军进攻金及南宋时都已使用了火药武器，故作为受到攻击的一方，南宋先发展出用砖券砌造的能防火攻的城门洞是可以理解的。元灭南宋后，下令南宋境内平毁各城市的城墙城门，在相当长时期内筑城技术受到扼制。到了元朝末年，发生大规模农民起义后，元廷又仓促下令全国各地重修城池以利防守，开始了重建城门、城墙的进程。这时连首都大都城新增建的瓮城的门洞也为了防火攻而舍弃木构，改用砖砌筒拱了，今年发现的和义门瓮城即其例。

二．思考题

1. 在城门楼出现以前，如何加强城门位置的防御功能？
2. 石头砌筑的居庸关云台门洞顶部为何要做成模仿木构的八字梯形？
3. 法国设计师为何要给埃菲尔铁塔基座镶上弧形的花边？

第十一讲
中西木拱桥的结构比较

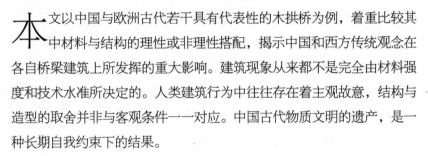

本文以中国与欧洲古代若干具有代表性的木拱桥为例，着重比较其中材料与结构的理性或非理性搭配，揭示中国和西方传统观念在各自桥梁建筑上所发挥的重大影响。建筑现象从来都不是完全由材料强度和技术水准所决定的。人类建筑行为中往往存在着主观故意，结构与造型的取舍并非与客观条件一一对应。中国古代物质文明的遗产，是一种长期自我约束下的结果。

一　从木梁、石拱到木拱桥

在自然界，人类为了跨越河流溪谷，桥梁的设置必不可少。早在距今 8000 年前，中国各地出现环壕聚落时，桥梁就在社会生活中发挥很大作用。在湖南彭头山文化聚落，环壕底部的宽度达到 3.5 米，当时居民要想安全地出入聚落，没有桥梁是不可想象的。事实上，近年来考古学家已经在不少新石器聚落遗址中发现了早期木构梁式桥的遗迹。在湖南澧县距今 6000 多年的城头山遗址，壕沟深 3～4 米，宽 10 米以上；考古学家在壕沟中发现一批带有榫卯的木构件，从它们的位置和分布情况看，应是一座进出古城的木桥遗迹。

桥梁是建筑的分支，也是建筑结构的试验场，它们常常集中反映着某种结构跨越空间的独特能力。有关桥梁的研究，对我们理解建筑材料与结构之间的搭配关系有着非同寻常的意义。在中国传统建筑发展的数千年中，木构梁柱体系始终占据着支配地位，桥梁却另辟蹊径地走在不同的道路上。譬如石拱技术在地下墓室中经过长期实践后臻于成熟，其坚固美观的特性受到承认，从而开始在桥梁中大量运用。据估计，在我国现存的数百万座石桥中，大约一半为石拱结构。可是尽管如此，木结构在中国传统建筑中的主体地位并未改变。在主流建筑形态的影响下，中国古代曾经出现过一种奇妙的木拱桥，其外观虽然呈拱形，但结构本质并未脱离传统的梁柱体系，从而形成一种独特的建筑景观。

木拱桥结构体系，是随着建造经验的不断累积以及大跨度结构技术的不断提高，而逐步发展演进出来的。它最初的起源，可能还是始于简支的水平梁桥。一般认为，水平简支梁桥的出现先于弧形拱起的桥。人类最初大约观察到树干自然倒伏于溪涧之上，对其功用有所了解之后，再有意地伐木为梁。根据文字学的考证，"梁"的出现早于"桥"；在《说文解字》中，"梁"字的解释是："用木跨水也，即今之桥也。"在西安半坡聚落遗址的周围，环绕着宽、深皆超过5米的濠沟，居民出入，势必凭借水平简支的横梁。这种横梁或大木独自造就，或小木拼接成功；大木独自造就，就像今天的独木桥；可是独木桥只能满足小跨度的需求，当其长度无法超过河道的宽度时，就只能用小木连接，随即桥下便少不了用于支撑的立柱。在《史记·苏秦列传》中，苏秦在以尾生的诚信来说服燕王时提到："尾生与女子期于梁下，女子不来，水至不去，抱柱而死。"我们推测，柱在桥下且可让人抱紧，说明其直径不会太大，在其上部可能就是木构的水平梁式桥。相传，这座桥就是陕西蓝田著名的蓝桥。"梁"字的最初形态如水上立柱而架木，大约就是这种桥的摹写。

"桥"字大约出现于春秋时代，其形态像一座拱起的弧形木梁桥，上建桥亭，下通舟船。据此推测，那时人们建造桥梁除了必须满足桥面通行的需要以外，已经开始考虑到桥下行船的需求。水平简支的梁式桥低平近水，当然不利于桥下的舟船通航。《汉书·薛广德传》记载："（元帝）酎祭宗庙，出便门，欲御楼船。广德当乘舆车，免冠顿首曰：宜从桥。……张猛进曰：臣闻主圣臣直，乘船危，就桥安。"皇帝出行，大臣们以"乘船危"为由，建议乘车而不乘船，其中被人担心不已的问

图 11-1　嘉祥县东汉武氏祠石刻

题在哪里呢？我们推测，当时常见的水平梁式桥，可能就是造成大船在桥下经过时存在危险的原因之一。在汉代留下的图像资料中，可以发现大量的拱桥，它们未必是当时桥梁的真实记录，却真切反映了人们希望尽快解决桥梁上下水陆通行之间相互矛盾的急切心情。

　　根据图像资料，汉代人首先想到的方法是用支柱来抬升桥面。在中国山东、河南和四川出土的汉代画像石上，常可见水中有柱支撑的木拱桥。其一般形态是边跨斜升、中跨高平，外观类似折边拱券，结构上似乎仍应归于三跨折板的支柱梁式桥。由于水平的梁桥低而近水，只有使桥面向梯形转变之后，提升中跨桥板距离水面的高度，才能使大船得以通航，可是其中不可缺少的支柱却同时产生自身与行船碰撞的问题。于是自汉代开始，人们就开始致力于清除桥下障碍。在汉代画像石上，间或刻有水中无柱支撑的三跨折板梯形木拱桥，如山东嘉祥县东汉武氏祠第六室下层石刻"水陆攻占图"（图 11-1）、山东临沂县白庄汉墓石刻"车骑出行图"（图 11-2）。这些图案都刻绘得十分清晰，不过包括桥梁

图 11-2　临沂县白庄汉墓石刻

专家在内的很多学者，对这种桥的真实存在都持有怀疑。因为依据结构原理分析，在无柱的三跨折板梯形木拱桥中，的确存在难以解决的整体稳定性问题。然而超越结构理性，我们不难发现时人对无柱桥梁的强烈追求。在此追求的长期激励下，后代以短木组合叠梁而成的木拱桥的最终出现只剩下技术上的一步之差。历史经验告诉我们，社会的实用需要往往是技术发明之母。在汉至宋代一千年中，中国各地木工就此可能都曾做过努力，而山东人付出多收获也多。倘若后来木拱桥那巧夺天工的发明真的是如文献记载那样首先出现于山东，则事出有因绝非偶然。

毋庸置疑，提升桥面并清除桥下水中支柱的最佳办法之一是建造弧形的拱桥。在山东汶上、嘉祥与河南新野出土的汉代画像砖上，皆可见刻有单孔裸拱桥的图案（图11-3），不过因为其中结构细节的描绘不够清晰，我们难以将其视为真实石拱桥的摹写。从图上看，桥面很薄，近地两端略呈反弓状，似为独木弯曲而成，与砖石砌筑的拱桥差异较大。由于缺少实证，难以判明这类拱桥的原型究竟如何，但是可以推测，这是汉代人企图改进水平简支梁式桥的一种尝试，反映了当时社会生活中对于拱形桥梁的热切需求。可惜这类尝试并不能最终解决问题，有关弧形拱桥的探索还需继续。

当然，建造石拱桥是一个颇为合理的办法，可是在中国各地，这类技术试验的进展缓慢，推广更是困难。实际上仅就技术而言，砖石砌筑的拱券出现于西汉或更早，譬如在武帝元朔二年（前127年）朔方郡（今乌兰布和沙漠）墓葬中，已经出现了用楔形砖砌筑的弧形拱顶。东汉时，地下墓室更是普遍采用长方形的简拱结构。将此类结构的跨度加

图11-3 汉画像砖裸拱桥

图11-4 邹城东汉画像石泗水捞鼎胡新立邹城汉画像石

大后用以建造弧形的石拱桥,自然是顺理成章,不存在不可克服的困
难。在山东邹城高李庄东汉墓画像石上,出现了一座半圆形的重券石拱
桥(图11-4)。这幅图案的结构细部描绘准确,因而使我们基本上可以
相信,东汉时期一定曾经实际建造过石拱桥。可是在全国各地,至今
从未发现过当时的实物遗迹,这就说明虽然相关的技术问题已经得以解
决,但是人们在心理上并未正面看待石拱桥,所以即使曾经建造过也只
是偶然为之而已。其原因究竟何在呢?前面已经论述,中国自古选择使
用木头作为建筑材料,这种选择涉及到文化传统上的深层原因。其次,
与木桥相比,建造石拱桥需要耗费大量的人力物力和时间,施工期间又
必须在河道中断航,综合考虑后的负面效果太多,当然可能导致主事者
难于决策。有关石拱桥的最早文献始于西晋。从《水经注·卷十六》的
相关记载中,可以窥见修建石拱桥费时费工的概况。所以,即使后来石
拱桥得以持续发展,并能很好地满足使用者有关跨度和矢高的要求,但
仍然不能阻止人们在木拱技术领域的执着探索。这种情形既源于人们在
文化心理上对于木材的选择,也与木桥梁施工快、自重轻、易搭建的优
点相关。要之,桥梁结构和形态及演变,是多种因素综合影响的结果,
而并不完全受制于技术水平的高低。

到了北宋时,桥梁满足交通需要的问题仍未解决,而社会生活中对
于无柱拱桥的需求更加迫切。在汴河航道上,情形尤其严重。从隋朝到
北宋的五百年间,汴河一直是中国南北交通的大动脉,北宋更以汴梁为

都城，朝野各方面的物资供应完全依赖于汴河漕运。元代马端临《文献通考》记载："太平兴国六年（981年），汴河岁运江淮米三百万石，菽（豆子）一百万石。至道初（995年），汴河运米至五百八十万石。大中祥符初（1008年）至七百万石。"从中可见汴河漕运物资的数量之大，已经直接关乎国计民生。从当时的界画中可以看出，河上桥梁虽然外观为梯形或弧形，但多数桥下还有支柱，因而常常造成桥下支柱与漕船碰撞的严重问题。《宋会要》记载，大中祥符五年（1012年），"京城通津门外新置汴河浮桥，未及半年，累损公私船，经过之际，人皆忧惧。寻令阎承翰规度利害，且言废之为便，可依奏废拆"。公私漕船不断损坏的情形，严重延滞了外地物资的输入，从而成为朝廷关注的焦点。此时便有人提议建造无柱的大跨桥梁，《续资治通鉴长编·卷148》记载："内殿承制魏化基言，汴水悍激，多因桥柱坏舟，遂献无脚桥式，编木为之，钉贯其中。诏化基与八作司营造，至是，三司度所费功逾三倍，乃诏罢之。"这样一次有关无柱拱桥的探索，终因耗工太多而告失败。我们推测，魏化基未建的无脚桥可能是伸臂木梁桥，一种在我国西南地区自古至今分布很广的类型。

　　伸臂木梁桥，传为鲜卑族吐谷浑所发明，鲜卑语称之为"河厉"，是"飞鹰"的音译，意指桥的形状像展翅高飞的雄鹰。北魏时，吐谷浑主持在黄河小积石峡（今青海循化）上用木材建造大跨度的"河厉"，可能就是无柱的木桥。段国《沙洲记》记载："吐谷浑于河上作桥，谓之河厉，长一百五十步（步可能为尺之误）。桥两岸累石作址阶，节节相次，大材纵横，更相镇压。"根据目前已知的资料分析，在吐谷浑所统治的洮河以西至青海地区，其建桥技术都可能产生影响。著名的兰州握桥（图11-5）始建于唐代，相传就是模仿"河厉"结构而建造的。

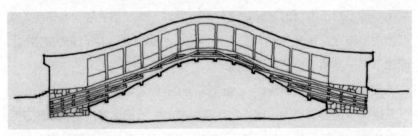

图11-5　兰州握桥图

其建造方法是：将两岸石堤砌筑到一定高度时，在堤边横放一根大木，再把7根大木向上斜置在横木上，纵列挑出两米多；在其顶端，再用一根横木将七根挑梁相连，空隙处用木块塞紧；如此叠垒完成第一层，按同样步骤叠垒第二层；叠垒至第四层，当挑梁两端相隔近10米左右时，就在两边挑梁上安放简支木梁或木拱，随后再铺设桥面，桥的主体工程便告完成。

应当承认，伸臂木梁桥的确是一种技术上了不起的成就，其主要优点就在于可以在排除桥下立柱的前提下解决大跨度的需要。古往今来，它们在中国各地曾经发挥过很大作用。然而其严重的缺点在于耗工、耗料和费时，无法应对特殊情况下的紧急需要。

根据目前所知，汴河漕运问题的最终解决得力于社会下层的智慧。有关木拱桥的文献，迄今发现的不多，《渑水燕谈录》是其中记载最为详实的一部，其事志云："青州城西南皆山，中贯洋水限为二城。先时跨水植柱为桥。每至六、七月间山水暴涨，水与柱斗，率常坏桥，州以为患。明道中（1032—1033年）夏英公守青，思有以捍之。会得牢城废卒有智思，垒巨石固其岸，取大木数十相贯，架为飞桥无柱，至今五十余年桥不坏。庆历中（1041—1048年）陈希亮守宿，以汴桥屡坏，率常损官舟害人，乃命法青州所作飞桥。至今沿汴皆飞桥，为往来之利，俗曰虹桥。"有柱的木桥在水涨时不断被毁，直到知州遇上有智思的"废卒"，用直木相贯的技术构成无柱的飞桥，很好地解决了这个问题。山东青州的飞桥是被学术界普遍认可的早期木拱桥，然而是否为此类桥中的最早一座则颇为可疑。重要桥梁的建造有关国计民生，非同游戏，木拱结构更有相当高难的技术要求，当时如何能因为一位有智思的"废卒"便一蹴而就？相关问题很值得思考。依据目前资料，我们尚不能明确这种结构究竟是在何时何地以及如何发展成熟的，但可以肯定的是，以直木短件巧妙地叠压而成的木拱技术绝非某时某个人的偶然发明，而只能是某个地区很多人经过多次尝试，技术上长期积累、结构上不断演进的必然结果。

居于北宋名画《清明上河图》长幅构图中心位置的，正是木拱桥中最为著名的一座——汴京虹桥（图11-6），《东京梦华录·河道》记载：

図 11-6　张择端《清明上河图》中描绘的北宋汴京虹桥

"中曰汴河，自西京洛口分水入京城，东去至泗州入淮，运东南之粮。凡东南方物自此入京城，公私仰给焉。自东水门外七里，至西水门外，河上有桥十三。从东水门外七里曰虹桥，其桥无柱，皆以巨木虚架，饰以丹艧，宛如飞虹。其上下土桥亦如之。"画中清晰展现出木拱结构承重体系的一个典型实例。它由三排十根并列和四排十一根并列的大木交叉贯连，构成主要的受力构件，大木杆件的断面经加工略成方形。三排十根并列的大木为主系统，构成八字门架。施工时先行架构主系统使其稳定，再在主系统上穿插由四排十一根并列的大木构成的次系统，并用横木将主次系统相互连接，主次系统相互承重，形成一个稳定的整体。在这样一个系统中，木拱结构的主要杆件内部均呈现拉压组合的应力状态，且拉力略大于压力。这种状态不仅很好地发挥了木材自身抗拉能力强的特点，并且弧形的桥身有着相当大的跨越空间的能力，极大满足了桥下无障碍以便大船通航的功能需求。

　　木拱桥所具有的优点，使其出现后短短十年间传遍山东、安徽、河南、江苏，以及西北高原等广大地区。宿州太守陈希亮因为推行之功还受到了朝廷的专门褒奖。《宋史·陈希亮传》记载："乃以为宿州，州跨汴为桥。水与桥争，常坏舟。希亮始作飞桥无柱，以便往来。诏赐缣以褒之，仍下其法。自畿邑至于泗州，皆为飞桥。"

　　两宋之际，随着汴京的衰微，木拱桥在中原地区趋于湮灭。近人以为再也见不到这种桥梁的实物，直至20世纪80年代桥梁专家重新发现。1992年初笔者在武夷山意外发现余庆桥以后，随即从建筑史的角度进行研究。经过对闽北、浙南一带较大范围的调查，亲眼见到并简单测绘的木拱桥实物近40座，综合地方人士提供的各类资料，估计当时尚存的接近200座。这个地区林木的蕴藏量丰富、沟壑纵横、人烟稀少，具备木拱桥得以建造并留存至今的必要条件。其中年代最早的，约可溯至南宋。

大量保存于闽北浙南山区的木拱桥，具备结构上的独特性，堪称珍稀的世界文化遗产。虽然从现阶段的研究成果看，木拱结构究竟是哪位中国人的创造，以及最早出现于哪里，尚没有结论。但在全球视野中勿庸置疑，它们是中国古代工匠的伟大创造，是世界桥梁史上绝无仅有的成就。

抚今追昔，木拱桥身世的扑朔迷离，令人感慨良多。从南北朝时僻处西北的"河历"和"飞桥"，到北宋时风靡鲁、皖、豫、苏各地的"飞桥"或"虹桥"，木拱桥鼎盛时甚至受到朝廷的推广，可是南宋后悄然衰歇，藏诸深山。近人疏于实地调查，多以为这种技术于宋以后失传。在"文革"期间编写的《桥梁史话》中，图版上明明出现了泰顺泗溪东桥、一座结构清晰的大型木拱桥，文字中却哀叹"这项古代发明创造后来因为种种原因而失传"。直到80年代，桥梁专家终于确认浙南木拱桥的存在。在建筑学者中，此后10余年间一直无人问津，甚至于对

图11-7 武夷山余庆桥

武夷山余庆桥（图 11-7）视而不见，失之交臂。

笔者于 1992、1994、1996 年三度专程到闽浙交界地区 10 多个县市调查木拱桥，主要成果分别发表于《建筑学报》和《福建建筑》。在屏南、寿宁、泰顺、庆元四县，收获最多，其中最令人震撼的是屏南龙井桥（图 11-8）之险、万安桥（图 11-9）之长，以及庆元兰溪桥之美（图 11-10）。在寿宁县，目睹了气势如虹的下党桥。在泰顺县城，欣慰于木拱廊桥已被列入省级文物保护单位，并且了解到可能建于唐代的三条桥。在庆元举水村，笔者发现举溪上由多座木拱廊桥（图 11-11）、石拱廊桥组成的系列，感受到它们与山巅文峰塔交相辉映的文化气息。1996 年在庆元也感受到巨大的失落，那就是建于元代而

图 11-8 屏南龙井桥（仰视）

图 11-9 屏南万安桥

图 11-10　庆元兰溪桥

图 11-11　庆元举水村如龙桥

图 11-12 庆元濛淤桥架

两年前依然雄壮巍峨的濛淤桥（图 11-12），已经消然毁于火，随即逝于湍急的流水中。

根据研究者的近期调查，目前存留于闽浙两省的木拱桥总数大约100 座，这与笔者 10 多年前调查后的估计相比，大约减少了一半。这个数字究竟是不是准确，有待进一步核实。值得庆幸的是，现在关心木拱桥的机构和人士比过去多得多，有关木拱桥的保护措施也在逐渐完善，相信濛淤桥的悲剧，今后应当不会重演。在闽浙各地政府和民间人士的共同努力下，木拱桥必将面临着光明的未来。作为建筑学专业研究者，我们愿意尽一己之力，与其它专业的研究者通力合作，将有关木拱桥的学术研究推向更高层次，让这朵异彩纷呈的奇葩绽放于世界文化遗产之林。近年来，福建、浙江两省政府有关部门进一步加强了对于木拱桥的保护与研究，并着手进行申报世界文化遗产的准备工作。

留存木拱桥实物的，还有甘肃临夏、渭源和兰州地区。2000 年夏，笔者在临夏附近的大夏河边沿途巡查，终于发现一座伸臂梁加斜撑的木桥（图 11-13），虽然其跨度不到 20 米，但其平实而老道的结构处理，让我们坚信《沙洲记》中关于"河历"的记述不虚。偶然露出的蛛丝马迹还表明，中国木拱桥的调查尚不全面。2003 年 4 月 1 日，在中央电视台科教频道有关 1931 年长春万宝山日军的图片报道中，隐约出现一座与兰州实例相当接近的实物。这则报道让笔者记起大约 10 年前一位籍贯东北的同行说，他们年幼时曾经玩过一种"筷子戏"。根据

图 11-13　临夏大夏河上伸臂梁加斜撑木桥

这些信息推测，木拱桥在全国的分布可能更为广泛。我们对木拱桥的研究还将继续。

　　木拱结构跨越空间的能力大大超过水平梁式结构，实用价值同石拱券不相上下。而其自重轻，整体强，又大大优于石头拱券。作为杆件组合的空间结构，木拱与金属网架的特点十分接近，从理论上讲，杆数可以无穷扩大，完全可能在大跨度房屋建筑中使用。分析表明：若忽略风力等动荷载在杆件中产生的扭矩，杆件内部只受弯、剪及轴向压力，受力状态近似于简支梁。要之，木拱桥的部件似梁，整体似拱，梁柱和拱券两种结构的优点在此都得到了充分利用，在一定意义上说，真可谓文化史上中体西用的绝妙表现。

二　西方古代的木拱桥

　　与中国木建筑形成鲜明对比的是欧洲的石建筑。中国木桥，从水平木梁桥到弧形木拱桥，其间结构的演变，是由于功能的需求而逐渐推进，经历了长时间持续不断的探索。然而究其结构的根源，都源自最符合木材受力性能的简支梁结构体系，在每一个阶段的木桥结构中，木构件的受力状态大体都以受拉为主，从未发生过不符合木材受力本性的现象。而欧洲木拱桥的具体做法主要有两种方式：一是以木材模仿石拱结构，二是采用异型木桁架组合的方式。从中不难看出，同样是用木材建造，西方和中国的结构方式大不相同，其间反映的文化内涵颇值得我们深入思考。有比较才有鉴别，在我们尝试了解中国木拱桥的成因及其特点时，研究西方乃至日本的木拱桥十分必要。

我们从古罗马时期的建筑开始说起。古罗马时期的石拱技术的辉煌成就众所周知，同时其木拱技术成就也非常出色，并在很大程度上受到了主流的石拱结构方式的影响。据记载，当时木拱桥的跨度最大可达30米，如公元1世纪美因兹的莱茵河桥，如4世纪科隆的莱茵河桥。可是木构建筑物不易耐久，当时建造的木拱桥实物今人无缘得见。然而极其难得的是，其中一座的石刻图像被完整保存下来。在112年建造的罗马图拉真记功柱表面浮雕上，清晰描绘着一座多孔木拱桥（图11-14）。这座位于图尔努－塞维林（Turnu-Severin 罗马尼亚西南城市）多瑙河上的木拱桥建于104—105年，设计者是受到图拉真皇帝宠爱的建筑师阿波罗多罗斯（Apollodorus 大马士革人）。与流行的半圆拱券不同，这个木拱券侧面的外观低平。在该桥遗址上，目前尚可见残存的20个石

图11-14 图拉真记功柱浮雕多孔木拱桥

桥墩，估计原桥全长约 1100 米，各孔木拱的跨度在 35 米至 38 米之间。从结构角度看，这座木拱桥显然受到了石拱桥的影响，其特点是用木材来模仿石头拱券结构，其承重部分的材料受压，木块被完全当作石块使用。我们推测，建造此桥时可能考虑到木结构具有耗费低廉且施工快速的优点，或者只是作为战时的临时使用，另外一个可能是将其作为混凝土拱券的施工支架。无论如何，这是建筑史上可以确信的第一座木拱桥，或许就是后代西方木拱桥的鼻祖，其影响将远及中世纪欧洲、近代欧美甚至日本。值得注意的是，在这座木拱桥上，用木材来模仿石拱券结构，并未能发挥出木材良好的抗拉性能，因而不是使用木材最合理的结构方式。

到了中世纪，当石结构拱券教堂建筑的成就登峰造极之时，木结构桥梁的建设也很繁荣。虽然无实物佐证，但据史料记载，此时以斜撑加固面板的梁式木桥或以木材仿石结构的拱桥，单孔跨度都曾达到 60 米。

意大利文艺复兴时期，建筑师帕拉迪奥在其《建筑四书》中记录了几种类型的木桁架桥。那是一种承载力较大的框架结构，利用三角形的稳定性以及构件中拉、压两种荷载的均衡作用，获得比一般简支梁大得多的跨度，同时用料较少，自重较轻。不难推测，它们与图拉真记

图 11-15　卡纳雷托描绘的伦敦华尔顿桥

功柱上雕刻的多瑙河木拱桥一脉相承，木材的受力方式也大体相同。迟到18世纪中期，欧洲大陆的木拱桥技术传到英格兰。当时旅居伦敦的威尼斯画家卡纳雷托（Canaletto）描绘了他所目睹的伦敦华尔顿木拱桥（图11-15）。该桥整体是对称的三跨，中跨长度大约三倍于边跨。受力系统主要由其木构拱券以及两侧放射状木桁架所组成。卡纳列托所描绘的拱桥结构本质上属于木构桁架类型，整座桥由短木拼接而成，木材良好的受拉性能并未得到充分利用。其中央大两边小的扁平弓形拱券，与中国古代著名的赵州桥相比，结构上差异较大，形态上却颇为相似。

1850年前后，在威尼斯艺术学院旁边的大运河上，出现了一座宏伟的木拱桥（图11-16），幸存到今天，已有150年的历史。在威尼斯人眼里，石结构的桥梁往往屹立数百年甚至千年以上，是永久性的。而木桥无论何种结构，寿命只有20年上下，只是临时性的桥（Pont Provvisori）。只有艺术学院旁边的这座木拱桥，能在一个多世纪的时间里屹立不倒，且不断被修护。威尼斯人为何没有拆除这座桥，原因难以确定，或是喜爱其近似里阿尔多桥的优美造型，或是怜惜其作为木拱桥的硕果仅存。无论如何，它得以保留至今，成为威尼斯唯一木结构"永久的桥"（Pont Definiti）。艺术学院桥的单孔跨度大约在50米左右，超过意大利古代建筑结构单跨的极限记录，然而就技术而言，与两千多年

图11-16 威尼斯"永久的"木拱桥

图 11-17　日本岩国锦带桥

前的古罗马时代木拱桥相比并无多少革新，其结构上最重要的特色还是用木材仿石拱券结构的做法。

　　直到 19 世纪，日本古代建筑的发展，从未脱离过来自中国的强大影响，桥梁亦然。不过有一个例外，就是其有一座木拱桥的结构处理与中国异，与欧洲同。锦带桥（图 11-17）（Kintai-Kyo Bridge）横跨在日本本州岩国县（Iwakuni）锦川河上，1673 年建造，四墩五跨。四墩用块石砌筑，五跨全部用木建造。两个边跨矢跨比较小，低平的桥身，十分有利于行人上下。据日本桥梁专家测量，锦带桥三个主拱的最大跨度为 35 米，矢跨比七点五分之一，木拱下缘为割圆弧形，木拱轴线则近似于抛物线形，外观与中国古代曲梁式拱桥近似。然而分析其受力状态之后却发现，虽然总体结构尚称合理，但各个短木构件主要受压，显然是一座仿效石拱结构的木拱桥。这使我们推测，锦带桥也许更多受到了欧洲的影响。虽然目前没有这方面的足够证据，但桥梁关系到国计民生，木拱桥更有很高的技术要求，很难想象这类无法在中国找到源头的技术会在当地偶然地自发产生。从建造时间看，17 世纪初，荷兰商人和天主教传教士都曾在日本活动过，这也许就是欧洲影响的来源。岩国县地处本州岛西端，远离将军府所在地的江户，远离当时日本的政治或经济中心。国际间文化交流的一般规律是，在外来影响发挥作用的初期，通常在政治中心受到抵制，而在边缘地区效果明显。从结构类型上说，采用短木拼连仿效石拱结构的做法，与欧洲传统木拱桥的特点基本相同。其中构件大多受压，与中国用短木组合、构件内部应力主要受拉的木拱结构完全不同。

三 材料与结构的搭配

欧洲古代木拱桥与中国古代木拱桥，一西一东相映成趣。由于建筑文化渊源的不同，两种木拱桥的结构做法有着本质之别。欧洲木拱桥以木仿石，中国古代木拱桥却从简支梁发展出一套木拱结构体系。追溯其根本，可以发现材料与结构之间存在一种奇妙的搭配关系。

直至19世纪，无论中国或欧洲，所用材料大体上都不外乎木材或石材。古代房屋的结构方式主要有梁柱和拱券两种类型，古代桥梁亦然。欧洲选择石头作为主要建筑材料，拱券是发挥石材受力性能最好的结构方式，在拱券结构中，由于部件的截面仅受压力，石头材料强大的抗压天性得到了最大程度的利用。而在梁柱结构中，空间尺度的大小及其安全与否主要依赖于横梁而非立柱。横梁截面中存在强大的拉力，使用抗拉能力几乎等于零的石材，从理论上说全然不宜；横梁截面中压力与拉力绝对值大致相等的分布，则与木材的强度特点基本相符，使得木材成为在现代钢铁以前的建筑材料中，最适合制作横梁的材料。与此同时，木梁柱体系也就成为了符合木材受力性能最好的结构方式。

以木为材料建造的梁柱结构成为中国主流，以石为材料建造的拱券结构成为欧洲主流。这就是直到19世纪以前，两千多年来包括桥梁在内的人类建筑成就最鲜明的表现。其中材料的选择具有决定性意义。几千年来，我们祖先对木材钟爱不舍，他们只会采用符合其力学性质的结构方式，而决不会使木材与结构二者性质相悖。

早在先秦时期，梁柱式木结构在中国就已经奠定了至高无上的地位，木材以外的其它材料和梁柱以外的其它结构都只能屈居其次。而欧洲建筑在希腊时期经历从木材走向石材的转变，无疑是出于对坚固耐久性质的追求，其前提当然少不了加工工具硬度的提高。中国建筑始终没有经历类似欧洲由木向石的全面转变，曾被很多人视为技术落后的表现。本书已经反复指出，这是一个极大的误解。中国历史上多方面的成就表明，汉代以前加工工具的硬度，丝毫不亚于世界其它国家。商周以前制作的大量精美玉器的出土，是众所周知的史实；西汉时期在坚硬山崖中开凿的墓葬，迄今已有多处发现。玉的硬度大大超过建筑上使用的石材，其加工工具的硬度超过建筑上加工石材所用工具的硬度毫无疑问。仅从这一点即可推知，我们的祖先对木材的执着，并非源于面对石头硬度的望洋兴叹，而可能出自一种独到的自然观念。换言之，中国传统建筑是一种历经深思熟虑的理性选择，绝非技术落后或经济贫困的制约使然。

当顺从自然的理性选择成为华夏集体的共识以后，木头这种可以循环使用且易于降解的材料便与中国建筑结下了不解之缘，梁柱体系的持久延续便是顺理成章的事。西汉董仲舒倡言"天不变，道亦不变"，木材选择既已确定、梁柱结构既已成熟，二者自然便构成了"道"的内容之一。儒家学者对此没有明言，但其后中国建筑的实践明白无误地昭示，在中国特别是在汉文化发达地区，木材和梁柱的地位都远远高于其他材料和结构。汉魏阙、唐宋塔以及明清无梁殿，皆是以砖石模仿木材建筑的实证。一言以蔽之，我们祖先只会以石仿木，决不会反其道而行之。他们即使以木材建造拱券结构的桥梁，也不会放弃简支梁受力的基本原则。从中国典型的木拱桥着眼，造型为拱，结构为梁，梁柱和拱券两种体系十分有机地组合作用，其间全无造作虚饰，可谓出神入化，实在是极其智慧的发明。

与此相反，希腊人开创了以石材建造仿木建筑的历史，罗马人奠定了用木材模仿石拱结构的技术基础。分析可知，以石为材料模仿的木梁柱结构和以木为材料模仿的石拱结构都有其不尽合理的地方，主要原因在于这两种结构相对于所用材料而言都没能做到"扬长避短"，都不符合"物尽其用"的自然原则。石结构的梁柱不能发挥石材强大的受压性能，却凸显了石材脆弱的受拉性能。以木模仿石拱结构，则压抑了木材高强的受拉性能，致使木材受压较弱的性能去应对拱券中无处不在的强大压力。这确实是一种材料的误用，一种结构的非理性搭配。

正如我们的祖先执着于梁柱结构一样，欧洲人的祖先对于拱券结构的执着，也持续了两千多年时间。在欧洲，拱券结构之所以超越梁柱或其他结构方式，以至于上升为一种永不放弃的传统，根本原因就在于希腊和罗马人选择了石材，而拱券正是完美适应这一材料的最佳结构。一旦完成其自身形而上的升华，成为一种文化形态的象征，昔日材料与结构理性搭配的羁绊便不复存在。文化便成为控制建筑形态的强大力量。而这也就是中国木拱桥和西方木拱桥在结构方式上，显示出明显差异的原因。

【附录】

一. 参考阅读

1. 唐寰澄：《中国科学技术史·桥梁卷》（北京：科学出版社，2000 年）：

宋时第一次出现了新颖的木拱桥，学术上那个权名之曰贯木拱。贯木拱首见于北宋画家张择端的《清明上河图》所绘宋代汴京虹桥。贯插众木成拱而无柱，可一跨过河，避免船撞。在世界桥梁史上唯中国有之。野史记载这种桥的发明创始自宋，明道二年（1032）夏竦守青州（今山东益都）时"牢城废卒"所创。《宋史》名记为宋、皇祐元年（1049）陈希亮在宿州（今安徽宿县）所创。本书作者在写作时曾至两处寻根，都无记载和实物，且连汴桥亦早无痕迹。初以野史所述为主，后细读正史，对青州之说，在时间上也产生疑窦，乃以正史为准。南宋建都临安，经济建设偏于东南，贯木拱的技术便南传、改进、建在今闽浙山区。

2. 中国科学院自然科学史研究所：《中国古代建筑技术史》（北京：科学出版社，2000 年）：

此桥的外形虽是拱形，结构的组合仍是以梁交叠而成，称为"虹梁结构"、不仅造型优美，还具有以下几个突出的优点：第一、构造简便，整体骨架又有纵横两种构件纵横搭置，互相承托，具有简单梁的特点。构件类型少、形体简单，加工简易、构件互相连结也比较容易处理。第二，短构件、长跨距：以小材建造较大跨径的构造物，从《清明上河图》中所绘的比例来分析，每个纵向构件长约8米，恰与估计的桥宽相等，也就是说全桥主桥所用大木，都是用若干8米长的木料支起跨径25米的大桥。第三，结构坚固：《渑水燕谈录》一书成于北宋绍圣二年（1090），书中所记青州第一座"虹梁结构"的木拱桥已建成将近60年仍未坏。汴京的虹桥至北宋末期的政和、宣和年间（1111—1125）尚完好。以此推算这一批虹梁结构的飞桥寿命，至少也在八九十年以上。九百多年前的木桥，能达到如此较长的寿命，结构的坚固性应是相当强的。

二．思考题

1. 中国古代木拱桥的结构理性是什么？
2. 为什么说日本锦带桥可能受到了西方的影响？
3. 中国古代木拱桥和欧洲古代木拱桥在结构上的差异是如何产生的？

第十二讲
仙楼佛塔及其向大地的回归

在西方世界，宗教是一股强大的精神力量，将物质的建筑推向一个又一个高峰。古埃及的金字塔、古希腊的帕提农、古罗马的万神庙，以及堪称巅峰之作的哥特大教堂，都是在宗教热情驱使下完成的建筑杰作。中国的情形迥然不同，先哲中很少有人迷信，孔子的观点就很有代表性。《论语·述而》云："子不语怪力乱神。"《论语·雍也》云："务民之义，敬鬼神而远之，可谓知矣。"王权与教权的过早分离以及人文精神的高度发达，使中华文明中的宗教意味相对淡薄，中国建筑因此也以合宜适度、卫生足用为宗旨，人文的光辉远过于物质的成就。

毋庸置疑，与欧洲建筑中那些壮丽的高楼巨厦相比，中国古代建筑的主流面貌是谦卑而不事张扬的。这种情形产生了一个负面效果，就是中国古代绚丽文化中的大部分都被迷雾所遮掩。近代社会达尔文主义和机械唯物主义流行，不但多数欧美人士对中国文化心生鄙夷，大量饱学的中土显贵也开始自惭形秽。海上逐臭之夫挟洋自重的恶俗，风行近一个半世纪，至今尚未得到有效遏止。

在此背景之下，我们认为应当展示中国古代建筑曾经有过的物质成就，证明先民实际上早已掌握建造高楼巨厦的技术能力。本文的意图是告诉读者，在主流的谦卑状貌之外，中国建筑物质层面的发展也经历过几次高潮，尤其是两种向高空垂直发展的建筑类型——楼与塔。它们似乎一度离开了大地，摆脱了理性，因而都和宗教有着千丝万缕的关系。楼与道教有关，塔与佛教有关，宗教的狂热与执著，虽不免有其偏颇，但对于建筑技术的发达无疑有着不容低估的推动意义。

一　仙人好楼居

中国古代最早的楼，并未与仙人攀上关系。据《周礼·考工记》记载："夏后氏世室，殷人重屋，周人明堂。"这里讲到夏商周三代用于布政、通天、祭祖等的重要建筑，其中商为"重屋"。《说文解字》："楼，重屋也"，"重屋"大概可以算是中国最古老的楼。值得注意的是，"重屋"具有通天功能，而高楼的目的之一也是接通天人。鹿台望云雨，强台望崩山，鲍居台望国氛，在登高望远这一点上，台与楼也并无二致。春秋战国的高台宫室，内筑土芯外附木榭，也可看作貌似楼阁的建筑群。但高楼真正兴盛起来，还要到秦汉时期，在它们与仙人之间密切联系之后。

道教正式出现于东汉，但其精神无疑早已存于上古思想中。无须远溯，《庄子》一书中就有许多对其理想人格的描述。《逍遥游》中的神人"肌肤若冰雪，绰约若处子，不食五谷，吸风饮露，乘云气，御飞龙，而游乎四海之外"。《齐物论》中的至人"大泽焚而不能热，河汉沍而不能寒，疾雷破山、飘风振海而不能惊"。《大宗师》中的真人"其心忘，其容寂，其颡頯；凄然似秋，暖然似春，喜怒通四时，与物有宜而莫知其极"。这些神人、至人、真人皆有种种神通，逍遥自在、无往不适，正是后世仙人的原型所依。

闻一多先生在《道教的精神》中认为，相对于东汉的"新道教"，还有一个"古道教"，新道教由古道教演变而来，道家也是从古道教中提炼而出，一为宗教组织，一为哲学思想，血脉相连，并非二致。闻先生又推测，古道教可能是"中国古代西方某民族的宗教"，儒家则导源于东方某宗教。儒、道互为他者，因此二者互异而又互补，既相排斥，又相吸引。

庄子将其笔下的理想人格称为"真人"，他相信"本然的'人'就是那样具有超越性，现在的人之所以不能那样，乃是被后天的道德仁义之类所斫丧的结果。"与真人相对的是假人，世间之人皆为假人，但通过修炼仍有返本归真的可能，过上逍遥的生活。庄子指出的这条路，经后世神仙家、阴阳家的演绎发挥，衍生出各种道术和方技。神仙思想是人类几种基本欲望无限度的扩张，即使约束以什么戒条，也只是手段而已，暂时节制，以便成仙后得到更大的满足。对于尘世中人，这种思想无疑有着极大的吸引力。因此上至帝王，下及草民，无不表现出对这些神仙长生之说的迷恋。

在《史记·孝武本纪》中，通篇几乎都在描述汉武帝如何与方士打交道，追求长生不老之方、得道成仙之术。"仙人好楼居"一语就出自方士游说武帝的动人辞令。从闻一多先生所作的《神仙考》中，可以大略推知神仙是如何与楼居关联起来的。"长寿"是古人的一大追求，从中衍生出"不死"观念。闻先生认为不死观也起源于古代中国的西部，最先是一种"灵魂不死论"。《墨子·节葬下》记载："秦之西，有仪渠之国者，其亲戚死，聚柴薪而焚之，熏上，谓之登遐。"这个仪渠就是西部之国，亲人死后进行火葬，灵魂便可乘坐袅袅飞烟上天而得永生。"登遐"也作"登霞"，正是乘烟上天之意。西部的不死观流传到东方，先是演变为"灵肉同生论"，后来灵魂被彻底放弃，成为燕齐一带的"肉体不死论"，依靠火葬的灵魂飞升也就演变为肉体的修炼。炼丹、服药、行气，都是为了改变重浊的肉身，达到飞升的目的。人若能升天，就可以与神仙一样长生和万能，享尽一切欢乐。成仙、飞升、登天，这种种观念糅合到一起，人们自然会想到，仙人若有一个居所，自然也非高耸入云的楼阁莫属。直到唐代，李白仍对成仙得道情有独钟，在百尺危楼上津津有味地吟诵"不敢高声语，恐惊天上人"。

汉武帝听信公孙卿"仙人好楼居"的说法，"乃作通天台，置祠具其下，将招来神仙之属"，并在建章宫中"立神明台、井干楼，度五十余丈，辇道相属焉"。通天台、神明台是战国以来台榭建筑的延续，营造这些高大的建筑有两个目的：一是迎接仙人下凡，招来神仙之属；另一个是引导武帝成仙后升天。高台也表达了人们向高空发展的重要意向，据刘向《新序》记载："（战国）魏王将起中天台，令曰：敢谏者死！许绾负蔂操锸入，曰：闻大王将起中天台，臣愿加一力！……臣闻天与地相去万五千里，今王因而半之，当起七千五百里之台。高既如此，其趾须方八千里，尽王之地，不足以为台趾。……魏王默然无以应，乃罢起台。"中天就是天高的一半，中天台追求的主要是高大，与天的关系只是在高度上；武帝的通天、神明二台则有与天相通之意，显然已经受到神仙思想的较大影响。中天与通天，表面是量的差距，实则有质的差别。

我们推测，通天台、神明台仍是北方传统的土木混合结构；与其相比，建章宫中的井干楼则是一种全木结构，极有可能是受中国南方的影响。张衡《西京赋》云："井干叠而百层"，重叠是井干结构的重要特征：采用方木或圆木反复交搭，重重垒砌起来，最初用来防止井壁倾塌，并伸出井上作为护栏，井干即由此得名。这是一种非常古老的结构形式，新石器时期已经出现，至今仍在一些森林茂密的地区使用。从留存下来的文献和图像资料看，井干是汉代城市建筑中颇为流行的一种结构。桓宽《盐铁论·卷第六》："今富者井干增梁，雕文槛楯，堊（巾夔）壁饰。"成都杨子山汉墓出土画像砖上绘有一幅门阙图，两旁是带子阙的阙楼，其间连以门屋。双阙的下层为土台，上层为木屋，台、屋之间刻画有层叠的枋木，主阙下部的枋木甚至多达五层，当中的门屋上也刻有两层枋木。其它如冯焕石阙、高颐墓阙，都刻画有这一形式。我们应当注意到，重叠的枋木正是一种井干形式。

为了迎候神人以及与天相通，武帝还建造了许多楼观。据《史记·孝武本纪》记载："令长安则作蜚廉桂观，甘泉则作益延寿观"，"（建章）前殿度高未央，其东则凤阙，高二十余丈"，加上井干楼、通天台等，各种型制，无所不有，并且都力求高大。神仙当然荒诞虚无，不死也全是痴心妄想，但换一个角度看，这奢望与痴想，未尝不是一种浪漫的人性不甘屈服于现实局限的表示。即使到今日，那些恍惚的神话与传说，炽烈的狂热与执着，以及由之而生的超越的楼观与阙台，依然不乏动人之处。

留存至今的汉代建筑仅有数十座石阙和墓室，使我们难以窥见当时辉煌的全貌。幸运的是，在汉代墓葬中出土了大量建筑明器，它们中的许多都为楼阁形式；汉人的高举脱俗、遗世独立之意，从中仍可追摹一二。出土明器以东汉为主，但它们的技术基础显然奠定于西汉以前。

武帝井干楼的结构方式滥觞于新石器时期；在东汉陶屋中，三角形梁架已普遍使用，抬梁式结构进一步发展，穿斗式结构也已出现，最突出的则是承托深远出檐的大量斗栱。陶楼明器的类型很多，有望楼、仓楼、戏楼、水榭等，表明它们已经深入到人们生活的各个方面；这些陶楼低的二、三层，高的五、六层，最高的达到七层，并在主楼一侧设附楼，主、附楼通过飞阁相连（图12-1）。楼阁在两汉成为一种广泛使用的建筑形式，反映出木构技术的巨大进步，其背后则是当时独特的人生观念与审美追求。楼与浮云齐，身共神仙游，从某种意义上说，先有如此的精神追求才有后来技术上的种种创造与进步。

"殷人重屋"、"仙人好楼居"，重屋与楼居这两个名称的自身就反映了中国古代高层建筑的两个特征，也是使其区别于欧洲大教堂的最重要两点。"重屋"与井干相通，都是层层重叠，枋木重叠构成井干，房屋重叠构成楼阁，一座高楼实际上是由许多单层房屋组成；相比之下，欧洲的大教堂则是一个整体，是一座内部空间特别高大的单层建筑（图12-2）。"楼居"的重点则在于"居"，

图 12-1　河南汉代明器双塔式陶楼

图 12-2　法国亚眠大教堂内部

表明中国高楼的本意是把人带到高处生活，春秋战国的高台如此，重屋之制的楼阁如此，后来传入中国并中国化之后的佛塔依然如此。欧洲的大教堂则意在引起人们对天国的向往与敬畏，而并不真的打算引导人们到高空活动。这两个特点其实是连在一起的：人们在一层层的房屋中可以逐层登临观赏，在单一的高大空间里则只能仰望憧憬。它们背后体现出的东西方心灵的不同，耐人寻味。

二　伽蓝塔影

在佛教建筑中，佛塔最具代表性，其最初的渊源，是印度的窣堵坡（Stupa），一种用于埋藏骨灰的半圆形覆钵状墓塔。《南海寄归内法传·卷三》记载："大师世尊既涅槃后，人天并集，以火焚之。众聚香柴，遂成大积。"这是一种有关死者的火葬仪式，不过与道教仙人的乘烟飞升不同，佛教的焚化是为了得到舍利。《魏书·释老志》记载，火化后的舍利"大小如粒，击之不坏，焚亦不焦"，由弟子收奉，建塔埋葬。当时还有八王争舍利的传说，八份舍利，加上盛舍利的瓶、烧舍利的炭各起一塔，共计十塔。佛陀寂灭后约 200 年，阿育王（约前 304—前 232 年）令建造八万四千座佛塔，以收藏散于各处的佛陀舍利。此后佛塔作为佛陀的象征，成为佛教的重要标志，而凝聚了种种神异色彩的舍

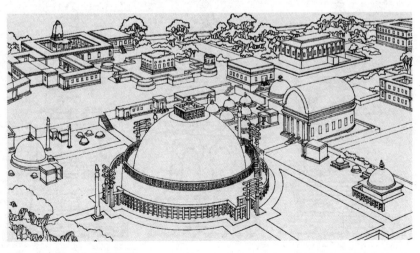

图 12-3　桑奇大塔复原图

利则每每开启建塔的机缘。

在印度的早期佛塔中，以建于公元前 3—1 世纪的桑奇（Sanchi）大塔最为著名（图 12-3）。整座建筑可分三部分：下部是圆形的塔基，其上为半球形的覆钵，顶部为方形的石栏平台，台中央立竿支撑着三重伞盖。桑奇大塔的前身是阿育王的八万四千塔之一，作为墓塔，采用实心石构，整体造型下圆上方，这两个特点在佛塔进入中国后都将产生较大的变化。

一般认为，佛教正式进入中国的时间，是在东汉永平年间。《魏书·释老志》记载："孝明帝夜梦金人，项有日光，飞行殿庭，乃访群臣，傅毅始以佛对。帝遣郎中蔡愔、博士弟子秦景等使于天竺，写浮屠遗范。……愔之还也，以白马负经而至，汉因立白马寺于洛城雍关西。"有人推测明帝夜梦金人在永平七年（64 年），白马驮经归来在永平十年，同年立白马寺安置外来僧人。对于佛教在中国的发扬传布，汉明帝起了很大的作用，《洛阳伽蓝记》云："自项日感梦，满月流光，阳门饰豪眉之像，夜台图绀发之形。尔来奔竞，其风遂广。"当时白马寺中就曾建造佛塔，《魏书·释老志》云"凡宫塔制度，犹依天竺旧状而重构之，从一级至三、五、七、九。世人相承，谓之浮图，或云佛图。"这座最早的中土佛塔沿袭了印度窣堵坡式，但却采用犍陀罗式样，将其基座重叠以后变成多级的高塔，透露出中国人对"重屋"形式的执着。

图 12-4 敦煌壁画中窣堵坡式塔五代第 61 窟

敦煌壁画中有若干这种形式的窣堵坡式塔（图12-4，），它们二至四层不等，底层为方形台座，座上有胖胖的覆钵，其上又为方形台座，座上又有胖胖的覆钵，一层叠一层，颇为可爱。壁画中还有一种下层为方形木屋，上部搁置数层窣堵坡的建筑（图12-5），在"依天竺旧状而重构之"的基础上又进了一步，直接引入了汉代楼阁的做法。这是佛教传入中国之初，佛塔原型与重楼意象的叠加，从中容易看出，两种建筑的初步结合还是比较粗陋的，甚至不乏方枘圆凿之处。随着中西文化交流的日益密切，建

图12-5 敦煌壁画中砖身木檐塔五代第61窟

筑的结合也将日渐圆融，中国的重屋情结使原本单层的印度佛塔迅速变成多层。从世界范围看，惟有中国系的佛塔采用重楼形式；木构楼阁取代实心石塔，内部有了活动空间，最初还只是供奉佛像，供人礼拜，不久就逐渐演化变成为可以层层登临的高层建筑。窣堵坡的上方下圆变成楼塔相叠的上圆下方，与中国人有关天圆地方的执著或许不无关系。此后的中国佛塔采用方形台基，基上立多层方形塔身，窣堵坡则被缩减为覆钵、露盘、宝珠等，置于塔顶作为塔刹；唐以前的佛塔无论木构、砖构，大多如此（图12-6）。

佛教与中国民间的最初接触，可能要远远早于东汉。《史记·秦始皇本纪》记载："（三十三年，前214年）禁不得祠，明星出西方。"历代注家皆不得其解，但有学者推测，"不得"即梵语 Buddha 的音译，意指佛陀。司马迁所记，也许揭示了秦始皇禁止民间崇拜西方佛陀的一段史实。印度阿育王的在位时间略早于秦始皇，前者建造八万四千塔，广布佛教，其流风余韵被及中国正在情理之中。

《魏书·释老志》记载："汉武元狩中，遣霍去病讨匈奴，至皋兰，过居延，……获其金人，帝以为大神，列于甘泉宫。金人率长丈余，不祭祀，但烧香礼拜而已。此则佛道流通之渐也。"武帝一辈子封禅、求

图12-6 西安慈恩寺大雁塔

仙、礼敬金人，逢神便拜，开后世儒释道三教合一风气之先河。此处面对金人"不祭祀，但烧香礼拜而已"，显然在暗示金人即铜制佛像，因为祭祀是道教作风，烧香则为佛教礼仪。若果如此，则可以推测，佛教初为始皇所禁，到武帝时则已渐渐开通。

西汉武帝开启释、道合一的先例，到东汉时，"浮图与黄老同祀"更蔚然成风。在牟子《理惑论》中，释迦牟尼有三十二相，八十种好，身长丈六，体皆金色，能小能大，能圆能方，蹈火不烧，履刃不伤，欲行则飞，坐则扬光……种种神异之事，与庄子笔下的仙人如出一辙。佛家崇"清静"，道家尚"无为"，二者的教义也是声气相通，因此佛祖被当作西方的神明，与黄帝、老子及其它神话人物一起受到敬奉，并无意外。《理惑论》是中国最早的佛教论著，作者牟子"锐志于佛道，兼研老子五千文"，显然认为二家教义并无轩轾，可以统而观之。《后汉书》卷四十二记载："（楚王英）晚节更喜黄老，学为浮屠斋戒祭祀。"楚王英是汉明帝的弟弟，身为皇族，因"诵黄老之微言，尚浮屠之仁祠"而受到皇帝的褒扬，也是释道合一的典型人物。

可以说从一开始，佛道两家就结下了不解之缘。东汉之前已经流行的本土仙人喜好的楼居，此时影响到供奉西方神明的高塔，实为顺理成章。我们推测汉代关中楼阁所采用的木构技术来自中国南方，木构佛塔最初大概也与南方有关。《三国志》卷四十九记载，汉献帝初平年间（190～193年），丹阳人笮融在下邳、彭城一带"大起浮图祠，以铜为人，黄金涂身，衣以锦采。垂铜盘九重，下为重楼阁道，可容三千余人，悉课读佛经"。这是一座佛塔居中的寺庙，周围有阁道环绕，塔中供奉佛像，装饰华美，塔顶为累叠九重铜盘的塔刹，下为重楼形式的塔身。丹阳为今扬州，下邳、彭城在苏、皖北部，笮融作为南方人，又在远离西安、洛阳等传统政治中心的中国东南部建造浮图，采用南方木构的可能性显然更大。在四川东汉画像砖上也绘有一些木构佛塔式样（图12-7）：方形的基座，上立三层塔身，各层均为三间四柱，塔顶立刹杆，贯有三重铜盘与刹端宝珠。

佛塔结构与形式的演变，"是一个在固有文化的基础上对外来佛教文化不断吸收并加以改造的过程。由于固有文化上的差异，这种吸收和改造的程度、方式在不同的地区、民族中也有所不同"。苏北、皖北地区属东部沿海，靠近燕齐，并且与四川相似，都是汉代方士巫祝盛行的

图 12-7　什邡东汉画像砖佛塔

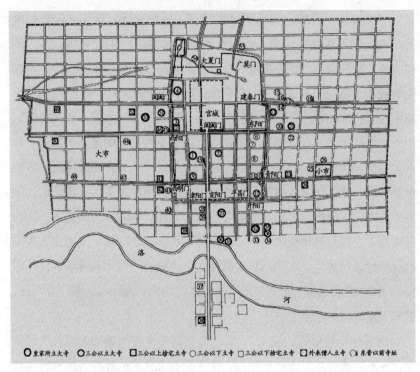

図 12-8 北魏洛阳主要佛寺分布图

地区，因此这些地方早期的民间佛塔多采用木构形式，大约正是汉代迎仙楼阁的一脉相承。但在洛阳等外来僧人聚集的中心地区，官方所立的寺塔，先是"依天竺旧状而重构之"，后来逐渐中国化，则与战国以来的北方台榭形式气脉相连。

公元 6 世纪的北魏洛阳是一个寺塔林立的城市（图 12-8）。孝文帝迁都洛阳，寺庙建设尚有节制；宣武帝即位后，城郭之内佛寺数量剧增，达到 500 多所，寺中多建佛塔，《洛阳伽蓝记》记载，长秋寺有"三层浮图一所"，瑶光寺有"五层浮图一所"，胡统寺有"宝塔五重"，景明寺"造七层浮图，去地百仞"，……其中最著名并且最壮观的，无疑要数永宁寺塔。

永宁寺塔堪称中国古代第一高塔（图 12-9）。熙平元年（516 年）胡太后立永宁寺，并在寺院中心建塔，《洛阳伽蓝记》云："（永宁寺）中有九层浮图一所，架木为之，举高九十丈。有刹复高十丈，合去地一千尺。去京师百里，已遥见之。"永宁寺塔成为魏都洛阳的标志性建筑，有似美国纽约湾的自由女神像，那些怀抱梦想而来的欧洲移民也是"去京师百里，已遥见之"，顿时饱含激动。不太可靠的是，永宁寺塔高一千尺，近300米，以九层计算，每层30多米。《魏书·释老志》的记载则比较可信："佛图九层，高四十余丈"。佛塔建成后，"明帝与太后共登浮图，视宫内如掌中，临京师若家庭。"不幸的是，这座高约140米的巨塔建成后只存在了18年就遇火尽焚，"火初从第八级中平旦大发，当时雷雨晦冥，杂下霰雪，百姓道俗，咸来观火，悲哀之声，振动

图 12-9　北魏洛阳永宁寺塔复原图

京邑。时有三比丘赴火而死。火经三月不灭，有火入地寻柱，周年犹有烟气。"永宁寺塔的被毁实在是一大损失，甚至对于北魏政权来说也是一个致命的打击。南北朝时期，皇室造寺祈福之风异常盛行，人们相信弘扬佛教就可以坐拥太平，大量的物力与人力都被投入到建塔、立寺、开窟、造像等崇佛行动之中，所谓"王侯贵臣，弃象马如脱屣；庶士豪家，舍资财若遗迹。"在此风气下建成的永宁寺塔，不但汇聚了北魏的奇珍异宝，更是一国君民的精神所寄，甚至直接与国祚世运相连。就在永宁寺塔焚毁的当年，京师迁往邺城，北魏亡国。

　　1979年考古人员对永宁寺塔址进行了发掘。发掘报告显示，佛塔有两层夯土台基，底层东西广101米，南北宽98米，接近方形；上层为方形，边长38.2米，其上有124个方形柱础遗迹，内外五圈作方格网式布列（图12-10）。第四圈木柱内有方约20米的土台，据此推测，第

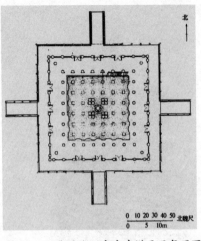

图 12-10 北魏洛阳永宁寺塔平面复原图

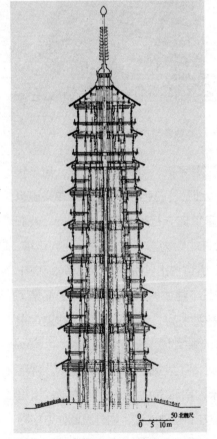

图 12-11 北魏洛阳永宁寺塔剖面复原图

四圈木柱以内，是一座土坯垒砌的实体高台，第五圈木柱为外圈檐柱，表明当时建塔仍未彻底摆脱秦汉以来台榭建筑依附高台架立木构、形成木构建筑外观的结构方式。内部高台的东西南三面正中的五间，都有佛龛遗迹，北面不见佛龛而有壁柱，推测是设置楼梯之处；高台外部的第五圈木柱，主要是作为回转礼拜的通道，用于参拜中心高台表面龛中的佛像。永宁寺塔高九层，内部土台高七层，台外各层围有一圈木构回廊，台上建两层木构房屋，大致可将其视为一座拔高了的台榭建筑（图 12-11）。

时人庾信在《和从驾登云居寺塔》中写道："重峦千仞塔，危登九层台。"庾信本为南朝人，仕于萧梁，554 年，奉命出使西魏，因为文学才华出众而被留在北方，从此再未南归。写这首登塔诗时，庾信已在北方，陪侍赵王登临长安附近的云居寺塔。西魏承接北魏，前后建筑的风格必相延续。云居寺塔也是九层，高千仞，诗中台、塔互称，透露出当时北方佛塔与早期台榭密切相关的信息。

印度佛塔原本是实心的，只

埋佛骨，不供佛像，更谈不上登临，受到希腊罗马文化的影响，才将佛像作为礼拜对象，此后传入中国时，佛塔之内已出现供奉佛像的空间。传入中国后，单层佛塔变为多层，但初期只在底层置佛像，其上各层仅壮观瞻，并无功用。《法苑珠林·舍利篇·感应缘》记载，曹魏洛阳宫城之西有一座寺塔，"每系舍利在幡刹之上，辄斥见宫内，帝患之，将毁除坏"。推测这座寺塔的内部并不能逐级攀登，否则系舍利者当不必冒险从外部登上塔顶。前文已经提及，永宁寺塔的上部可以登临，《魏书·崔光传》也有大段记述，"灵太后幸永宁寺，躬登九层佛图"，时人可能认为，由于佛像置于佛塔底层，登临其上是对佛的不敬；类似的观念中国自古而然，比如"适墓不登陇"，就是认为陇下有先祖的神灵，禁止登到坟墓的陇上。灵太后登永宁寺塔是在佛像入塔之前，但侍中崔光仍然上表谏止，认为"今虽容像未建，已为神明之宅"，"唯盛言香花礼拜，岂有登上之义？"这种禁忌在南北朝时期被逐渐打破。佛塔内部开始层层供佛，逐层登临也就成为必要，不复存在临视佛像有所不敬的问题。从实心到空心，从不登到可登，是佛塔逐渐中国化的一个重要标志，也是汉代"楼居"精神的延续，其背后则有中国人"登高"的强烈欲望暗暗起作用。隋唐时，登塔已是司空见惯，著名的"雁塔题名"，便是指进士及第之后，群至长安慈恩寺浮图登临题诗。岑参《与高适薛据登慈恩寺浮图》是其中最著名的一首："塔势如涌出，孤高耸天宫。登临出世界，磴道盘虚空。突兀压神州，峥嵘如鬼工。四角碍白日，七层摩苍穹。"短短的几句五言，写尽了登临的快意与高塔的恢弘。

三　回归大地

在中国早期寺庙的布局中，佛塔占据着首要的中心地位，但从南北朝中期开始，这一地位开始逐渐改变。内部供奉佛像的佛塔，实际是一种佛殿，后来佛像越来越多，塔中狭小的空间容纳不下，于是采用传统的殿宇作为佛塔的补充。随着殿宇的地位日益上升，传统的院落手法也逐渐运用于寺庙布局中，最终导致了佛塔主体地位的丧失。在洛阳永宁寺，这种情形已露端倪，塔北部"有佛殿一所，形如太极殿，中有丈八金像一躯、中长金像十躯、绣珠像三躯、金织成像五躯、玉像二躯……寺院墙皆施短椽，以瓦覆之，若今宫墙也。四面各开一门。南门楼三重，通三道，去地二十丈，形制似今端门"。永宁寺佛殿形如宫中正殿太极殿，供奉了诸多佛像，在寺中的地位已经举足轻重；此外寺墙如宫墙，南门似端门，处处都在暗示，寺庙模仿的是皇宫格局。中国传统建筑发展到北魏，单体的组织和院落的布局已经很成熟，洛阳皇宫就是一组复杂有序的庞大院落，永宁寺仿照洛阳宫，自然受到其布局方式的影响，不过此时高塔仍居于永宁寺的主宰地位，要到隋唐以后，以佛殿为中心主体、佛塔分置两侧甚至别院的布局形式才逐渐定型。然而，这一回归大地的趋势显然已不可逆转。隋唐时期，净土思想流行，建造宏丽的佛寺成为潮流，其特点便是以高大的殿阁为主体，以回廊院落为单元，通过繁复的空间组织，形成丰富开阔的院落格局（图12-12）。此时人们不再执着于天国仙界，开始于现实世界中营造佛国净土。

从高层楼塔到单层院落，一个垂直发展，一个水平分布，形似相

图 12-12 敦煌盛唐第 172 窟北壁观无量寿经变中佛寺

离，神则相合。两者皆可看作"重屋"思维的产物，楼塔是房屋在竖向维度上的重复叠加，院落是房屋在横向维度上的重复组合。《南齐书·虞愿传》记载："（宋明帝）以孝武庄严刹七层，帝欲起十层，不可立，分为两刹，各五层。"皇帝想盖一座十层高塔超过对方，因技术所限盖不起来，于是改为两座五层小塔，自以为这样就胜过了人家。十层塔既然可以拆为两座五层塔，自然也可以拆为十座单层塔，它们在平面上组合布置，自然就形成了院落。

院落式的群组布局具有一种独特的审美特点：重要建筑都在庭院之内，很少能从外部一览无遗。建筑越是重要，作为前奏的院落越多，高潮在人们的行进中层层展开，引起人们可望而不可即的期盼心理。这样，当主体建筑最终展现在眼前时，朝拜者情绪的激动和兴奋也已不可抑制。屈原在《楚辞》中已有"岂不郁陶而思君兮？君之门以九重"的感慨，唐人诗中对于天子殿堂深不可测的描述更俯拾皆是："山河千里国，城阙九重门"（骆宾王），"一封朝奏九重天"（韩愈），"九重幽深君不见"（崔颢）……这种由阻隔造成的距离之感，在宫廷中偏重于威慑，到园林中则转化为审美。在中国的审美理想由雄壮转为深远的过程中，其内在的蕴涵意义无比重大。

作为中国古代最主要的两种高层建筑，楼阁与高塔发展的高峰皆与宗教有关。宗教热情对于建筑技术的进步和物质成就的提高都具有不可估量的意义，东西方皆然。但在中国，情况仍有其特殊之处，譬如越到后期，佛教的异域色彩越是淡化，最终演变为完全中国式的禅宗。禅宗阶段的佛教，认为心外无物、此心即佛，事实上已不需依靠建筑或其它方面的形色渲染吸引信徒。在禅宗寺院中，开凿石窟、营建高塔这类物质上的孜孜追求已经没有太多意义。其中不多的屋宇朴素亲切，僧人们在青山绿水、竹窗茅檐间"砍柴担水，无非妙道"。值得一提的是，中国化以后的佛教禅宗，添加了许多老庄意味，我们更可将其看作佛、道两家的合流。隋唐以后，楼阁式的佛塔日益世俗化，在苏轼"赖有高楼能聚远，一时收拾与闲人"的表述中，登临观赏已成为楼阁的重要功能；宋元明清兴造的风水塔或风水楼，也不再是礼佛求仙的工具，而成为"通显一邦，延衮一邦之仰止；丰饶一邑，彰扬一邑之观瞻"的标志性建筑，装点着祖国的大好河山。

中国先秦辉煌的高台楼榭与汉唐壮阔的宫阙殿宇，虽然大多仅存残迹或仅见于文献，但至今仍能给人以惊心动魄之感。但是，中国建筑并没有沿着这个方向一路前行。唐宋之际出现了中国文化的一大变局，此时的文化理想产生了一次重要转折，治中国史的学者，在各个领域，不约而同地意识到了这一点。格鲁塞在《东方的文明》中论及中国艺术时认为："宋代在发展中国精神及美学理想方面占有首要地位。经过先前各代的发展，中国美学理想的演进已完成了物质的一面。它已表明了它所要表明的一切，从此以后，除了重复毫无个性的陈腐主题外，已经无所作为。于是，过去时代的物质理想已由以知识界人士为基础的精神理想所接替。"这里所涉及的艺术对象，主要是绘画与雕塑。顾炎武也说过，唐代城市和建筑必宏敞，宋以下所置，时弥近者制弥陋。我们认为，顾氏的所见极是，所论则值得讨论。要而言之，唐宋之际的转变，在很多方面都显而易见，因此今人最该做的，或许不是遽论其高下，而是细辨其差异的缘由。宏敞与简陋之间的分别，实为中国文化故意选择的结果，是民族性的必然而非没落。

从春秋到隋唐的建筑演变中，我们已经察觉到了中国建筑变化的大趋势：从高台宫榭到单座房屋，从楼阁佛塔到院落组合，建筑的尺度日益缩小而数量日益增多，从雄壮、崇高向细腻、广阔的过渡，其实本身就是一个物质性逐渐弱化的过程。直到明清，这一过程还将继续，其原因，可能与人们的习惯思维有所不同，并非由于国力的不振或文化的衰落；其影响，也绝非完全消极。在本书其它讲中，我们还会看到，中国建筑文化的这一独特选择具有什么样的积极意义，并将如何发展出含蓄隽永独步天下的园林艺术。

【附录】

一. 参考阅读

1.《庄子·逍遥游》：

肩吾问于连叔曰：吾闻言于接舆，大而无当，往而不返。吾惊怖其言犹河汉而无极也，大有径庭，不近人情焉。连叔曰：其言谓何哉？曰藐姑射之山，有神人居焉。肌肤若冰雪，绰约若处子；不食五谷，吸风饮露；乘云气，御飞龙，而游乎四海之外；其神凝，使物不疵疠而年谷熟。吾以是狂而不信也。连叔曰：然，瞽者无以与乎文章之观，聋者无以与乎钟鼓之声。岂唯形骸有聋盲哉？夫知亦有之。是其言也，犹时女也。之人也，之德也，将磅礴万物以为一，世蕲乎乱，孰弊弊焉以天下为事！之人也，物莫之伤，大浸稽天而不溺，大旱金石流、土山焦而热。是其尘垢秕糠，将犹陶铸尧舜者也，孰肯以物为事！

2. 牟子：《理惑论》：

问曰：汉地始闻佛道，其所从出邪？牟子曰：昔孝明皇帝梦见神人，身有日光，飞在殿前，欣然悦之。明日，博问群臣：此为何神？有通人傅毅曰：臣闻天竺有得道者，号之曰佛，飞行虚空，身有日光，殆将其神也。于是上悟，遣使者张骞、羽林郎中秦景、博士弟子王遵等十二人，于大月支写佛经四十二章，藏在兰台石室第十四间。时于洛阳城西雍门外起佛寺，于其壁画千乘万骑，绕塔三匝，又于南宫清凉台，及开阳城门上作佛像。明帝存时，预修造寿陵，陵曰显节，亦于其上作佛图像。时国丰民宁，远夷慕义，学者由此（而滋）。

3. 杨衒之：《洛阳伽蓝记》：

永宁寺，熙平元年灵太后胡氏所立也。在宫前阊阖门南一里御道西。中有九层浮图一所，架木为之，举高九十丈。上有金刹，复高十丈；合去地一千尺。去京师百里，已遥见之。刹上有金宝瓶，容二十五斛。宝瓶下有承露金盘一十一重，周匝皆垂金铎。复有铁鏁四道，引刹向浮图四角，鏁上亦有金铎。铎大小如一石瓮子。浮图有九级，角角皆悬金铎，合上下有一百三十铎。浮图有四面，面有三户六窗，户皆朱漆。扉上各有五行金铃，合有五千四百枚。复有金环铺首，殚土木之工，穷造形之巧。佛事精妙，不可思议。绣柱金铺，骇人心目。至于高风永夜，宝铎和鸣，铿锵之声，闻及十馀里。浮图北有佛殿一所，形如太极殿。中有丈八金像一躯，中长金像十躯，绣珠像三躯，金织成像五躯，玉像二躯。作工奇巧，冠于当世。僧房楼观一千馀间，雕梁粉壁，青琐绮疏，难得而言。栝柏椿松，扶疏檐溜。丛竹香草，布护阶墀。……装饰毕功，明帝与太后共登之。视宫中如掌内，临京师若家庭。以其目见宫中，禁人不听升之。

二．思考题

1. 中国楼阁与欧洲教堂在空间与结构上的不同，对分析中西文化的内涵有何启示？
2. 佛塔汉化经历了怎样的过程。
3. 试述中国传统建筑演变背后的文化心态。

第十三讲
生死观念与墓葬制度

在中国传统观念中，死生之事体大矣！东晋永和九年（353 年）王羲之在会稽兰亭雅集群贤，流觞赋诗之际，尚不能释怀于此，结论仍旧是把生和死同等看待是荒诞的。稍后的陶渊明死前自撰《挽歌诗》三首，其中第三首的最后四句，读起来令人悲欣交集。"亲戚或余悲，他人亦已歌。死去何所道？托体同山阿。"《挽歌诗》中还自然流露出对于今生此世的贪恋："昨暮同为人，今旦在鬼录。""但恨在世时，饮酒不得足。"陶渊明又想象在自己出殡前，亲友奉上酒食祭祀，杯中佳酿满盛，但可惜斯人已不得与语，不得相见了。关于死后的世界，先生刚刚问之以"死去何所道？"又一句"托体同山阿"，便如饱墨滴入玉壶，在水中氤氲激湍旋又归于宁谧。陶渊明本性酷爱《山海经》，但在生与死面前，主动放弃"语怪"之偏好，笔锋一迭两转，直达化境。在《自祭文》中，他援引《易·系辞》所记，要求将自己"葬之中野"、"不封不树"，不封即不起坟丘，不树即不求崇高。"托体同山阿"表达了陶渊明希望自己死后葬在山坡之上，但不许家人为之起坟求高。亲友死亡之后，活着的人自然心怀戚戚，可是每当他们想起靖节先生，还有那座山在，思念于是便有所依托。将有限的人生化身于亘古的山河，托付给永恒的自然，成就了中国人面对死生时特有的豁达与从容。

关于身后之事，陶渊明的处理态度继承了儒家传统的理性思考，其墓制追溯古法，深具老庄返璞归真的意味。作为知识分子的陶渊明，他的信仰可能上异于王公贵胄，下有别黎民百姓。但是鬼神之事，无关贵

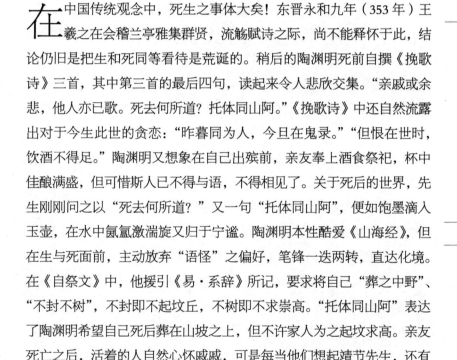

贱贫富，无一例外地牵动着所有人；生离死别之际的惶恐，正如白居易《长恨歌》中所谓"上穷碧落下黄泉，两处茫茫皆不见"。我们不禁要问，在黑暗的地下世界里，还有怎样的精彩？而于灯红酒绿的尘世，又演绎着怎样的在世因缘。

一　鬼神之事

关乎生死的鬼神之事，自然成为古人始终关注的核心议题。此章鬼神，取其大意，谓死者而已。不析言鬼、神，根据文献可知先秦时两者界限模糊。《礼记·祭义》云："众生必死，死必归土，此之谓鬼。"《墨子·明鬼下》云："古之今之为鬼，非他也。有天鬼，亦有山水鬼神者，亦有人死而为鬼者。"许慎《说文》释"鬼"："人所归为鬼。"段玉裁注云："《释言》曰：鬼之为言归也。郭注引《尸子》：古者谓死人为归人。"至此我们已然明白，"鬼"之本义不过指人死之后归其所而已，可是死者究竟去往何方？归之所又究竟何在？作为生者的我们与作为往者的"鬼"之间，又存在怎样的关系呢？

《论语·先进》中有这样一则故事："季路问事鬼神。子曰：'未能事人，焉能事鬼？'曰：'敢问死？'曰：'未知生，焉知死？'"在孔子与子路的这段对话中，我们可以体会到孔子以深切的人文关怀，敬鬼神而不被鬼神所拘泥的自信。刘向在《说苑·辨物》中进一步阐明了孔子的现实关照："子贡问孔子：死人有知，将无知也？孔子曰：吾欲言死者有知也，恐孝子顺孙妨生以送死也；欲言无知，恐不孝子孙弃亲不葬。赐欲知死人有知将无知也，死徐自知之，犹未晚也。"正所谓"天道远，人道迩，非所及也"，孔子的态度是知之为知之，不知为不知。有关鬼神之事上的审慎态度，正是传统儒家理性精神的根基。

墨子就没有这般平和，在兵戈不息的战国时代，世风侈僭，民心浇漓。本来就贴近下层民众的墨子对于民间信仰有所吸收，在鬼神问题上主张"明鬼"，直言鬼神有知，能够赏贤罚暴，承认鬼神有助于拯救世态民心。东汉时则有王充提出异议，在《论衡·薄葬》中，他认为死者无知，对儒墨二家皆有诘病。我们的看法是，墨子"明鬼"未免武断，既然死而有知，则可谓死如生；孔子担心开不孝之源，所以对鬼神存而不论，亦不明言死者无知。于是生者或以惧、或以孝，厚葬之风遂得以流行。《礼记·中庸》云："事死如事生，事亡如事存，孝之至也。"所谓"如"，其实与墨子"明鬼"在实践层面上并无抵牾，这也是后世处理丧葬之事的基本原则。

在中国古代，墓地的选址与规划大体就是这一思想的具体而微，与之一脉相承的是，陶渊明"托体同山阿"的志愿。其影响绵绵不绝，直至明清。

二　丘居探源

在新石器早期，人类由渔猎采集转而从事农业生产，实为文明史上的根本性变革。由此人类渐渐摆脱对于饥饿的恐惧心理，进而定居、拓殖，且有余裕从事文化活动，从而为国家、城市的诞生奠定了物质基础。不同于两河流域的经验，杜正胜先生在《从村落到国家》中指出："中国早期农业文明大体是利用自然的结果，而非征服自然；先民选择最有利的环境定居，故其村落遗址多在大河支流的台地、丘陵上。"考古发掘进一步证实了《墨子·辞过》中"古之民就陵阜而居，穴而处"的记载。在季风气候的影响下，中国四季分明，而境内多山的地貌则提供了很多气候温和而适合人类活动的局部环境，"临小河，环山丘，附近又平坦的地面应是早期农业诞生之摇篮，中国早期文明是在这种天人相当和谐的环境中孕育成长的。"无论是黄河流域的仰韶、龙山文化还是长江流域的屈家岭、良渚文化莫不如此。依山而居的传统一旦形成，"因天材，就地利"就成为一项基本原则，后世即以同样的逻辑营造中国的聚落和城市。在《管子·乘马》中，总结了有关国都选址的原则："非于大山之下，必于广川之上；高勿近旱而水用足，下勿近水而沟防省。"《尚书·周官》记载："司空掌邦土，居四民，时地利。"说的是舜命禹为司空，随山刊木，导通九河。百姓赖此而走下高山，以就农耕和蚕桑。实际上，大禹之"导水"难道不也体现出顺应地势的思考吗？追溯鲧、禹父子治水方法的不同，"堙水"的失败与"导水"的成功折射出中国文化后世的基本取向。大水退去之后，人们"降丘宅土"。丘，

《广雅·释丘》释之为小陵，《说文》云："丘（北），土之高也。非人所为也。从北，从一。一，地也。人居在丘南，故从北。"丘字本身的构成即已蕴含了坐北朝南、背山面水的居住信息。宅，东汉末年刘熙《释名》因声求义："宅，择也，言择吉处而营之也。"此外还有《尚书·召诰》中记载的"太保相宅，攻位洛汭"，这些都为后世相地、择吉的堪舆家所尊崇，对中国建筑和城市的规划建设影响极大。

关于葬地的选取，《吕氏春秋·节丧》云："葬浅则狐狸抇之，深则及于水泉。故凡葬必于高陵之上，以避狐狸之患、水泉之湿。"这就与"古之民就陵阜而居"的阳宅相地之法大致相同了。人类居住地的避水防潮措施关乎健康，不可不明察，所以无论北方的"半坡穿穴"还是南方的"构木为巢"均将人类的生活面与水之间保持一定距离。在事死如事生的观念指导下，生者在其亲人死后，自然也不忍坐视尸体横遭水潦之灾。大量的考古发现已经证实，在黄河中游的仰韶、大汶口和龙山等时期文化遗址中，土坑葬流行。而在长江中下游的马家浜、崧泽和薛家岗文化遗址中，则通常采用平地土葬法，即在地面上直接堆土掩埋尸体。在实行土坑葬的黄河中游地区，对应的住宅形态是地下掘入式，即穴居或窑洞；在实行地面土葬的长江中下游地区，对应的住宅形态是木架干栏式，即巢居。不同的埋葬方式正如不同的居住方式，根据所在地的天然条件特别是地下水位的高低状况妥善保存往者的遗体，同时满足生者的心理需求，丘、陵的重要性即在于此。经过长期的实践和探索，中国人对丘、山、水这些自然名物特征的分辨，无不达到极其精微的程度。《尔雅·释丘》中将丘分为三十多种，若非长年行止于其间，四季濡染揣摩，何以能如此？由此延伸，山水画、园林在中国的高度发达也就正在情理之中。先民们筚路蓝缕以启山林，无不仰籍于此，中华文化始能播迁至今，敢不慎乎？要之，所谓"事死如事生"，未尝不是孔子对上古传统的描述。

三　燕丘述旧

1919年前后，北京的新文化运动风起云涌，在推倒旧世界的狂热中，"吃人的礼教"成为全社会的仇敌。可是另一方面，此时新组建的燕京大学首任校长司徒雷登正在为校址的选址而奔波，据说是他从清华向西眺望，远处的迤逦群山和巍巍宝塔打动了他，于是海淀这片满清废园进入了他的视野。昔日帝王苑囿的崇楼杰阁和嘉树清波，对于这位出身于杭州西湖岸边的传教士来说，可能似曾相识。下定决心以后，他从陕西督军陈树藩手中购得荒废多时的睿王园，此园原为清代和珅的十笏园，陈督军早先购自睿亲王后代德七之手。这一整块地皮的获得，可能激发了司徒雷登随后在此大规模买地建校。在睿王园附近，还有大量的土地被割成小块，其中有些原为住宅，有些曾是坟地，但与北京郊区的其余地段相比，这里的地势陡然降低，坟地数量相对较少，迁移工作的耗费自然也少。此后，司徒雷登以极大的耐心完成了这些土地的收购和坟地的迁移。在今日校园中，我们已经见不到昔日坟丘，取而代之的是国际友人葛利普、斯诺、赖朴吾的石质碑铭，似乎恢复了中国古时"不封不树"的旧章。燕园虽以入世的学术圣殿而著称，其下厚土却沉淀着炎黄子孙对此生和彼世的深沉思考。

燕园地处海淀台地的西北缘，未名湖及其以北地区古时是永定河河床之所在。若依循古代惯例，海淀台地不妨称之为"燕丘"；燕园所据之燕丘部分，也算是依山临水，除了山在南、水在北朝向不尽如人意以外，这里实为相当不错的居址。在此地旧日遗存的若干坟茔中，除去当年司徒雷登购地时迁出的部分以外，随着校园建设的开展，屡有发现。民国十四年（1925 年），燕南园鸠工筑舍，掘土得明吕乾斋、吕宇衡祖孙二墓志及骸瓮、瓷盆等物。民国十八年（1929 年）夏，在今第二体育馆的西南土坡中，发现了明米万钟父亲米玉及其安人马氏的坟墓及墓志。此志与民国二十一年（1932 年）燕京大学购入的米万钟绘《勺园修禊图》一道，足证燕园与米万钟勺园之传承关系。在北大静园草坪北侧东西隅，至今伫立着康熙朝四川巡抚杭爱的墓碑两通（图 13-1），石碑原立在现在六院和俄文楼之间的土阜之上，同样由于燕大校园的建设而被移置于此地。在 50 年代北大与燕大合并后的新一轮校园建设中，发现更为惊人。除开几座宋元墓葬以外，还有 1970 年在北大俄文楼后出土一口汉代陶井，1985 年在北大燕南园出土东汉墓葬，1990 年在北大

图 13-1　燕园杭爱墓西碑

电话室前出土许多战国时期的陶片，两座汉、魏时期的灰坑，以及 1997
年在理科楼群工地出土的新石器晚期遗址。这么多的历史聚落和墓葬曾
经卜居于"燕丘"，而未存在于作为古河道遗址的未名湖区，正反映了
古代丘居的传统。明孙国光《游勺园记》中记载，"策马出西直门，行
万绿阴中。无几何，抵仲诏（米万钟字）先生明农处（即米家田庄）。
又无几何，抵先生封树先大夫（米万钟父米玉）处，同西臣（孙国光友
胥西臣）谒墓。距墓数武（半步为武）而西，为勺园。"中国园林的灵
魂在于得水，米氏肇基于燕丘，得"淀之水一勺"足矣。可惜勺园早已
荒废，米氏坟冢亦遭平毁。

　　过去燕丘以北之低地，每至夏季暴雨，往往大水泛滥如同泽国。未
名湖区以其卑湿难以涉足，遑论厝棺立坟，此种境况，侯仁之先生在
60 年代的旧照可证之。时过境迁，许多旧墓毁圮，地面上的丘垄踪迹
难觅。若非校园中的鸠工营作，米氏坟茔将向何处寻觅哉？米父"封
树"之处，我们终不可寻。然而树立坟丘一事确是后起，我们探寻封树
制度之草创，还是要回溯到春秋时代。

四 古也墓而不坟

孔子少年失怙，不知亡父之葬处，其母卒后，依礼必须与其父合葬，后得人指示所在地点才合葬于防。《礼记·檀弓上》记载："吾闻之，古也墓而不坟。今丘也，东南西北之人，不可以弗识也。于是封之，崇四尺。"这件事现在看来很平常，在当时可是一大变革，作为主事者的孔子，自然也经历了复杂的思想斗争。封土之后正好赶上一场大雨，门人因为"防墓崩"而回来晚了，如实以告之后，孔子默然不语。如此三次之后，"孔子泫然流涕曰：吾闻之，古不修墓。"清江永对此的解释是，"古人略于墓，而详于庙。殷人于墓不坟，则无崩坏之虞，无修墓之事，顺地道安静，不欲惊其体魄也。"我们推测，孔子为殷人之后，封土其实有违殷礼，背离了"述而不作"的原则，因而泣涕焉。可是孔子这个四处奔走的"东南西北之人"，凡改革一定有所本，那么他是从哪里借得了坟丘封树的制度呢（图13-2）？

考古发现，在长江下游距今5000多年前的良渚文化晚期，已经出现了一批堆土而成的高台型大墓，至今残高仍在十米上下，其中面积最大者达数千平方米。在长江以南，还有多座西周以前地表有封土的贵族

图13-2 孔林孔子墓

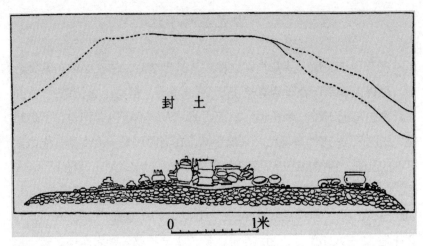

图 13-3 屯溪西周土墩墓

墓葬。其具体做法是在地面铺设石块，再加上红烧土或木炭作为墓床，埋入陪葬明器，再于其上堆垒生土（图 13-3）。不难看出，这种墓葬方式与北方土坑葬习俗所延续的"不封不树"迥然不同，它们源自南方流传久远的传统，大体可以看作平地土葬的发展。杨宽先生认为，"我们不能把这类坟墓和中原地区出现的坟丘式墓葬相提并论。"诚然，南方封土主要是人们出于防雨防潮的功能考虑，北方坟丘则主要是新贵们突破礼制刻意炫耀的结果。可是从物质文化的发展看，封土由南往北的传播是一个不争的事实。不可忽视，在很多情况下，外观形式是墓葬中最引人注意的要素。此外，借此思考学界习惯上常常笼统地将春秋以前的长江以南地区视为蛮荒之地的积习，了解墓葬文化由南往北传播的事实，在有关中国文化多中心的解读中，具有不可低估的学术价值。值得注意的是，这些原处于边缘地区的墓葬观念被引入中原后却逐渐反客为主成为主流，可见边缘文化中某些因素对中原文明产生影响的情形由来已久。换言之，中国文明的形成实际上仰赖于多种文化的交流共融。

从文献中，不难发现中原古制不同于南方。《易·系辞下》记载："古之葬者，厚衣之以薪。藏之中野，不封不树，丧期无数。"《礼记·檀弓上》云："葬也者，藏也；藏也者，欲人之弗得见也。"在夏商时期的黄河流域，无论贵族还是平民的墓葬，都严格奉行"不封不树"的古老习俗。商代大墓在内部陪葬品增多的情况下，不封土而将墓圹扩大，不能不说是刻意为之。元代更将"藏"之意图发挥到极致，皇家墓葬采用蒙古族古制，收殓后送至园寝所在之处，深埋棺材于地下，随后以万马踏平葬地，且令人长期守护，直至青草长齐与周围地面相同，葬地不可复识。元墓更不会在地面上建造任何标志性建筑，因而迄今未有明确的发现。

春秋时期，诸侯争霸，土木工程大兴。当南北交融更加活跃之时，早先局限于长江流域的"封土"终于大规模传入中原，孔子认可并躬身践行了这一改革。当时频繁的征战与游学活动，大大增强了各国人员和信息的流动，更促进了墓葬封土的推广。考古调查发现春秋末年，作为殷商之后的宋国，将其大墓高高筑于丘陵之上，遗址残高 7 米，直径55 米。毋庸置疑，此时北方不封不树的墓葬古制已然瓦解了。

五　丘垄若山

战国时期迎来了中国古代建筑的一次高峰，宫室都邑的发达，加上事死如事生的传统观念，再次反映在墓葬的营造上。《吕氏春秋·安死》记载："世之为丘垄也，其高大若山，其树之若林，其设阙庭、为宫室、造宾阼也若都邑。"当然，地表封土的加高加大，也是墓葬工程在经济方面所采取的顺应措施。在大型墓葬的地穴内部，由于棺椁和陪葬品的数量都在迅速增加，必须挖掘出更大空间。又出于坚固和耐久方面的更高要求，使穴内填入大量白膏泥、木炭或者木材等，空间又需扩大。出于施工便利的原则，挖掘出的土石自然会在原地累积，从而形成高大的封土。

墓葬的封土逐渐高大，以至于可以与天然山陵相媲美，久之还影响到墓葬的称谓。以"陵"为名的墓葬出现较晚，所指尺度较大。很可能，这正是战国时期诸侯墓葬规模越来越大的真实反映。顾炎武认为："古王者之葬，称墓而已。及春秋以降，乃有称丘者。楚昭王墓谓之昭丘，赵武灵王墓谓之灵丘，而吴王阖闾之墓亦名虎丘。盖必其因山而高大者，故二三君之外无闻焉。《史记·赵世家》：肃侯十五年起寿陵。《秦本纪》：惠文王葬公陵，悼武王葬永陵，孝文王葬寿陵，始有称陵者。至汉则无帝不称陵矣。"在封土成为普遍做法并日渐高大之时，北方人士难免会将作为古代居址和葬地的丘与新兴的作为坟墓的山陵混同起来。顾氏谓赵武灵王墓称灵丘，吴王阖闾墓称虎丘，其实皆存在疑问。山东曲阜古称帝丘，后来竟敷衍出一个少昊陵，如今这个高阜已被考古证明是一个原始聚落遗址。无独有偶，河南内黄本为帝丘，也造出一个颛顼陵来，考古发现则证实这里其实是一处新石器时代的聚落遗址。古代还有一种大丘叫"墟"，如安阳殷墟，商王墓葬就座落在几条高岗上，只是没有好事者称其为"陵"罢了。不难看出，以地面封土形制为标尺的墓葬称谓的变化，以及墓葬的等级差别皆可以直观地体现在丘封制度上。《周礼》云："以爵等为丘封之度，与其树数。"《周礼·冢人》注云："王公曰丘，诸侯曰封。"在中山王陵出土的《兆域图》（图13-4）中，封土台的基部注明为"丘"，足为明证。但是"丘"后来也不能满足统治者的需要，终于发生了"赵起寿陵"这一标志性事件。南宋吕祖谦在《大事记解题》卷三中谈到："古者不豫凶事，其豫为之者则有之矣。一则以其年也，一则以其位也。至于死而可制，如绞紟衾冒则未尝豫为之也。诸侯五月而葬，以一国之力为陵墓有余矣，何必豫哉？"作为"凶事"的墓葬竟然在君王生前就开始大张旗鼓地鸠工营造，也真是匪夷所思。

为了进一步理解战国山陵制度的创设，可以透过《史记·赵世家》的一些片断来观其变迁：赵烈侯六年（前403年，周威烈王二十三年），

图13-4 战国中山王陵复原图

魏、韩、赵皆立为诸侯。赵敬侯十一年（前376年），魏、韩、赵共灭晋，分其地。赵肃侯八年（前342年），五国相王，肃侯独否，然令国人谓之"君"。赵肃侯十五年（前335年），起寿陵。赵惠文王三年（前296年），灭中山。赵孝成王元年（前265年），触龙说赵太后（惠文后）中有道："一旦山陵崩"。中山王陵未按照"兆域图"完工，大约正当其时。赵与中山两地相接，起寿陵与灭中山事隔不过数十年，依此亦可推测赵国的山陵制度。

从政治权力的获取到称谓称号的转换，赵侯打破礼制预作"寿陵"开启新法，后期"山陵"已不仅指国王墓葬，还作为统治者本人的代称。"山陵"以其自然的雄壮，加上作为财货聚集之地，经过生民所仰的联想，人主随之获得了无上权威，以至于天地之间，无出其右者。

战国起于三家分晋，这些新兴权臣的合法性一方面通过继承前代或从周天子处获得的宝器（或礼器、重器）来保障，另一方面通过雄壮高大的都城及宫室建筑之营建使得臣民及列国慑服，"非壮丽无以重威"。事实上，前者的重要性已随着周室的衰微而降低，加上东周以来列国竞相僭奢，导致以宗法制为依托的礼器传统迅速崩坏（曾侯乙墓出土的九鼎八簋即僭用天子制度，"乐"亦然，如"八佾舞于庭"）。"古人略于墓，而详于庙"的时代已经一去不复返，宗庙宝器随之让位于高台宫阙建筑以及大型陵寝的营造，这些建筑无疑"直截了当地展示着活着的统治者的世俗权力"。

六　骊山与霸陵

秦始皇囊括海内之后，随即着手营治骊山（图13-5）。始皇陵遗址位于西安以东30公里，根据地下勘探，考古学家发现陵区分为陵园区和从葬区两大部分。陵园区占地近8平方公里，筑有两重略呈方形的夯土城垣，象征皇城和宫城。内城周长约3500米，外城周长约6000米。一如《吕氏春秋》所谓"其高大若山，其树之若林，其设阙庭、为宫室、造宾阼也若都邑"。骊山封土的残状略呈覆斗形，底边周长约1500余米，长和宽皆约350米，高约51米。鉴于地表封土与地下墓室之间

图 13-5 陕西秦始皇陵

一定存在着对应关系，可以推测，高大的封土暗示着壮阔的地下墓室。这同城池建设中的掘壕与筑墙，或者造园中的挖池与堆山之间，大体上可谓异曲同工。

　　秦始皇即位之初便着手穿治骊山，及并天下之后，更发刑徒七十余万参与，可见陵墓工程之浩大。司马迁所谓"其穿三泉，下铜而致椁"，就是说开挖墓圹掘穿了三层地下水，为防止各层地下水渗入，乃用铜汁浇灌四壁铸成周圈的防水版。始皇帝宪章前代，垂范后世，后来的帝王陵墓制度虽有损益，但无过于此。朝野贤哲的卑宫室之议，更成为帝王豪奢的有效抗衡，始皇帝穿三泉之举遂后无来者。而求山陵高大，无非两种方法，一则别出心裁凿山为陵，二则因循旧制厚积方上。在汉代，两种方法皆有尝试，尤以崇高的方上为主流（图 13-6）。

　　在骊山西麓，文帝霸陵在形制方面违背其先祖高、惠二帝之例，别出心裁地凿于山崖中，且不起坟丘。这种做法先前见于春秋时期的长江流域，更早则见于西方的古埃及。霸陵是否受到过外来影响，目前没有发现可资稽考的材料。可是在西汉 11 个皇帝的陵墓中，这是唯一的例外。《史记·孝文本纪》中记载汉文帝遗诏："朕闻盖天下万物之萌生，靡不有死。死者天地之理，物之自然者，奚可甚哀。当今之时，世咸嘉生而恶死，厚葬以破业，重服以伤生，吾甚不取。且朕既不德，无以佐

图 13-6　西安汉武帝茂陵方上

百姓；今崩，又使重服久临，以离寒暑之数，哀人之父子，伤长幼之志，损其饮食，绝鬼神之祭祀，以重吾不德也，谓天下何……霸陵山川因其故，毋有所改。归夫人以下至少使。"这里的霸陵就是文帝在世时已经确定修筑的陵墓。《史记集解》应劭曰："因山为藏，不复起坟，山下川流不遏绝也。就其水名以为陵号。"《汉书·文帝纪》赞："治霸陵，皆瓦器，不得以金银铜锡为饰，因其山，不起坟。"

汉成帝在位期间，先于咸阳原上西汉主陵区内修建延陵，近十年之后因厌恶附近秦陵的影响，改而于汉长安城东南另修昌陵。可是由于昌陵地势低下，修建费用浩大，五年之后即被放弃，又返回延陵，致使国库空虚、民力疲乏。为此成帝不得不下诏反省："朕执德不固，谋不尽下，过听将作大匠万年言昌陵三年可成。作治五年，中陵、司马殿门内尚未加功。天下虚耗，百姓罢劳，客土疏恶，终不可成。朕惟其难，怛然伤心。夫'过而不改，是谓过矣'。其罢昌陵，及故陵勿徙吏民，令天下毋有动摇之心。"可见要修建高大的山陵，必须当地势高土厚，不能于远处使用客土。直到明清，帝王吉壤的选择，依然以土厚为美。汉亡，魏晋南北朝的君主有感于两汉诸帝的陵冢皆遭发掘，从此倾向因山为陵，强调薄葬。

秦始皇积土为山和汉文帝因山为陵，两者皆开后世陵墓建筑之先河，各代有所反复，然不外乎如此二端。宋代以后，积土为山的方上退出历史舞台；因山为陵成为山陵制度的主流，在与自然山川风物的融合中，终于获得了令人惊叹的成就。

七 龙脉逶迤

中国人的山岳崇拜由来既久，山陵制度的建立与此不无关系。晋代发现的《汲冢周书》中有《穆天子传》，讲述了周穆王巡游西极，达昆仑、玉山，会西王母的故事。秦汉以来封泰山禅梁父、穷河源觅昆仑的活动代代不绝，对五岳五镇等名山的国家祭祀更关乎帝国法统之所在，历朝君臣皆不敢稍怠。世传山岳有灵，形象的说法叫"龙脉"。秦将蒙恬将死之际，就曾哀叹自己修长城坏龙脉，不死奈何。唐代僧一行将中国山脉分作三大干龙，昆仑为其首，亦为后世堪舆家所重。觅龙、察砂、观水、点穴的相地四大要诀中，前二者皆与山有关。近如北大勺园为米万钟经营，也有补足其父墓前砂形的考虑。

唐代效仿汉文帝因山为陵，昭陵即建在九嵕山主峰，主峰海拔1188米，气势不凡。明代陵墓效仿唐代，太祖孝陵选址于南京东郊钟山

图 13-7 明孝陵神道石象生

南麓（图13-7），坟丘以一座独立山峰（独龙阜玩珠峰）为之。其南有一小山，状似近案，神道绕其西侧后继续往北，从而开陵墓自然式布局之先河。明孝陵将山陵和祭祀殿堂串列于一线，格局效仿宫城的外朝内寝，祭祀区扩大成三个院落，重要性得到加强。与唐、宋陵相比，下宫被取消，隆恩殿突出；宝顶南面的明楼属于新创，其后明代诸陵无不仿效之。明孝陵更将坟丘即宝顶依天然山丘筑为圆形，以适应江南多雨的气候。战国秦汉以来的方上转为圆坟，实为另一起建筑上南风北渐的实例。帝王陵寝主体外观上的这一重大变化，起初当仅为地区传统使然，未必是朱明朝廷有意为之。可是从此以后成为定制，虽然永乐帝紧接着迁都北京，但在其后修建的十三陵中，方上一去不返。鼎革之后，清承

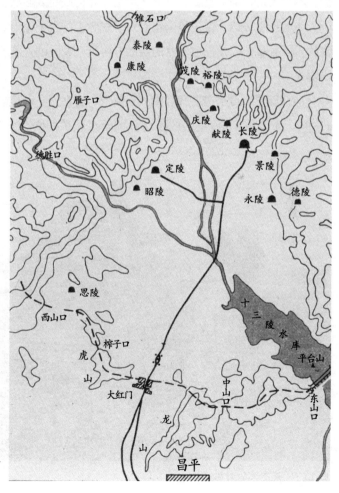

图13-8　明十三陵形势

明制墓葬营建之法再无反复。

　　永乐帝迁都于北京后，除景泰帝葬于西郊外，十三帝都葬于京城北面的天寿山南麓（图13-8），不同于汉唐诸帝陵寝各据一山的做法。在天寿山南麓，局面广阔，负阴抱阳，气势极其雄壮。杰出的总体规划结合严谨的后期营建，使十三座陵墓主次分明又各据一势，整体规划上的成就空前绝后。诸陵合用一条总神道，又为独创，其长约14里，南端有两座天然小丘夹峙，如同双阙。这种线性的布局无疑也是对当时宫城的模仿，一如秦制。

　　明代还开创了陵山之祭，将各陵山从祀地坛，把陵山之祭祀提高为郊庙祀典。从此，陵山达到了与五岳五镇相埒的地位，自是无以复加焉。明之天寿，清之昌瑞、永宁诸陵山，亦彻底化入自然。作为"获命于天"的形象表达，帝王陵山也成为了龙脉上的重要结点。通过层层递降的丘封冢墓，以及卜宅营兆的活动，将天下黎民纳入了万山朝宗的宇宙图式中。

　　清代陵墓制度沿袭明代。满人入关前，曾在辽宁营建陵墓三处（图13-9）。入关后，9位皇帝的陵墓分别于京城东西两个方向择地营建。

图13-9　沈阳北陵封树

图 13-10　遵化清东陵

图 13-11　易县清西陵泰陵前地

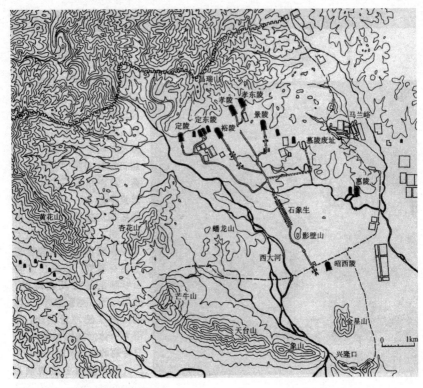

图 13-12 遵化清东陵总平面

清东陵在今河北遵化（图 13-10），基址由顺治皇帝亲选，陵内埋葬 5
位皇帝；清西陵在今河北易县（图 13-11），埋葬 4 位皇帝。二陵的地
理形势皆可称之为优胜，但气象不同，东陵恢宏，西陵清幽。在东陵之
北，有燕山余脉的昌瑞山为屏镇，南有影壁山为案，更有芒牛、金星诸
山为朝，东有磨盘山为龙，西有黄花、杏花诸山为虎；在坦荡的原野之
上，西大河与来水河如玉带般环绕于前方（图 13-12）。西陵坐落于永
宁山下，整体地势西高东低，西部诸山海拔 1500 米以上者甚多，来龙
去脉构成陵区南、西、北三面环护，符合风水理论对于龙、穴、砂、水
的要求。以泰陵为例，以永宁山为北面的靠山，左右砂山，前有案山和
朝山。陵区之内有北易水河，它发源于云蒙山南麓，经陵区自西向东蜿
蜒流淌，于定兴县汇入中易水。

综观清代陵墓的选址和营建，建筑物与自然山水的结合堪称完美。
我们必须注意到，墓主皇帝的态度在其中起了决定性作用，风水师只是辅佐而已。乾隆时《相度胜水峪万年吉地》云："（建筑）遵照典礼之规制，配合山川之形势。"道光帝谕旨更明确云："登极后选建万年吉地，总以地臻全美为重，不在宫殿壮丽以侈观瞻。"王其亨教授历时多年研究清陵的风水规划，他对清代皇帝在此方面的睿智十分赞赏，并给予中肯的概括："青山埋忠骨，而非陵墓埋忠骨。"

【附录】

一．参考阅读

1.《三国志卷二·魏书·文帝纪·终制》：

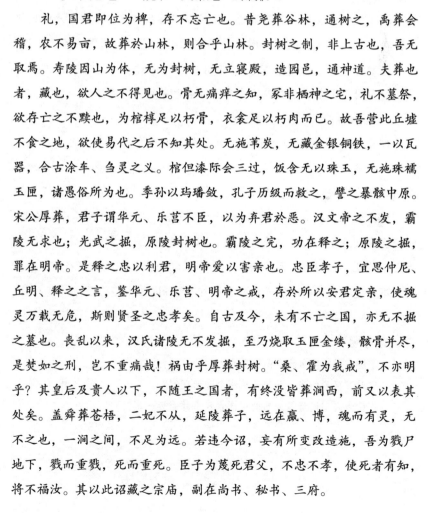

礼，国君即位为椑，存不忘亡也。昔尧葬谷林，通树之，禹葬会稽，农不易亩，故葬於山林，则合乎山林。封树之制，非上古也，吾无取焉。寿陵因山为体，无为封树，无立寝殿，造园邑，通神道。夫葬也者，藏也，欲人之不得见也。骨无痛痒之知，冢非栖神之宅，礼不墓祭，欲存亡之不黩也，为棺椁足以朽骨，衣衾足以朽肉而已。故吾营此丘墟不食之地，欲使易代之后不知其处。无施苇炭，无藏金银铜铁，一以瓦器，合古涂车、刍灵之义。棺但漆际会三过，饭含无以珠玉，无施珠襦玉匣，诸愚俗所为也。季孙以玙璠敛，孔子历级而救之，譬之暴骸中原。宋公厚葬，君子谓华元、乐莒不臣，以为弃君於恶。汉文帝之不发，霸陵无求也；光武之掘，原陵封树也。霸陵之完，功在释之；原陵之掘，罪在明帝。是释之忠以利君，明帝爱以害亲也。忠臣孝子，宜思仲尼、丘明、释之之言，鉴华元、乐莒、明帝之戒，存於所以安君定亲，使魂灵万载无危，斯则贤圣之忠孝矣。自古及今，未有不亡之国，亦无不掘之墓也。丧乱以来，汉氏诸陵无不发掘，至乃烧取玉匣金缕，骸骨并尽，是焚如之刑，岂不重痛哉！祸由乎厚葬封树。"桑、霍为我戒"，不亦明乎？其皇后及贵人以下，不随王之国者，有终没皆葬涧西，前又以表其处矣。盖舜葬苍梧，二妃不从，延陵葬子，远在嬴、博，魂而有灵，无不之也，一涧之间，不足为远。若违今诏，妄有所变改造施，吾为戮尸地下，戮而重戮，死而重死。臣子为蔑死君父，不忠不孝，使死者有知，将不福汝。其以此诏藏之宗庙，副在尚书、秘书、三府。

2. 北宋游师雄：《题唐太崇昭陵图》：

自古帝王山陵奢侈厚葬，莫若秦皇、汉武，徒役至六十万，天下赋税三分之一奉陵寝。骊山陵才高五十丈，茂陵十四丈而已，固不若唐代之因山也。昭陵之因九嵕，乾陵之因梁山，泰陵之因金粟，皆中峰特起，上摩烟霄，岗阜环抱，有龙蟠凤翥之状，民力省而形势雄，何秦汉之足道哉！昔贞观十八年，太宗语侍臣曰：汉家先造山陵，身复亲见！又省子孙经营烦费，我深之。朕看九嵕山孤耸回绝，实有终焉之志。乃诏营山陵制，务从俭约，九嵕山上足容一棺而已。又汉世之将相陪葬，自今后功臣密戚各赐茔地一区。至二十三年八月工毕，先葬文德皇后长孙氏。当时陪葬之盛，与夫刻蕃国之形，琢六骏之像，以旌武功，列于北阙，规模宏大，莫若昭陵。按陵今在醴泉县北五十里，唐陵园记云：在县东三十里，盖指旧醴泉县而言之也。其封内周围一百二十里，下宫至陵十人里，今已废毁。陪葬诸臣碑，十亡八九，悲夫！因语邑官，命刊图于太宗庙，以广其传焉！绍圣元年端午日题。

3. 南宋朱熹：《山陵议状》：

即是古之葬者，必坐北而向南，盖南阳而北阴。孝子之心不忍死其亲，故虽葬之于墓，犹欲其负阴而抱阳也。岂有坐南向北，反背阳而向阴之理乎？若以术言，则凡择地者，必先论其主势之强弱，风气之聚散，水土之深浅，穴道之偏正，力量之全否，然后可以较其地之美恶。政使实有国音之说，亦必先此五者，以得形胜之地，然后其术可得。今乃全不论此，但以五音尽类群姓，而谓冢宅向背各有所宜，乃不经之甚者。不惟先儒已力辨之，而近世民间亦多不用。

三. 思考题

1. 中国古代阳宅风水与阴宅风水之间的异同何在？
2. 你对"事死如事生"的传统观念作何理解？
3. 你认为规划设计最成功的中国古代墓葬是哪一座？

第十四讲
园林中的天地与人心

"才情者，人心之山水；山水者，天地之才情。"这么一句温婉而有趣的话，出自明清之际名士李渔的《笠翁秘书》。话讲得有点弯弯绕，可是细细咀嚼之后，不禁体会到其中将才情、人心、山水、天地等熔于一炉，滋味无穷。话语中"天人合一"的韵味颇为浓郁，天地山水与人心才情异质而同构，可以互相感应。在中国传统艺术中，真正能够将这四者兼收并蓄、融为一体的，大概非园林莫属。

一　因借与体宜

明末造园师计成的《园冶》一书，是研究中国园林的重要著作。在开篇而具有纲要意义的"兴造论"中，作者主要从三方面论及造园的基本原则和主要目的：一是强调"三分匠、七分主人"的观点，认为造园师能否遇到"能主之人"至关重要；二是提出"巧于因借，精在体宜"这两项有关造园的基本手法；三是对建造过程中节用与惜费原则的肯定与推崇。

在以上三方面讨论中，有关造园的基本手法尤为重要，它具体而微地体现了中国古代文人有关尊重自然与和谐社会的终极关怀。"因者：随基势之高下，体形之端正，……宜亭斯亭，宜榭斯榭，不妨偏径，顿置婉转。""宜"是评价"因"的标准，因地制宜要做到"精而合宜"。"借者：园虽别内外，得景则无拘远近，晴峦耸秀，绀宇凌空，极目所至，俗则屏之，嘉则收之，不分町畽，尽为烟景。""因"主要指在园址的天然基础上进行改造，要点在于尊重和顺应。"借"主要指置身于面积有限的园林内部，经由视线的联系，将园外景观引入园内，重点还在于内外环境的和谐。

明代末年，侍郎王心一从徐氏手中购得苏州拙政园的东部，取名"归田园居"。在其精心经营之下，"归田园居"成为因地制宜的佳例。"地可池，则池之；取土于池，积而成高，可山，则山之；池之上，山之间，可屋，则屋之。"以原有地形为基础，水因地势加以浚治，山因浚水顺便堆叠，屋因山水就势建造。三者皆因于地形，又彼此相因相辅，不多费人工，而得天然之妙。"因"的关键，就在于怎样花最少的力气，收到最大的效果。从中也可见古人面对自然的谦卑，"因"所体现的天人合一是以人工顺从天然。

明末，画家郑元勋在扬州城南所筑影园，是以借景取胜的佳例。园外有水环绕，隔水相望是蜿蜒的山势，四周遍种柳树荷花。园成之后，董其昌以其地"盖在柳影、水影、山影之间"，题名"影园"。三影借自柳、水与山，园名又借自三影，借中复借，让人想起庄子"罔两与影"的妙喻。园名是借来的，园中风景也多借来："柳外长河，河对岸，亦高柳，阎氏园、冯氏园、员氏园皆在目。园虽颓而茂竹木，若为吾有"；"升高处望之，迷楼、平山皆在项背，江南诸山，历历青来。"不费一钱，扬州相邻各园与名胜，已为园主所得。"借"所体现的天人合一是引天地近人心。园中还有一景，更是将"借"发挥到了极致。影园入口处正对假山，山后左右各有一园。绕过假山穿过几道门，有屋上题"影园"二字。这里分明是一处书房，如何却以园相称？据园主解释：古人把附庸之国称作"影"，这个书房左右都是园子，因为附庸于园而称"影园"，也未尝不可。所谓"影园"，实为"园影"。题额正读逆读皆可，义皆通，颇得回文之妙。只靠借一字就凭空多出一个园子，变二为三，不能不说其借得巧妙。

在中国现存的著名园林中，也有许多因地、借景的佳例，座落于北京西郊的颐和园就是其中之一。颐和园的前身是清漪园，始建于乾隆十五年（1750年），当初园址的选定就与所在地和周围环境足以因、

图 14-1 夕阳下的颐和园

借相关。这里有天然的山水——瓮山与西湖，二者形成北山南水的地貌和堂局，朝向良好，气象开阔。东面是烟波浩淼的圆明园，再往东还有无垠的平畴稻田，村舍聚落点缀其间；西面近处是秀美清丽的玉泉山，远处则有峰峦起伏的西山群峰；西北面还可以遥望香山余脉，各个角度都有极好的可借对象。既有天然的山水能够因地制宜，又有邻近风景可借以取胜，这片土地可谓占尽了造园的优势。在清漪园的修建过程中，主事者也充分运用了因、借的手法。原址虽然有山有湖，但是山与湖之间的关系并不和谐，山形也不够理想，坡度陡峭，沟壑较少。乾隆利用治水祝寿的机会，对这片天然山水进行了大规模的整治。先是疏浚昆明湖，将湖面向东拓宽至万寿山东麓，使湖面中心线与瓮山中心线大致重合，形成山水对位的良好格局。继而整治前山，将浚湖而出的部分土方堆叠在万寿山东部改善山形；将后山北麓的水塘疏通成带状的河湖，并用浚河土方堆成北岸山体，形成山环水抱的格局（图 14-1）。这些措施有效地改善了山与湖的亲和关系。因地制宜之后又顺应环境，最大限度地借资园外风景：将西面南北走向的玉泉山收入园中，恰可全部倒映在南北纵深的昆明湖水面上，玉泉山背后

图 14-2　从昆明湖东岸望玉泉山

的西山群峰则成为远处的衬景（图 14-2）。清漪园东南不设围墙，使园内湖山与东面的大片稻田、南端的茫茫沃野融为一体，泯灭了内外界限，显示出天然山水园的宏阔境界。除了借景于园外，园内各景之间也有良好的资借关系，最巧妙的就是万寿山与昆明湖这一山一水。有人曾将颐和园的平面画成太极图，喻示山水之间你中有我、我中有你的资借关系。在园中游览时，确实会有"非山（湖）之所有者，皆山（湖）之所有也"的感觉：闲步登山，每攀上一层阶地，游人最喜欢的就是回首眺望山下的昆明湖；泛舟湖上，水面荡漾的也总是山势起伏的万寿山。

京西的三山五园，多为采用因借手法的佳构。如雍正朝的圆明园，"因高就深，傍山依水，相度地宜，构结亭榭，取天然之趣，省工役之烦"。如乾隆朝的静宜园，"即旧行宫之基，葺垣筑室。……越明年丙寅春三月而园成，非创也，盖因也"。

在扬州影园，主人因柳借鹂："鹂性近柳，柳多而鹂喜，歌声不绝，故听鹂者往焉。临流别为小阁……专以候鹂。"在苏州拙政园，待霜亭（图 14-3）因橘借霜：亭子建在池西土山上，四周多种橘树，霜降时橘子成熟变红，景色极美。亭名"待霜"，含蓄而引人遐思。这样的例子不胜枚举，古人的因借情结如此普遍而且彻底，其背后必有更深刻的原因，而不仅仅是一项美学原则。

因是最大限度地顺应自然，并以顺应为美，这与道家的老子思想有关。在因形就势的过程中，老子"上善若水"的精神追求得到了实际体现。《管子·心术上》将"因"释为"舍己而以物为法"，老子也

图 14-3　苏州拙政园待霜亭

说"圣人常无心，以百姓心为心"，强调的都是因顺外物与自然。自然之于园林，正如大地之于巨人安泰俄斯（Antaeus），是其命脉所在。脱离自然，"非其地而强为其地，非其山而强为其山，即百般精巧，终不相宜。""因"所体现的，正是人心才情对于天地山水的直接呼应。

"借"与庄子的"心斋"有关，经由心斋实践"虚己以待物"。待物就是借物，当我们已经将自己虚到"胸中廓然无一物"时，"天壤之内，山川草木虫鱼之美，皆是供吾家乐事也"。孟子也说"万物皆备于我"，此中意味，在苏东坡《涵虚亭》中被发挥得淋漓尽致："惟有此亭无一物，坐观万景得天全。"山川草木，无限风景，皆非亭之所有，却又只在亭中才能拥入怀中。吸纳山川于胸怀，网罗天地于门户，古人留下了无数精彩的文字。"空潭写春，古镜照神"，是以虚借实；"窗含西岭千秋雪，门泊东吴万里船"，是以近借远。在《世说新语·言语》中，简文帝入华林园，对左右说："会心处不必在远，翳然林水，便自有濠濮

间想也。觉鸟兽禽鱼，自来亲人。"这些都表明，"借"的内涵，是借天地山水来亲近人心才情。

要之，在中国园林的经营中，因借更多关系到宏观规划，体宜则主要着眼于具体设计的精细推敲，七分主人、三分匠人的原则与之形成明确的对应。在此语境中，整体环境的意义之大远远超过单体建筑。由此出发，对土木建筑全然心不在焉的中国文人，才会情不自禁地陶醉于园林。欣赏中国的山水画，你会感受到天地万物扑面而来，而房舍总是那么卑微渺小。当然，"体宜"毕竟还要占园林天下中的三分之一，这方面的处置不当，也可能造成全局的失败。无论如何，"体宜"的标准一定是相对的，不能执着于片面的尺度把握。我们只可能推崇一种倾向，那就是"宁小毋大"。尤其在亭台楼阁的单体设计中，应当在满足功用的前提下，尽可能地使之小。苏州那些经典的园林中，这方面实例比比皆是。事实上，其出发点依然与"因借"有关，亦即园林中人造设施必须俯首于天然环境。在北京和承德那洋洋大观的皇家园林中，这方面的考虑也许另当别论；在咫尺山林、盆中天下的江南私家园林中，"宁小毋大"的态度太重要了。造园中许多习以为常的手法，如"以小见大"，

图 14-4 北大朗润园之崇阁

"以暗见明","以塞见敞"等，本质上皆无二致。相比之下，欧洲园林就少有同样的情怀。在欧洲园林的此类影响下，当代中国的景观建筑中，败笔颇为可观（图14-4）。

当然，在中国园林的具体建造过程中，匠人的作用至少还占有三成，因而也不能完全忽视。主人如果不与匠人进行有效合作的话，一切念想只会停留在纸上。李渔认为："磊石成山，另是一种学问，别是一番智巧。……从来叠山名手，俱非能诗善绘之人。见其随举一石，颠倒置之，无不苍古成文，纡回入画"；童寯先生认为："自来造园之役，虽全局或由主人规划，而实际操作者，则为山匠梓人，不着一字，其技未传。"都正面肯定了工匠的作用。

二　平淡无奇之佳境

计成在"兴造论"中阐述的第三点是节用与惜费，对于这一点，今人多有误解。其中"体宜因借，匪得其人，兼之惜费，则前工并弃"一句，陈植先生在《园冶译注》中将其译为"这些得体适宜，因地借景的作用，如果得不到适当的人选主持，再加妄自吝惜，当用不用，必至前工尽弃"。"惜费"被译作"妄自吝惜"，只怕是曲解了著者的原意。计成在提出"巧于因借，精在体宜"后，强调了两点："须求得人，当要节用"，然后展开对"因借体宜"的论述，最后以"匪得其人，兼之惜费"作结束。其实意思非常清楚："得人"之外，"惜费"与"节用"对应；觅得优秀人才与珍惜费用二者并重，缺其一就会前功尽弃。

通读《园冶》全书，对于各篇中有关节用的旨趣，会有更好的把握。"相地"中推崇借助自然和惜费人工；"屋宇"中反对雕镂彩绘，提倡保存本色；"铺地"中崇尚破砖旧瓦，以其皆有妙用。"选石"中，计成批评时人"慕闻虚名，钻求旧石"，"待价而沽，不惜多金"的习气，认为"是石堪堆，便山可采"，"石无山价，费只人工"，若能得到叠山高手，顽夯朴拙，皆可入用。

如果把视野放得更宽，我们就会发现，造园讲究节用，是中国造园家们的共识。王禹偁《黄冈竹楼记》云："黄冈之地多竹，大者如椽。竹工破之，刳去其节，用代陶瓦。比屋皆然，以其价廉而工省也。"袁宏道《园亭纪略》比较徐庭的裸园和王元美的小祗园，前者"画壁攒青，飞流界练，水行石中，人穿洞底，巧逾生成，幻若鬼工，千溪万壑，游者几迷出入"，经营之精可谓巧夺天工，却被评为"微伤巧丽"。后者"轩豁爽垲，一花一石，俱有林下风味"，朴素自然，反在前者之上。李渔生活在明末清初的江南，时风"羞质朴而尚靡丽"，弥漫着世俗浓厚的享乐主义情调，他在很多情况下也未能免俗，但一涉及造园，却极力推崇节俭："凡予所言，皆属价廉工省之事，即有所费，亦不及雕镂粉藻之百一。"童寯先生在《江南园林志》中说："园林邀人鉴赏处，专在用平淡无奇之物，造成佳境，竹头木屑，在人善用而已。铺地砖石，加以分析，不过瓦碟。然形状颜色，变幻无穷，信手拈来，都成妙谛。有以碎瓷摆成鱼鳞莲瓣，则尤废物利用之佳例。李笠翁所谓牛溲马勃入药笼，用之得宜，其价反在参苓之上也。"中国园林铺地之精妙举世无双，细究其实，却采用了最便宜不过的物料，本质极平凡而成就极绚烂（图14-5）。

中国园林、西亚园林和欧洲园林并称为世界三大园林体系。其中，西亚园林以水法著称，后来传入北非、西班牙、印度和意大利，并演进

图 14-5 苏州网师园铺地

图 14-6 西班牙桃金娘庭院

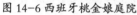

到鬼斧神工的地步。西亚地区多沙漠，水资源异常珍贵，因此"所有回教地区，对水都爱惜、敬仰甚至神化，使水在园内尽量发挥作用。"可以说正是水的稀缺和对水的珍惜造就了西亚水法之美，并成为西亚园林的特点（图 14-6）。水法起源于世界上水源最缺乏的地方，这件事情本身就值得我们思考。可见从俭约出发，走上艺术之路，中国并非其中孤例。物质绝非制约因素，艺术的精髓主要在于对其巧思善用，中西并无二致。

　　中国园林高度成熟于中唐以后至两宋，当时其实已定下以朴素为美的基调。譬如白居易的庐山草堂，"三间两柱，二室四牖，广袤丰杀，一称心力。……木，斫而已，不加丹；墙，圬而已，不加白"。屋宇简陋，量力而为；装修朴素，本色为主。李格非在《洛阳名园记》中论及司马光的独乐园："卑小不可与他园班。其曰读书堂者，数十椽屋。浇花亭者，益小。弄水种竹轩者，尤小。曰见山台者，高不过寻丈。曰钓鱼庵、曰采药圃者，又特结竹杪，落蕃蔓草为之尔。温公自为之序，诸亭台诗，颇行于世。所以为人欣慕者，不在于园耳。"正如《论语·子罕》中所记："子欲居九夷。或曰：陋，如之何？子曰：君子居之，何陋之有？"园林的目的在于游心适意，户庭狭窄，而山林深趣，又岂在人工的雕镂藻饰。

中国园林将因借作为基本原则，中国艺术以意境为最高追求，其实都可在"俭约"这一思想背景下加以理解。因是最大限度地顺应自然，借是最大限度地利用自然，目的都是全天逸人，保全自然的同时也节省了人工；园林审美推崇意境而淡化物质，重视想象的真实大于感官的真实。所谓"不著一字，尽得风流"，我们实在不可能找到比这更俭约的方式。

李渔在《闲情偶寄·居室篇》中写道："土木之事，最忌奢靡。匪特庶民之家当崇俭朴，即王公大人亦当以此为尚。盖居室之制，贵精不贵丽，贵新奇大雅，不贵纤巧烂漫。凡人止好富丽者，非好富丽，因其不能创异标新，舍富丽无所见长，只得以此塞责。"这个批评一针见血，既指出了奢靡的浅薄，也指明了俭朴的意义。此外李渔并没有停留在"俭约"这一道德层面上，而是延伸到"简约"这一艺术层面，化俭约之德为简约之美，凸出了中国艺术的美学标准。求廉、求省、求俭与求真、求朴、求雅在园林中被完美地统一起来，最好地体现了中国文化的理想与选择。如果说俭约与"卑宫室"观念相呼应，并在园林中转化为艺术上的"简约"，那么体宜作为评价因借的标准，则可比之于"大壮"，所谓得体合宜，实可理解为"非礼弗履"之变体。

当然，在中国园林中，建筑成就的高低最终要以是否得体合宜为准，并非一味追求简陋。譬如门楼，《园冶》中认为应"门上起楼，象城堞有楼以壮观也"。书中"宜"字共出现79次，次数最多。"堤湾宜柳"、"风窗宜疏"、"宜杂假山之间"、"宜植立轩堂前"，处处以"宜"为准。在郑元勋的影园中，"一花、一竹、一石，皆适其宜，审度再三，不宜，虽美必弃。"合宜作为标准，使园林既不会失之宏丽，也不会失之寒陋，勿过勿不及，正是儒家中庸思想的准确体现。正是这一点，使中国园林有别于欧洲园林及同属于东方文化的日本园林。

意大利北部科莫湖畔的埃斯特庄园（Villa d'Este），是欧洲台地园的代表作，庄园以水景著称，有"龙喷泉"、"阿瑞托萨喷泉"、"百泉

图 14-7 意大利埃斯
特庄园水风琴

台"和"水风琴"等（图 14-7）。欧洲水法的传统源自西亚，西亚缺
水，因此采用小池窄渠，多为静水景观；欧洲水源充沛，不受水的制
约，于是出现了大型的水池和开阔的叠水，并且多为动水景观，追求
具有视觉震撼的壮观之美。枯山水是典型的日本园林，受禅宗"法由心
生，境由心造"的影响，追求物质的最少化，三五石块就是崇山峻岭，
数道砂纹即为万重波涛，尽力削弱园林本身的声色诱惑，使其成为一种
心灵上的园林，并且尺度很小，只能静观，不能游览，可谓"俭约"到
了极致（图 14-8）。欧洲园林的"壮观"与日本园林的"俭约"各奔一
极，中国园林则可看作介于其间的平衡之作。

　　"卑宫室"与"大壮"共同影响了中国的传统建筑，节用与体宜
共同影响着中国的古典园林，过分强调其中任何一点都不免失之偏颇。
"执其两端用其中"，中庸之道深深影响着中国，从而使其艺术具有一种
独特的审美张力，所谓胸有惊雷而能面如平湖者。当你能够感受到平静

图 14-8　日本龙安寺庭院

淡泊之下的波涛汹涌时，也就理解了什么是中国艺术，理解了凝聚中国艺术精粹的山水园林。

三　海上神山及其禁忌

嘉庆四年（1799年）正月初八，一代权臣和珅倒台入狱。在皇帝宣布的"二十大罪"中有这样一条："昨将和珅家产查抄，所盖楠木房屋，僭侈逾制。其多宝阁，及隔段式样，皆仿照宁寿宫制度；其园寓点缀，竟与圆明园蓬岛瑶台无异，不知是何肺肠。""多宝阁"指恭王府中的锡晋斋，"园寓"指和珅的御赐花园"舒春园"，即今日北京大学未名湖区。园中无异于"蓬岛瑶台"的，就是今日未名湖中的小岛（图14-9）。

自雍正朝开始，北京西郊御园渐有取代紫禁城成为新的政治中心之势。其中圆明园地位最为突出，在一个半世纪里（1709—1860年）持续

图14-9 北大未名湖湖心岛

成为雍乾嘉道咸五代清帝最重要的离宫。政治中心的这一西移，对北京城的格局产生了重大影响。皇帝常在离宫别苑起居理政，王公大臣为便于上朝，府邸多建在西城；皇帝更是常将御园附近的园地赐给近臣。正是在这一背景下，和珅得到了舒春园之赐，更名"十笏园"。

在和珅的悉心经营下，"园中水田尽被开凿为大小连属的湖泊，挖掘起来的泥土，则被堆筑为湖中的岛屿和环湖的岗阜"。园中共有楼台64座，房屋1003间，游廊楼亭357间，豪华富丽冠绝一时。许多年后，和珅在园中模仿"蓬岛瑶台"的湖心岛，不想却以僭越之名误了卿卿性命。时人与后人对此都颇有吟咏。奕𧫷《中秋后游舒春园四律》云："杰阁凌云久渺茫，邱墟宛峙水中央。敝垣腾础踪犹识，斩棘披榛兴亦狂。未觌蓬瀛仙万里，已成缧绁法三章。从来蜃气惊涛幻，每断风帆过客肠。"斌良《游故相园感题》云："缤纷珂繖驰中禁，壮丽楼台拟上林。"

昔日"宛峙水中央"的湖心岛已成"邱墟"，仍给人"蓬瀛仙万里"的联想。只不过旧主人求仙不成，反陷于"缧绁"之中。模拟"上林"的"壮丽楼台"有违禁之嫌较容易理解；这小小的水中岛，又是怎样与僭越纠结在一起呢？其间到底含着何等玄机？

玄机正在于水中央的蓬瀛小岛中。"一池三山"定型为一种造园格局，并成为皇家园林的主要模式，其渊源可以远溯秦汉。三山中的蓬岛、瑶台、上林，就流行于这个神仙方术盛行的时代。"自威、宣、燕昭，使人入海求蓬莱、方丈、瀛洲。此三神山者，其传在勃海中，去人不远；患且至，则船风引而去。盖尝有至者，诸仙人及不死之药皆在焉。其物禽兽尽白，而黄金银为宫阙。未至，望之如云；及至，三神山反居水下。临之，风辄引去，终莫能至云。世主莫不甘心焉。"《史记·封禅书》中描写帝王遣人寻求海上三神山的这段文字，恍惚迷离，启人遐想。秦皇汉武都曾被吸引，着迷于入海求仙。始皇数次巡游天下，皆以临海作为终点；武帝多次东临大海，并派专人在海边望蓬莱之气。产生于战国时燕齐的蓬莱神话，于秦汉达到了顶峰。

"一池"与蓬莱有关，"三山"则来自昆仑。在中国一东一西的这两大神话体系中，后者比前者还要古老，神仙之说最先就出自昆仑。传说黄河源出昆仑，水是构成生命的基本物质，昆仑又以产玉而闻名，玉是水的精华，古人认为服玉可以长生，昆仑产玉同时又是河之所出，随即成为仙人理所当然的居所。仙字从人，从山，正有山中之人之意。西方的昆仑神话传到东方后，人们根据自己的地理环境进行加工，形成了更为丰富的蓬莱神话。河出昆仑，又入渤海，华夏民族的母亲河正好联系了这两大古老的神话。"一池三山"可谓是中国古代东西方交流的一个结果。

秦皇汉武的入海求仙自然无果而终，于是退而求其次，在宫苑中模拟海上仙山：秦始皇修建了兰池，汉武帝开凿了太液池（图14-10）。《史记·孝武本纪》："（建章宫）其北治大池，渐台高二十余丈，名曰太液池，中有蓬莱、方丈、瀛洲，壶梁象海中神山，龟鱼之属。"《史记正义》："括地志云：兰池陂即古之兰池，在咸阳县界。秦记云：始皇都长安，引渭水为池，筑为蓬、瀛，刻石为鲸，长二百丈。逢盗之处也。"兰池"东西二百里，南北三十里"，太液池"周回千顷"，虽有百里之远、千顷之广，与浩渺沧海相比仍不过太仓一粟。当时还没有后来"移天缩地入君怀"的想象力，以"拳石勺水"象征山海也须到盛唐之后。

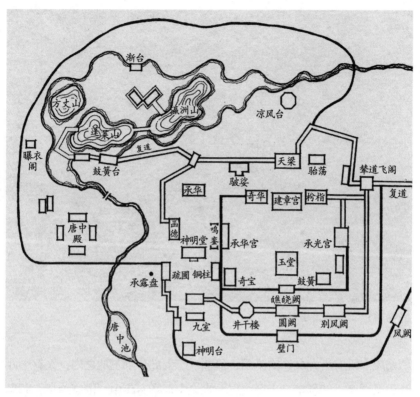

图 14-10　建章宫北太液池池中三山

秦皇汉武要实在得多，他们在池中刻了石鲸，置了龟鱼，以这些海中特产表示此池此岛就是蓬莱昆仑了。

　　自汉以降，求仙长生之风气日渐淡薄，谶纬神学不过是闹剧一场，但"一池三山"却保留下来，成为宫苑中掇山理水的典范，为后世帝王所效仿。北魏洛阳华林园中有天渊池，宣武帝于池内"作蓬莱山，山上有仙人馆"；隋炀帝在洛阳西苑"造山为海，周十余里，水深数丈，其中有方丈、蓬莱、瀛洲诸山，相去各三百步"；唐大明宫有"太液池，又名蓬莱池，池水浩荡，中有蓬莱山独峙"；宋艮岳有蓬壶，金中都有蓬瀛，元御苑有瀛洲……流风余韵，绵延至今。

　　有清一代的离宫别苑，更是对"一池三山"表现出异乎寻常的热情。清帝入关不久即着手修复宫城近侧的西苑三海。在这里"一池三山"变幻成"三海三山"：南海有瀛台（图 14-11），中海有焦园（象

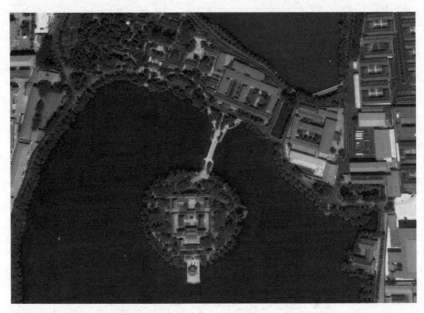

图 14-11 北京南海瀛台

清漪园中既有南湖岛、治镜阁、藻鉴堂三大岛分列三池之内，又有小西泠、凤凰墩、知春亭三小岛共居一水之中；畅春园中"依高为阜，即卑成池"，并筑芝兰、桃花、丁香三堤；圆明园的福海，"中作大小三岛，仿李思训画意，为仙山楼阁之状，岑岑亭亭，望之若金堂五所，玉楼十二也。真妄一如，大小一如，能知此是三壶方丈，便可半升铛内煮江山。""福海"有"徐福海中求"之意，而这一景也就是和珅致获大罪的"蓬岛瑶池"（图14-12）。皇家园林中设置"一池三山"，有昭示正统之意，这种风气甚至影响到宫殿布置，宫殿中最常见三殿并列的格局，就是以这种中高边低的形式隐喻蓬莱三山。

"一池三山"的渊源如此久远，又被清帝这般看重，和珅的僭越之名与谋逆之心似已不言自明。何况舒春园湖心岛畔还有石舫一座（图14-13），模仿乾隆帝在清漪园昆明湖中建造的石舫（图14-14）。乾隆帝本以石舫寓意江山永固，这就更将和珅的罪名坐实。一辈子左右逢源的一代权臣，这一次是逃无可逃了。

然而当时民谚谓："和珅跌倒，嘉庆吃饱。"原来嘉庆帝与和珅之间的矛盾由来已久，这次事件只不过再次印证了古语，"不有废也，君何以兴？欲加之罪，其无辞乎？"实际上，"一池三山"的运用并不限于皇园，在历代私园中也有在出现。现存的著名园林中，拙政园的中部主景区即以水池为中心，池中布列三岛；留园中部也是水池，池中一岛名为"小蓬莱"，并与西北小岛、东南濠濮亭鼎足而三。这些布置显然与政治上的想象无关，而是有取于"一池三山"独特的美学意趣。

今燕园未名湖的开凿其实远在和珅舒春园之前。舒春园前身是康熙朝武英殿大学士明珠的别墅自怡园，康熙二十六年（1687年），由叶洮主持设计，园中景致还可从时人的游园诗中追摹一二。汤右曾《怀素堂集·卷十五》："忽牵野兴到江湖，沿月扁舟入画图。几曲波光连太液，千枝灯影散蓬壶。"查嗣琛《自怡园看荷》："移山缩地疑神力，拓径开泉总化工。树拥危亭俄出没，湖吞画舫忽西东。"由是可知，这是一座

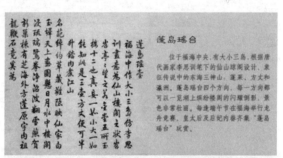

蓬岛瑶台

位于福海中央，有大小三岛。根据清代画家李思训笔下的仙山楼阁设计，象征传说中的东海三神山。蓬莱、方丈和瀛洲。蓬岛瑶台四个方向，每一方向都可以一览湖上缤纷楼阁的闪耀倒影，景色尊享杜园。每逢端午节在福海举行龙舟竞赛，皇太后及后妃内眷齐集"蓬岛瑶台"玩赏。

图14-12　圆明园蓬岛瑶台

图 14-13　北大未名湖石舫

图 14-14　清漪园昆明湖清宴舫

水景园，欲游"江湖"，须乘"扁舟"；园中的北湖，能"吞画舫"，可散"千灯"，足见其水面辽阔；园中透着一股清新淡雅的水乡情味。事实上，自怡园取法的正是江南园林。北方园林效仿江南园林，至迟于明末已开风气；自怡园的设计者叶洮是江南青浦人（今属上海），于园中发挥水乡意趣也在情理之中。

从审美心理上说，"一池三山"和"石舫"之意境，折射出中国传统有关距离之美的独特追求。周敦颐《爱莲说》："予独爱莲之出淤泥而不染，濯清涟而不妖，中通外直，不蔓不枝，香远益清，亭亭净植，可远观而不可亵玩焉。"古典园林往往面积有限，要产生距离感，隔离是一种重要的手段。从《诗经》中"蒹葭苍苍，白露为霜；所谓伊人，在水一方"起，一水相隔的美人更增添让人难以抗拒的美。《二十四诗品》中的"冲淡"："遇之匪深，即之愈希；脱有形似，握手已违"，也是只能神会，不可强求，只有保持距离，才能"妙机其微"。明人谈论山

图 14-15　苏州拙政园小飞虹

水，"朝行远望，青山佳色，隐然可爱，其烟霞变幻，难于名状；及登临非复奇观，惟片石数树而已"。"移竹当窗，分梨为院"是借植物隐现风景，分隔庭院；"架桥通隔水"，是用曲桥增加水面层次（图14-15）。"一池三山"也具同样的趣味，池水相隔，山岛就显得遥远而朦胧，迷离之中想象生矣；在可望不可即中，岛变成仙岛，人化作仙人。正如李渔在《答同席诸子》中所说："即不如离，近不如远，和盘托出，不若使人想象于无穷耳。"

古人的艺术想象力极为发达，作文章能够"观古今于须臾，抚四海于一瞬"，读诗词可以"坐变寒暑"，赏园景更能"观庭中一树，便可想见千林；对盆里一拳，亦即度知五岳"。在格鲁塞《东方的文明》中，有一段对中国古代青铜器表面饕餮纹的精彩描述，充分展现了想象在欣赏中国艺术时的作用："一旦我们从装饰繁杂的纯几何成分中辨别出这怪兽催眠式的巨睛、山羊似的弯角、高大的眉棱鼻梁、扁平的口唇、有时还有露出的獠牙时，好像这恶兽真要从青铜中涌身扑来，并以不可抗拒的姿态使自己现形；青铜就是怪兽，二者成为一体，远比做成真实的动物形象效果更为强烈。"在物质停止的地方，想象力开始伸展，最终二者共同完成一件作品。中国艺术中物质的部分就像诗词的起兴，作为媒介"先言他物以引起所咏之词"，"言外之意"与"形外之思"才是关键，借助想象给人以更深的震撼与感动。

如果说艺术作品由物质和想象两大部分共同构成，那么中国艺术在物质方面的低调，或许正是缘于想象的过于发达。古人艺术想象力的发达与艺术中对意境的重视是一体之两面，二者互为因果，共同影响了中国艺术的走向。在中国，偏重实体表达壮观的建筑逊色于西方，缘出于此；倚重想象补足现实的园林独步于天下，亦出于此。

【附录】

一．参考阅读

1. 白居易：《庐山草堂记》（节选）：

匡庐奇秀，甲天下山。山北峰曰香炉，峰北寺曰遗爱寺。介峰寺间，其境胜绝，又甲庐山。元和十一年秋，太原人白乐天见而爱之，若远行客过故乡，恋恋不能去。因面峰腋寺，作为草堂。明年春，草堂成。三间两柱，二室四牖，广袤丰杀，一称心力。洞北户，来阴风，防徂暑也；敞南甍，纳阳日，虞祁寒也。木斫而已，不加丹；墙圬而已，不加白。砌阶用石，幂窗用纸，竹帘伫帏，率称是焉。堂中设木榻四，素屏二，漆琴一张，儒、道、佛书各三两卷。乐天既来为主，仰观山，俯听泉，旁睨竹树云石，自辰及酉，应接不暇。俄而物诱气随，外适内和。一宿体宁，再宿心恬，三宿后颓然嗒然，不知其然而然。

2. 刘禹锡：《陋室铭》：

山不在高，有仙则名；水不在深，有龙则灵。斯是陋室，惟吾德馨。苔痕上阶绿，草色入帘青。谈笑有鸿儒，往来无白丁。可以调素琴，阅金经。无丝竹之乱耳，无案牍之劳形。南阳诸葛庐，西蜀子云亭，孔子云：何陋之有？

3. 郑板桥：《竹石》：

十笏茅斋，一方天井，修竹数竿，石笋数尺，其地无多，其费亦无多也。而风中雨中有声，日中月中有影，诗中酒中有情，闲中闷中有伴，非唯我爱竹石，即竹石亦爱我也。彼千金万金造园亭，或游宦四方，终其身不能归享。而吾辈欲游名山大川，又一时不得即往，何如一室小景，有情有味，历久弥新乎？对此画，构此境，何难敛之则退藏于密，亦复放之可弥六合也。

二．思考题

1. 分析因、借两种手法在中国园林设计中的作用。
2. 在你的想象中，"海上神山"是怎样的景观？
3. 比较中西园林背后所体现的文化差异。

第十五讲
风水中的理性思维

中国风水术的起源甚古，作为传统的相地择居之法，又称地理术、堪舆术等。在近代"科学"占据文化上的支配地位以后，精妙的风水往往被视为封建迷信，成为"进步"事业的障碍。在中国现代化的过程中，这种合理的人居观念曾被人们弃若敝屣，以至于在很长时间里出现一种极度妄自菲薄的现象。那时无人敢言风水，风水观念中所包含的理性思维更被忽视。近年来随着传统学术的复兴，风水观念日益受到学界重视，越来越多的人加入讨论，甚至形成一波又一波颇具戏剧性的热潮。然而由于积重难返，系统而全面的研究工作尚在进行中，规划和设计意义上的风水实践更有待推进。无论如何，我们应当认识到，风水术作为中国传统文化的重要组成部分，事实上已经成为汉文化的组成基因，深入我们民族的骨髓，长期影响着国人的思想观念与行为模式。风水术中有关自然地理的特殊信念，造就了中国传统人居环境中屈曲有情的别样风景。

当代实验性科技的发达，并不意味着古代累积性经验的失效。过于自信的当代人类，往往要为自己的草率行动付出惨痛的代价。2005 年 6 月，黑龙江宁安市沙兰镇中心小学遭遇洪水袭击，灾难夺走了 109 条生命，其中小学生 105 人。同年 10 月，福州武警指挥学校训练大队遭受特大山洪袭击，造成新学员 85 人遇难。这两次灾难的主要原因皆在于建筑选址于低洼的河谷，即"凶地"之上。2005 年 8 月，美国新奥尔良飓风导致至少 700 人丧生并卷走 300 多亿美元；这个人口过百万的城市处在盆地中，三面环水，而平均高程却低于海平面；一直高悬于新奥尔良人头顶之上的，是喜怒无常的滔天海浪。

一　仰观天文俯察地理

风水又名"堪舆"，最初见于汉代。在《汉书·艺文志·数术略·五行》中，记载了《堪舆金匮》十四卷，颜师古曰："许慎云：堪，天道；舆，地道也。"中国先民对天文、地理的深切关注，本质上是由农耕定居的生活方式所决定的。在很大程度上，农业生产和生活都依赖于山水环境和气候条件，农夫必定会终年悉心地观天察地，以求顺应自然的变化，趋吉避凶。早期风水术质朴的旨趣，无外于此。

遵从天地、顺应自然，是华夏先民安身立命的基本准则。高峰低谷间那宜耕宜居的阶地沃壤，成就了先民生存的理想环境；贫瘠瘴疠的穷山恶水和桀骜难驭的平原湿地，则有待农人累世辛勤地劳作改造。在早期的渔猎和采集时代，为了避免洪水的侵害，人类常以河流两岸地势高亢处的天然洞穴作为栖身之所。《墨子·辞过》云："就陵阜而居，穴而处。"进入农耕时代，农作物对于水的大量需求，引导人类走下高山，沿河傍水而居。《史记·五帝本纪》："青阳降居江水，……昌意降居若水。"面对居住地复杂多变的天然地形，先民必须处处有所因应。傅斯年先生对此颇为留心，他认为："人类的住家不能不依自然形势，所以在东平原区中好择高出平地的地方住，因而古代东方地名多叫作丘。在西高地系中好择近水流的平坦地住，因而古代西方地名多叫作原。"可是居于旷野的平原之上，频繁降临的水患往往使先民猝不及防。

大禹是中国第一个王朝夏的创始人，他采用疏导法成功治水的故事世代流传。华北平原是先夏时期治水事业的主战场，大禹及其先辈们在此建立了彪炳万世的丰功伟绩。可是长江中游平原的治水工程也许比华北平原开始得更早，在湘、鄂两省，近年来发现了多座新石器中期的聚落遗址。8000 年以来曾经对华夏文明的成长有过巨大贡献的几大平原和盆地，无不经历了先民长期的地理改造。如华北平原、长江中下游平原和成都平原，初始皆苦于旱涝无常，无雨则赤地千里，多雨则汪洋恣肆。倘若没有成功的水利工程，这些日后号称"粮仓"的土地也许至今仍难以使人安居。

比较中西城市规划史和建筑史，可知航海的欧洲先民与农耕的华夏祖先不同，他们不曾有过顺应自然的内心体验，因而始终没有生成有关风水形胜之观念。中西两种文化如何形成这一根本性的差异，是有待认真探究的重大课题。简单说来，两种对立的思想观念，来源于早期两地先民不同的生活方式，而不同的生活方式无疑首先决定于地理气候上的差异。有关这一方面的研究，很多学者在不同领域业已取得相当显著的成果。著名遗传学家，人类基因组多样性研究计划发起人之一 L. L. 卡瓦利－斯福扎（L. L. Cavalli-Sforza）教授认为：全球人种的主要差别，来源于各自对于不同地理气候的长期适应。心理学家弗洛伊德（Sigmund Freud）在对成人行为的研究中，特别注重婴儿期所受刺激在心理深层的积淀。对于人类整体说来，早期祖先的生存经验决定了当代人在文化心理上的内在结构。

由于口头或书面文字的表述差异，加之遣词造句的俗雅之别，当下我们如果将中国古代风水术与现代地理学相提并论，可能仍令有些人难以接受。然而中国先民在地理认识方面的早熟，确是毋庸置疑的事实。风水术作为中国早期的地理学，主要的关注对象原本与现代地理学（Geography）研究的对象互有交叠。地理一词最早大约出现于春秋时期，《易·系辞》云："仰以观于天文，俯以察于地理。"地理专著《尚书·禹贡》和《山海经》的成书时间，约在战国时期，其中介绍山脉、河流以及交通、物产等，相当详尽。《尚书·洛诰》云："伻来，以图及献卜。"记述了周公考察洛水后，作规划图向成王报告的故事。《考工记》的成书时间大约也在战国时期，其中说到："天下之势，两山之间必有川矣，大川之上必有涂矣。"寥寥数语，将自然界山、川之间关系以及道路沿河伸展的规律性现象概括得清清楚楚。《管子·地图》云："凡兵主者，必先审知地图。轘辕之险，滥车之水，名山、通谷、经川、陵陆、丘阜之所在，苴草、林木、蒲苇之所茂，道里之远近，城郭之大小，名邑、废邑、困殖之地，必尽知之。地形之出入相错者，尽藏之，然后可以行军袭邑。举错知先后，不失地利，此地图之常也。"其中强调将帅在攻城略地之前，必须先备地图，以便准确了解目的地的山川、道路、城郭等。

自秦代始，中国成为大一统的帝国，地区之间政治联系的加强使地理学更加发达。秦始皇曾多次巡游东陲，在山海关一带树立帝国东门的形象并刻石立碑。《史记·秦始皇本纪》记载："始皇之碣石，使燕人卢生求羡门、高誓。刻碣石门，坏城郭，决通堤防。"近年考古学家在辽宁绥中止锚湾和河北秦皇岛金山嘴两地，掘出秦代宫殿遗址。金山嘴，止锚湾两地相距 30 公里，均处于伸向海中的两处小海岬的尖端，左右对峙连成一线，由此往东南直对旅顺的老铁山和山东荣成的成山头。在浩淼的大海之上，三点恰好连成一条直线，将渤海湾严密地封锁起来；用后期的风水理论说，这就是关锁中国东大门的三道水口（图 15-1）。这条连线的长度大约为 350 公里，人在地面上用肉眼直接观察决不可见。地理上如此精确的布局，实在难以归之于巧合，它必定建立在很多人长期综合性探索的基础之上。

甘肃放马滩秦墓出土的天水地域图绘于七面松木板之上，湖南马王堆汉墓出土的长沙侯国南部地图绘于两种绢布之上，它们更从实物上反

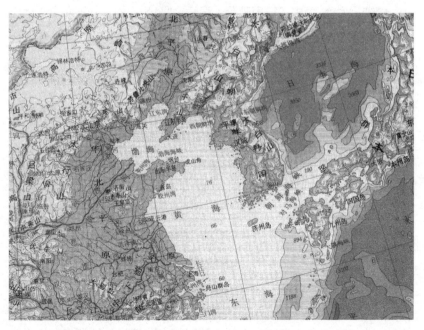

图 15-1　秦汉帝国东大门

映了先民在地理上的成就。西晋时位至司空的裴秀提出了"制图六体"，标志着中国地图测绘方法的成熟。北魏郦道元作《水经注》，所述河流涉及朝鲜半岛、中南半岛乃至南亚。元代郭守敬先后任都水监和司天官，他比德国人高斯早560多年，提出全球高程标准当以海平面为零点的科学理论。他所规划的元大都白浮泉渠道，循西山东南麓等高线蜿蜒长达30多公里，而坡降仅数米；至今京密引水渠仍因其旧址，足证当时其地理测量和渠道施工的精确性。

二 风水形胜

在中国早期的历史文献中，有关地理选择的记载不胜枚举，其中文字表述虽五花八门，基本原则却始终一脉相承。先秦时，人们将具有气候、物产以及攻防等各方面综合优势的地理格局称为"形胜"。在《荀子·强国》中，关于秦国自然地理的记述云："其国塞险，形势便，山林川谷美，天材之利多，是形胜也。"《史记·高祖本纪》云："秦，形胜之国也。"南朝梁徐悱《古意酬到长史溉琅琊城》诗云："表里穷形胜，襟带尽岩峦。"宋《方舆胜览》记云："泉州形胜，其地濒海，远连二广，川逼溟渤，闽粤领袖，环岛三十六。"明嘉靖《钦州志》卷一记云："灵山，三水襟裙，乌江旋带，…重岗叠翠，山川盘郁，地势融结。此一方之形胜也，古人建邑于此，盖不偶然。"在更多的文献中，尽管未提"形胜"二字，但所描绘的形势特点却与之完全吻合。关于安阳殷墟的地理形势，《战国策》云："殷纣之国，左孟门而右漳滏；前带河，后被山。"关于古幽州即今北京的地理形势，《史记》云："前抱九河，后拱万山。……左环沧海，右拥太行，北枕居庸，南襟河济。"潭柘寺是北京最重要的名胜之一，甚至有民谚夸张曰"先有潭柘寺，后有幽州城"。将一处中等规模的佛寺与北方重镇幽州城等量齐观，最主要的原因当在于这块风水形势极胜的土地（图15-2），曾经长期向先民提供优越的天然庇护，最终在人们心目中留下深刻印象。

考古发掘表明，华夏先民在选择聚落基地时，很早就确立了若干基本原则。近年考古学家对于新石器时期文化遗址的挖掘表明，人类

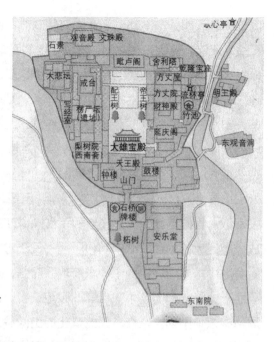

图 15-2 北京门头
沟潭柘寺之形胜

聚落多选址于山脉的东南麓，特别是河流凸出或两水交汇的地带。《诗经·大雅·公刘》记载："笃公刘，既溥既长，既景（影）乃冈，相其阴阳，观其流泉。其军三单（禅），度其隰原，彻田为粮。度其夕阳，豳居允荒。笃公刘，于豳斯馆。涉渭为乱，取厉（砺）取锻。止基乃理，爰众爰有。夹其皇涧，遡（溯）其过涧。止旅乃密，芮鞫之即。"其中记述了西周先祖公刘迁豳立国的故事，包括相地察水、开荒种地、渡渭取石、建造宫室的整个过程。"豳"通"邠"，地在今陕西彬县。诗中公刘测日影定方位后，登上山岗，"相其阴阳"。泛言之，古以山南、水北为阳，山北、水南为阴。朱熹《诗集传》云："阴阳，向背寒暖之宜也。"更一语道破了"相阴阳"的实际内涵。考证得知，公刘所相的古城"豳"，位于渭水支流泾河中游，地势西北高，东南低，无疑是阴阳合宜的理想居所。

向背寒暖之宜与否，一方面受制于太阳常年运行的轨迹，与之对应的是北、南朝向；另一方面不免季节性气候变化的影响，必须注重所在区域山水形势的差异。这两方面的考虑都蕴含在《大雅·公刘》中，可以说，"相阴阳"是华夏先民适应东北亚大陆特殊地理气候的重要手段。在中国版图上，除华南汕头、广州、南宁三地连线以南的地区外，绝大部分国土都位于北回归线以北。由于太阳光线的垂直照射点往复于南、北回归线之间，所以在我们看来，太阳总是出现在南方。较之地球上同纬度的其它地区，中国中、东部丘陵和平原上的大部分地区气候相对恶劣，夏季酷暑冬季严寒。夏季，除华南沿海以外，中国大部分地区的平均气温比世界同纬度地区要高出2摄氏度左右；从华北到江南，夏季极端高温几乎每年都会超过40摄氏度。冬季严寒要持续很长时间，在每年多次"寒潮"的作用下，中国的平均气温大大低于世界上人口密度较高的其它国家。但是，整个中国的地势西北高、东南低；青藏高原、黄土高原和蒙古高原连成整体，在大陆西北面形成一个巨大的屏障，这就制约了恶劣气候对于大陆的实际影响。对绝大多数中国人所居住的中、东部地区而言，这个屏障在夏季可作为迎风面形成降水；而冬季来自亚洲腹地蒙古、西伯利亚的寒潮，则被该屏障有效地削弱。在许多天然造化的山间谷地或坡地上，人们不难寻觅到温暖湿润的小环境，这里既有益于农作物的生长，也有益于人体的健康。从某种意义上说，天生寒暑似乎是天又助人的客观现象。在先民认识自然的过程中，严寒酷暑在给人以痛苦的体验之后，也许正是一种有益于长久发展的必要刺激和启示。

图 15-3 北京房山灵鹫禅寺之形胜

诚然，适宜的定居场所绝非随处可觅，而有待人们不辞辛苦地精心寻找（图15-3）。在广袤的山水间，为适应华夏大地特殊的地理气候，"相阴阳"活动经久不衰，终于成为风水学的圭臬。那些条件优越的局部场所，往往取像于中国大地的整体形势。顺应自然大势而止于适度的改造和建设，难道不就是"中庸之道"吗？华夏先民很早就在"相阴阳"的活动中达致了"执中"，这个"中"，成就了中国的古典哲学，让我们至今受益且未有限量。

考察"相阴阳"观念的源流，必须着眼于新石器时期以来华夏先民生存空间的地理分布，最值得注意的就是受季风气候强烈影响的中东部丘陵和平原地区。该地区人口占全国人口的绝大多数，且自古即为先民繁衍生息之地，遗存丰富的早期聚落遗址就在这一地区星罗棋布。《世本·居篇》云："禹都阳城。""阳城"在今河南登封，位于河南龙山文化早期遗址集中的嵩山东南麓，其得名可能正基于所在的地理环境。登封盆地地据颍河上游的西部，一系列山谷面朝东南敞开。在嵩山的遮挡下，冬季凛冽的寒风较之周边地区大大减弱。与分处盆地东西方向大约100公里而纬度相同的伊川和通许相比，登封的气候要温和得多，1月份的平均气温比伊川高0.7摄氏度，比通许高0.6摄氏度，极端最低气温更比伊川高6摄氏度。之所以产生这种差别，在于伊川地处朝北敞开的谷地，通许坐落在黄淮平原之上，两地的地形和朝向皆难以称之为"阳"。

在华夏文明形成过程中，嵩山及其周边地区的地理和气候优势的确发挥过重大作用。嵩山为中岳，嵩山之下为中原。自嵩山放眼四周，东瞰华北平原，南临河川谷地，西望伊阙龙门。嵩山地处低地与高原之间的过渡地带，进退有据攻防咸宜。地貌起伏开合有利于生物多样性的形成，水陆交通的发达有利于物资和信息的传递。嵩山东南麓的生存环境更是优越，从而为早期文明的发育提供了极富营养的温床。

地处嵩山西北的伊洛河平原随后成为中原文明继续发展的根据地。这里虽为群山环绕，但联系外部的道路四通八达；境内肥沃的河谷平原，则为文明的持久繁荣提供了丰厚的资源支持。距今约4000年前，在伊洛河平原东部靠近黄河的偃师二里头，中国青铜文化达到了第一次辉煌，包括青铜工具、兵器、礼器、乐器以及装饰品琳琅满目。夏代以降有十几个王朝建都于此，二里头夏都、偃师商都、东周王城、汉魏洛阳、隋唐东都至今均有遗迹可寻。历代都城密集于一地，这种情形在古代世界中十分罕见。

在医药卫生事业欠发达的古代，严酷的冬夏两季对人类健康和生物成长构成极大威胁。为了削弱这一威胁，中国先民以"相阴阳"应对之。从华北地区留存至今坐北朝南的各类窑洞，以及当代农村坐北朝南的蔬菜大棚中，细心的观察者都不难发现中国民间那源远流长的实用智慧。现代科技虽能在很大程度上消除恶劣气候的威胁，可是在资源和环境方面，已经付出了太大的代价。建筑采暖和制冷造成的能源消耗，已经大到使地球不堪重负难以为继的地步。可以断言，无论当今还是未来，源自中国传统建筑的坐北朝南、坐西朝东或坐西北朝东南的位置经营，都不失为行之有效的规划手法，都是我们不应舍弃的宝贵经验。

随着文明的发展，"辨方正位"逐渐具有了文化上的重要意义。"北"字之形很像两个人背靠背，本意为背后或后面。华夏初民受地理所限，为了避开来自北方的寒流和沙尘，选择背北面南而居。于是"北"字成为专名来指代方位"北"，而其本意通过新造了一个"背"字来保留。与北相对的南面，则从具象的地理方位演化为抽象的尊崇象征。《周礼·小司寇》记载："王南向，三公及州长、百姓北面，群臣西面，群吏东面。"《周礼·司仪》云："诏王仪，南向见诸侯。"其中所说的都是周代君臣朝见时，礼制所规定的各自方向和位置。《论语·雍也》："子曰：'雍也，可使南面。'"冉雍，字仲弓，是孔子的学生。朱熹注：南面者，人君听治之位。这句话的字面意思是让冉雍面南而坐，内涵则是可以放心地让冉雍治理国家。

"面南而王"的思想对后世中国影响深远，但在不同的场合，朝向也可能以东为尊。顾炎武《日知录》云："古人之坐，以东向为尊。"我们可从史料中检出大量例证，项羽曾安置王陵之母东向而坐以示尊崇。据《汉书·王陵传》记载："项羽取陵母置军中，陵使至，则东向坐陵母，欲以招陵。"井陉口之战得胜后，韩信俘获广武君李左车，请他东向而坐，执弟子礼。《史记·淮阴侯列传》："信乃解其缚，东向坐，西向对，师事之。"清代礼学家凌廷堪解为"室中以东向为尊，堂上以南向为尊"。诚然如此，《史记·项羽本纪》云："陛下南乡（向）称霸，楚必敛衽而朝。"可见当秦汉之交，"东向为尊"须服从于"南向为尊"。汉代以后，随着居住形式的变化，东向为尊的观念愈加式微。直到唐末五代，草原游牧民族再度带来以东为尊的习俗。《新五代史》记载："契丹好鬼而贵日，每月朔旦，东向而拜日，其大会聚、视国事，皆以东向为尊，四楼门屋皆东向。"

由于中国地理空间上的多元复杂性，阴阳所指的精准方向，在各地势必有所差异。清代有学者在解读《尚书》时，认为在古人的方位概念中，北与西通，南与东通，可能很有道理。华夏先民很早就对中国地理的对角线现象有所认识。《淮南子·天文训》云："昔者共工与颛顼争为帝，怒而触不周之山，天柱折，地维绝。天倾西北，故日月星辰移焉；地不满东南，故水潦尘埃归焉。"此处记述颇有神话色彩，若采用模糊定性的办法，将阴、阳视为西北和东南之对应，或为一解。要之，"相阴阳"的主要手段就是选择山的东南坡作为聚落地点，以求在冬季避免寒潮侵袭，在夏季接纳凉风吹拂，这种地理选择的方式源远流长，堪称与中华文明相始终。

三 攻位于汭

在《中国文化之地理背景》中，钱穆先生说："中国文化的发生，精密言之，并不赖藉黄河本身，她所依凭的是黄河的各条支流。每一支流之两岸和其流进黄河时两水相交的那一个角落里，却是中国古代文化之摇篮地。那一种两水相交而形成的三角地带，这是一个水桠杈，中国古书里称之曰汭，汭是在两水环抱之内的意思，中国古书里常称渭汭、泾汭、洛汭，即指此等三角地带而言。"

这一推论，近年来屡为考古发掘所证实。以河南新郑为中心的裴李岗文化遗存，在我国新石器考古中意义重大，其中最主要的两处遗存，其选址意向皆十分明确。一处是新郑县西北约7.5公里的裴李岗，面积约2万平方米；位于洧水北岸河湾环绕的土岗上，高出现代河床约 25 米。另一处是密县的莪沟北岗，位于新密城南 7.5 公里的山冈上，面积约 8000 平方米；距裴李岗不过 20 多公里，同样位于洧水北岸且有绥水来汇的三角形台地上，高出现代河床约 70 米。河南长葛石固聚落遗址，位于县城西南 12.5 公里的石固村东，坐落在石梁河与小灉河交汇的西北岗地上，高出河床 4 米；出土遗物的年代从裴李岗文化、仰韶文化、龙山文化、春秋战国直到汉代。河南渑池仰韶村聚落遗址，位于县城北 7.5 公里的台地上；饮牛河自台地东绕南至台地西侧与溪流汇合，仰韶村坐落其中，三面临水。黄河流域如此，长江流域亦如此。在三峡附近支流汇入长江所形成的三角地带，近年出土的考古文化遗存也极为丰富。

在早期文献中，关于"汭"的记述俯拾皆是。《逸周书·度邑解》记载："自雒汭延于伊汭，居易无固，其有夏之居。"清人朱右曾对此做出过明确的解释："雒汭，雒水入河之处，在河南府巩县北。伊汭，伊水入雒处，在河南府偃师县北。"《尚书·尧典》云："厘降二女于妫汭，嫔于虞。"其中记述了上古时期，尧在禅位于舜之前，曾以嫁女的方式，对其德行进行考察的故事。妫水在山西永济县西南，地接陕、晋、豫三省，黄河在此由北往南折而东，形成中国地理上最大的汭位，其城甚至因而称之为芮城（芮通汭）。

《尚书·召诰》记载："惟太保先周公相宅。越若来三月，惟丙午朏。越三日戊申，太保朝至于洛，卜宅。厥既得卜，则经营。越三日庚戌，太保乃以庶殷，攻位于洛汭。越五日甲寅，位成。"这一段文字是迄今所知早期文献中记载关于建筑选址最为明确的部分，它相当具体地记述了西周初年，太保周公奉命在洛汭规划东都成周（洛邑）的经过。随着时间的推移，洛水汇入黄河的地点会不断向下游移动，在今天的地图上，成周遗址距离洛汭大约 60 公里。

汭位之所以成为先民活动的重要舞台，原因是安居于两面甚至三面临水的地块之上，有其客观上多方面的优越性，如取水、捕鱼、定居、耕作、交通、防御等（图 15-4）。《说文·水部》云："汭，水相入也。"同样说的是一种由两河交汇所形成的三角形地块，此外还有一种是由同一条河流弯曲凸出而形成的弧形地块，这就是关于汭位的另一种涵义。

图 15-4　湘西
通道黄土乡新
寨侗族

仔细分析，容易看出前者的主要优点在于交通、防御等方面，适于将其规划为城市或营寨；后者的主要优点在于定居、耕作等方面，适于将其规划为聚落或农田。

河流弯曲凸出而形成的汭位，由于分布的范围较广，所以在中国文明的发展过程中日趋重要。古人的有益经验，往往来源于对自然界的长期观察。今人则可以借助现代水利学的实验，对其运动特征进行更加准确的分析。在重力作用下，河水总是由高处流往低处。通常在上游，地表的高低起伏会自然导致河流于其间弯曲盘桓；在地势较平坦的下游，河水往往受制于河床两侧的地质强度，从较强的地方流向较弱的地方。

图 15-5　金沙江丽江石鼓镇

在河流弯曲处，水流在凹岸的回转半径大于凸岸，因而流速也大，水体下层部分会发生自凹岸向凸岸的横向运动，使凹岸底部的泥沙逐渐趋向于凸岸堆积（图15-5）。滴水可以穿石，何况奔腾不息的河流。在日复一日的横向运动作用下，凹岸底部必将面临被淘空的危险，结果当然意味着地表基地的崩溃；于此相反，横向运动所造成凸岸泥沙的堆积则在原本较坚固的基础之外，更使面积持续增大。这一现象实际上反映了生存空间的萎缩或拓展，毫无疑问，对于傍水而居的农人来说，具有生存攸关的重大意义。《晋书·郭璞传》记载："璞以母忧去职，卜葬地于暨阳，去水百步许。人以近水为言，璞曰：'当即为陆矣。'其后沙涨，去墓数十里皆为桑田。"这个故事表明，作为风水宗师的郭璞深明流体运动的规律，他为母亲选择的葬地，显然就是一处由河流弯凸而形成并且会自然扩展的"汭位"。

汭位大吉大利，适宜居住和耕种，可是天然的汭位并非随处可寻。此外为了满足风水形胜的要求，还要结合前述"相阴阳"之法，寻找符合坐北朝南的方位，因而更为不易，有时便需对天然基地进行必要的人工改造。在山区，人们常常寻找坐北朝南的谷地，于其中部填土成阜，形成后世风水师所谓的"明堂位"，以利居住和耕种。又于山脚和土阜之间掘沟导水外流，再于水口位置造桥建阁（图15-6），以利水土

图15-6 福建德化湖春桥与水口

图 15-7　故宫太和门前金水河

保持或控制交通。清人林牧在其《阳宅会心集》中将此描述为："埂以卫局，桥利往来，处置得宜，亦足以固一方之元气。"

　　经过长期的沿袭运用，原本富于理性思维的科学认识可能逐渐转化为不假思索的形式崇拜。从一定程度上说，中国晚期风水术正是这种历经异化的精神产物，"汭位"也随之成为一种象征意义重大的美学图形。故宫太和门前的金水河（图 15-7），太庙前的玉带河，全国各地孔庙前的泮池（图 15-8）以及很多民居前的半月池，形状皆为向前凸出的弧形或半圆形，它们无不向我们强烈暗示着中国先民源远流长的古老追求。

图 15-8　安溪文庙泮池

四　流巽及其补足性思考

巽，八卦之一，在后天八卦中代表东南方位。在本文中，"流巽"意指水流向东南。中国地形的大势是西北高、东南低，大而言之，黄河、长江等大江大河都从西北高山流向东南海洋，流巽实即中国水系整体状貌的概括；小而言之，中国大部地区城镇、聚落乃至合院建筑的排水亦然。

在商代流行的甲骨文中，"水"字形态历经几个时期的连续演变，似乎保存着先民尝试对河流大势进行概括的思路痕迹。以徐中舒《甲骨文字典》收集的第一期到第四期的水字为例，分析字体曲线形态的变化，不难归纳出一种规律。第一期的前五种曲线形态，从上往下，皆从东北转向西南；从第一期的第六形开始，到第二、三、四期的所有曲线形态，从上往下，皆从西北转向东南。从最初出现到最终定型，水字在甲骨文中的形态变化，隐约显示了先民对于自然现象的认识，经历了从感性的局部观察到理性的整体总结的探索过程。在《说文解字》中，水字为后一种形态，从西北转向东南。释文称："准也，北方之行，象众水并流，中有微阳之气也。"我们理解，"微阳之气"意指水字"西北——东南"之曲线走向，将其与先民"相阴阳"的行为联系起来看，许慎的解释相当精准。水字在甲骨文前后四期中的不同形态，客观反映出巽位意识的逐步确立，意味着祖先对中国地理的整体把握渐趋准确。甲骨文第一期相当于殷商武丁时期（前1250—前1192年），中国风水术中关于水流大势的基本认识可能就滥觞于此。

从商代开始，便有巽位排水的合院建筑遗迹留存下来。在对河南偃师二里头商代宫殿遗址进行的发掘中，考古学家发现合院的东廊下埋设着用于排水的两组陶管，一后一前，走向分别朝东和东南。在对陕西岐山凤雏村西周合院建筑遗址进行的发掘中，考古学家发现后院有一条卵石垒砌的排水暗沟，方向朝东；前院地下有一组排水陶管，方向朝东南。由这两道排水设施的不同做法来看，在此西北高东南低的基地之上，西周先民对于院落前后集水量的大小及其排水对应设施皆了然于心。卵石垒砌暗沟的排水量较小，管道的排水量较大，它们分别用于雨

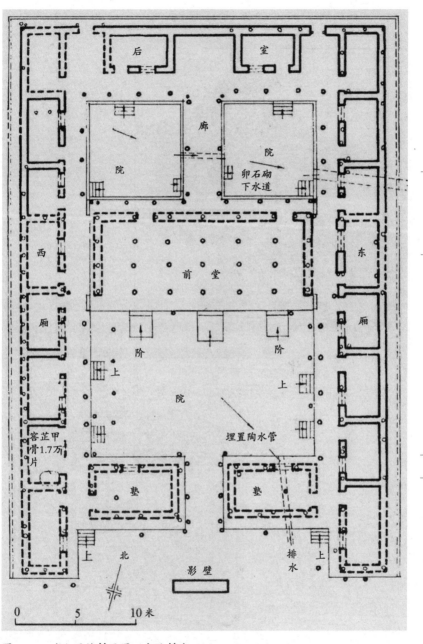

图 15-9 岐山凤雏村西周四合院排水

水集合面积较小的后院以及雨水集合面积较大的前院，可见应为全部出于精心思考后的设计而非随意为之（图15-9）。

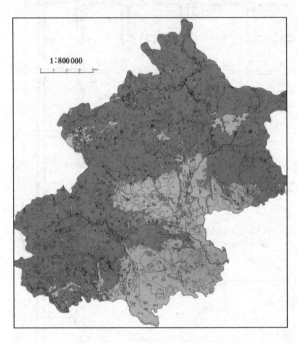

图 15-10　北京高原和低地土壤

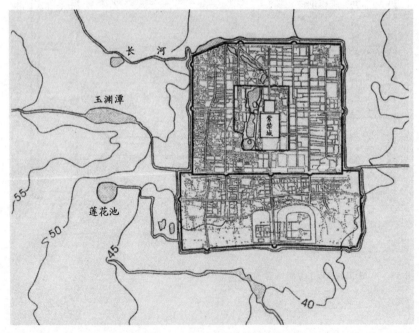

图 15-11　明清北京地形简图

在古代中国的大部分地区，城镇和建筑群的排水朝着东南方向的巽位，既是功能上顺应地形的技术处理，也是思想上尊重自然观念的体现。以元明清三代都城北京为例，地处华北平原西北端，三面环山，唯东南向渤海缓慢倾斜，所在小平原有"北京湾"之称（图15-10）。西直门海拔50米，左安门海拔40米，坡度略大于千分之一，十分有利于城市的自然排水（图15-11）。当元代初年选址建都之际，汉人刘秉忠的贡献最大。按照世祖忽必烈的赞誉之词，他显然是一位学有专精的风水大师。《元史·刘秉忠传》记载："秉忠事朕三十余年，小心慎密，不避艰险，言无隐情，其阴阳术数之精，占事知来，若合符契，惟朕知之，他人莫得闻也。"明清紫禁城的规划设计，则是建筑群方面的完美实践。殿宇雄壮、布局严谨以外，更有良好的排水处理。其南北长961米，东西宽753米，自紫禁城的西北隅到东南隅，内金水河蜿蜒而下，整体高程下降约2米，坡降约千分之二。

流巽这一规划手法，既巧妙地使得基地和建筑群与中华大地的整体面貌形成一种精神上的同构关系，又符合环境工程学上有关排水的技术要求。一种源于实际体验的理性认识，经过长时间的广泛运用，可能逐渐被强化为难以割舍的情感要素甚至崇拜对象。中原汉族移居南方后，宅院的布局仍须遵循古老的巽位排水法则。即使新居所在地的形势与祖籍地相反，如粤东地貌东高西低，法则依旧执着。我们在国内某些多民族共存的地区进行传统建筑的田野调查时，可以将此法则用作判定主人族别的依据之一。甚至移居海外，如在地近赤道的新加坡，地理气候条件与中国大陆差异极大，而华人建筑的布局往往依旧。名列新加坡国家古迹的莲山双林寺，清代光绪年间由福建移民集资建造，不但在总体布局上采取西北高、东南低的处理，单体建筑如大雄宝殿和天王殿的地面亦然（图15-12）。建设者对于流巽的执着，反映了深层次思想观念的顽强存在。此时，这种观念已在很大程度上脱离技术层面，进入非理性的信仰范畴。此类现象不尽合理却相当合情，因而我们决不可以将其简单地斥之为迷信。

在汉代文献中，中国地貌高低的特征往往被附会为神话故事的组成部分，其客观要素则对于实际的城市规划有着很大影响。《周礼·大司

图 15-12 新加坡双林寺

徒疏》引《河图括地象》云："天不足西北，地不足东南；西北为天门，东南为地户；天门无上，地门无下。"《吴越春秋·勾践归国外传》云："西北立龙飞翼之楼，以象天门；东南伏漏石窦，以象地户。"

"天门"和"地户"观念长期流传，最终演变成具体而微的"水口"理论。清《入山眼图说·水口》云："入山寻水口，……凡水来处谓之天门，若来不见源流谓之天门开；水去处谓之地户，不见水去谓之地户闭。夫水本主财，门开则财来，户闭财用不竭。"在今通行于闽台地区的闽南方言中，水字的音义同俊俏和财富等内涵密切相关。而语言学家多认为，闽南方言中保存着晋唐时期中原语言的大量要素。由此不能想象，水的存在及其运动，曾经对于中国传统文化发生过多么持久而深刻的影响。

在明清时期的文献中，有很多关于山区村落水口理论的叙述。其文字往往鄙俗，内涵却绝非迷信。观察南方丘陵地区的山村聚落，我们很容易发现水口理论在实用方面的高明。在"天门"中，"来不见源流"意味着来水或出自山泉或极其隐蔽，这就使人类聚落在获得水源的同时，又有安全保障。在"地户"中，"不见水去"意味着排水缓慢或受到控制。我们在山区村落低处所见的堤坝或桥梁，往往并不具有

图 15-13　广西龙胜金坑水口

交通方面的作用，却有防止水土流失，使农田肥力不减的功能。由于居民与外界的联系通常是顺水而下，所以"地户"的重要性往往超过"天门"。"地户"更是人为改造山村聚落的重点，亭台楼阁于此颇为常见，它们除了具备守望安全的哨所功能以外，更是人们送往迎来寄托深情的载体（图 15-13）。因而今人所谓水口，一般指"地户"而非"天门"。

　　流巽观念在中国聚落中的运用，既易于实现物质环境方面的追求，又与中国整体的地貌形成观念上的同构关系。但是其中还有一个需要另外解决的问题，这就是所谓"天不足西北，地不满东南"中所暗示的欠缺。均衡、和谐等亦为华夏先民自始遵从的原则，因而在他们看来，天、地间的不均衡状貌显然不能尽如人意。这就需要一个能够发挥补足功用的建筑或相关设施存在，以便使人至少从心理层面上获得完善。就此而言，古人采取的具体做法大量保存于建筑遗产中。虽然其心路行进中的轨迹较为含混，但在很大程度上，中国古代这方面的实践与现代学术之间有着很大的共性，譬如格式塔心理学对此有一个较为清晰的表述：当人的视域中出现一个不规则、不完整或有缺陷的图形时，人的心理上就会自然产生对其进行弥补以臻完善的需求。

对于整体上略有不足的中国地貌，东岳泰山是唯一能够发挥弥补作用的实体存在。泰山地处中原东部的濒海大地上，它突兀挺拔如擎天一柱，成为中国整体之巽峰。从海拔高度上看，泰山在五岳中并不称最。只是因其位置特殊，形势极其壮观，才使得华夏先民"地不满东南"的心理缺陷得以匡正，并逐渐由地方崇拜上升为国家祀典。《尚书·尧典》云："岁

图15-14 平遥城中石敢当

二月，东巡守，至于岱宗，柴。"岱宗即泰山。自此以后，随着中华帝国疆界的扩展，南、北二岳均有迁移，但东岳始终确指泰山。秦始皇封泰山，更是中国疆土大一统的重要标志。

传说蚩尤曾在打败黄帝后，狂妄地登上泰山，自夸曰"天下谁敢当"；女娲为制其暴虐而炼石，于其上镌刻"泰山石敢当"五字，遂致蚩尤溃败。从古至今，在中国城乡某些正对大路的"冲煞"之位，往往能见到镌刻这五个字的石块（图15-14）。它们或雕琢精美，或简略粗糙至仅仅五字而已，但都被认为带有驱凶辟邪的神奇力量。

在范围较小的局部环境中，类似泰山的天然造化十分罕见，因而人们常以高大建筑作为其替代或象征。在中国很多地方我们都不难看到，文峰塔（图15-15）耸立于城市的东南角，魁星阁（图15-16）高踞于村落的东南隅。塔和阁作为风水建筑，从结构和造型来看，与中土佛教建筑一脉相承；从精神和意义上着眼，皆与科举功名紧密关联；风水之外，它们更可被视为中国传统文化中，儒释道三教合一的重要标志。

图 15-15　庆元举水村文峰桥与塔

图 15-16　灵石王家大院魁星阁

【附录】

一. 参考阅读

1. 《朱子全书·地理》：

冀都是正天地中间，好个风水。山脉从云中发来，云中正高脊之处。自脊以西之水，则西流入于龙门西河；自脊以东之水，则东流入于海。前面一条黄河环绕，右畔是华山耸立为虎，自华来至中为嵩山，是为前案。递过去为泰山，耸于左是为龙。淮南诸山是第二重案，江南诸山及五岭又为第三四重案。

2. 冯建逵、王其亨："关于风水理论的探索与研究"（《天津大学学报》1989 增刊）：

我国传统建筑文化历经数千年不辍的发展，形成了内涵丰富、成就辉煌、风格独具的体系。从世界建筑文化的背景上来比较，我国传统建筑文化一个极为显著的特点是，各种建筑活动，无论是都邑、村镇聚落、宫宅、园囿、寺观、陵墓，以至道路、桥梁等等，从选址、规划、设计及营造，几乎无不受到所谓风水理论的深刻影响。不过，近代以来，尤其"五四"以来，中国学术大都借助西学方法来整理研究，很长一个时期，凡与当时西方科学技术抵牾的传统学术，往往被轻蔑，甚至被嗤之为封建迷信。比如中医，因阴阳五行、脏象温病、气脉经络诸说与西医迥异，也曾一度被崇尚西学者斥为巫医，从北洋政府到国民党政府，竟都一再明令取缔中医。传统的风水术，尤其是在民间传承流行的，颇重五行生克、吉凶祸福之说，无稽拘忌既多，迷信色彩尤著，因此在学术界，几乎一直被视为十足的传统文化糟粕，被人们鄙薄和摒弃。在中国古代建筑历史的研究中，直至最近以前，从未有过这方面的深入探索，以致风水理论的渊源、沿革、宗旨、内涵及其对我国古代建筑实践与理论的影响、价值，都因此成了未曾揭示的学术空白。

另一方面，近几十年来，我国古代建筑历史的研究，虽然在很多方面都有长足的进展，成就瞩目，但也明显存在着空白和缺环。在营造学与造园学之外，有关中国古代建筑美学、设计思想、理论与方法等方面，就一直缺乏深层次的系统理论揭示。例如，中国古代建筑在空间环境的整体处理方面，其中包括人文景观同自然景观的有机结合、大规模建筑群的空间布局组织，有着与古代及近代西方建筑完全异趣的极高艺术造诣和成就，但这种实践成就有无理论指导？就颇多疑问。有学者认为，这是由于中国古代建筑营造标准化方法的早熟，使设计同营造有了明确分工，单体建筑的设计大大简化，古代建筑设计因此得以专注于空间的总体组织处理，加上世代因承，积累了丰富实践经验，所以能够以敏锐而准确的尺度感和娴熟的空间艺术处理技巧，灵活而妥善地运用各种建筑体型，结合环境包括自然景观进行各种规模的建筑组群和空间组织，达到极高造诣。也有一些研究者，不满于这种纯经验的解释，认为中国古代哲匠精于此道，是经过潜心研究的，包括哲学、美学的理论思维。但探析这些理论，却也只能在引鉴西方建筑理论的同时，借用中国古代传统画论、文论及造园理论等来加以分析研究和阐释。这种种努力，自然不能说没有意义，但归根结蒂，终未能消除这样一个不近情理的矛盾印象：在自然与人文环境景观和建筑组群的空间组织艺术处理方面，中国古代建筑实践确有极高成就，但在理论上却呈空白状态。人们不能不怀疑，这种理论空白，会不会同传统风水理论研究的学术空白有关？

二．思考题

    1．风水术中的理性成分，你能说出一二吗？

    2．在欧洲历史上，为什么没有产生类似风水的学术？

    3．泰山在五岳中并非最高，为何被视为"五岳独尊"？

参考文献

刘叙杰：《中国古代建筑史·第一卷》，原始社会、夏、商、周、秦、汉建筑，北京：中国建筑工业出版社，2003.

傅熹年：《中国古代建筑史·第二卷》，三国、两晋、南北朝、隋唐、五代建筑，北京：中国建筑工业出版社，2001.

郭黛姮：《中国古代建筑史·第三卷》，宋、辽、金、西夏建筑，北京：中国建筑工业出版社，2003.

潘谷西：《中国古代建筑史·第四卷》，元、明建筑，北京：中国建筑工业出版社，2001.

孙大章：《中国古代建筑史·第五卷》，清建筑，北京：中国建筑工业出版社，2002.

刘敦桢：《中国古代建筑史》第二版，北京：中国建筑工业出版社，1984.

中国营造学社：《中国营造汇刊》，1930～1944.

《刘敦桢文集》，北京：中国建筑工业出版社，1984.

《梁思成文集》，北京：中国建筑工业出版社，1984.

《童寯文集》，北京：中国建筑工业出版社，2000.

刘致平：《中国建筑类型及结构》，北京：中国建筑工业出版社，2000.

刘致平：《中国居住建筑简史》，北京：中国建筑工业出版社，1990.

傅熹年:《中国科学技术史·建筑卷》,北京:科学出版社,2008.

傅熹年:《傅熹年建筑史论文集》,北京:文物出版社,1998.

中国科学院自然科学史研究所:《中国古代建筑技术史》,北京:科学出版社,2000.

杨廷宝等:《中国大百科全书·建筑》,北京:中国大百科全书出版社,1988.

潘谷西:《中国建筑史(第五版)》,北京:中国建筑工业出版社,2005.

张良皋:《匠学七说》,北京:中国建筑工业出版社,2002.

李允鉌:《华夏意匠》,天津:天津大学出版社,2005.

刘叙杰、傅熹年、郭黛姮、潘谷西、孙大章:《中国古代建筑》,新世纪出版社,2002.

杨鸿勋:《建筑考古学论文集》,北京:清华大学出版社,2008.

萧默:《敦煌建筑研究》,北京:机械工业出版社,2002.

B. Fletcher, *A History of Architecture* London,2000.

Lionel Browne, *Bridge*, Universal International Pty Ltd,1996.

童寯:《江南园林志》,南京:东南大学出版社,1993.

陈植:《园冶注释》,北京:中国建筑工业出版社,1988.

刘敦桢:《苏州古典园林》,北京:中国建筑工业出版社,2002.

周维权:《中国古典园林史》,北京:清华大学出版社,1999.

汪菊渊:《中国古代园林史》,北京:中国建筑工业出版社,2006.

王毅:《中国园林文化史》,上海:上海人民出版社,2004.

何晓昕:《风水探源》,南京:东南大学出版社,1990.

汉宝德:《风水与环境》,天津:天津古籍出版社,2003.

余健:《堪舆考源》,北京:中国建筑工业出版社,2005.

杨宽:《中国古代陵寝制度史研究》,上海人民出版社,2003.

钱穆:《国史大纲》,北京:商务印书馆,1996.

张荫麟：《中国史纲》，上海古籍出版社，1999.

柳诒徵：《中国文化史》，上海：上海三联书店，2007.

苏秉琦：《中国文明起源新探》，北京：生活·读书·新知三联书店，2001.

李济：《中国文明的开始》，南京：江苏教育出版社，李光谟、李宁编选，2005.

宋豫秦等：《中国文明起源的人地关系简论》，北京：科学出版社，2002.

邹逸麟：《中国历史人文地理》，北京：科学出版社，2001.

孙机：《汉代物质文化资料图说》，北京：文物出版社，1997.

刘庆柱、白云翔等：《二十世纪中国百项考古大发现》，北京：中国社会科学出版社，2002.

司马迁：《史记》，北京：中华书局，1982.

司马光：《资治通鉴》，长沙：岳麓书社，2006.

杨衒之：《洛阳伽蓝记》，北京：中华书局，2006.

朱熹：《四书集注》，长沙：岳麓书社，2004.

李光地：《周易折中》，成都：四川出版集团巴蜀书社，2006.

陈鼓应：《老子注译及评介》，北京：中华书局，1984.

孙诒让：《墨子闲诂》，北京：中华书局，2001.

杨伯峻：《春秋左传注》，北京：中华书局，1990.

后　记

20 世纪 50 年代初，建筑系尚跻身于北京大学的院系之一，当年担任清华大学建筑系主任的梁思成先生，曾在北大兼职并主讲有关中国传统建筑的课程。据他自己回忆，课堂上常见二十位左右学生，但经询问，注册选课者竟无一人。那时，各种破旧立新的大规模运动蓄势待发，北京古城墙以及大量古建筑行将不保，热爱传统文化的梁先生自己也将不免痛遭批判。时隔半个世纪，随着中国传统文化的升温，当年教室里的窘境已经不再。从 2002 年始，"中国传统建筑"被列入北大通选课之一，且得到学校教务部的资助。迄至 2007 年夏，已经开设六次，每次选课学生在 200 名上下。作为主讲教师，深感庆幸之余，我常暗自勉励，不能辜负这个时代，不能辱没北京大学的神圣讲坛。

根据教务部的安排，"中国传统建筑"属于历史类而非工程或艺术类的通选课，著者为此深感欣慰。在著者心中，工程或艺术往往着眼于一时之需，历史才是人类长期经验和终极智慧的结晶，同时毫无疑问，有关历史的任何阐释实际上都与当代发生的现实关联紧密。作为通选课的参考教材，本书早该于三年前交稿付印，但因著者学术的积淀浅薄以及其他工作的掣滞，导致笔耕中的踌躇反复，拖沓再三。最终还是在四位研究生的协助下，勉力完成。他们是：黄晓、杨兆凯、曹伟、张帅。在此必须向这四人表示感谢，没有他们的智慧和辛勤劳动，拙稿尚不知何时才能告一段落。

感谢温儒敏教授的接纳，使拙著有幸作为北京大学"名家通识讲座"丛书之一出版。温教授读完初稿之后，对于本书的目录架构、内容安排及行文韵味等皆有精当的建议；著者据以修改，从而才有可能在注重学术性的同时，强调深入浅出与可读性。

目前坊间有关建筑学的图书琳琅满目，本书完全无意于锦上添花。同时考虑到作为教材，本书直面的主要对象既非有闲之建筑爱好者，亦非将以所读学科为安身之本的建筑系同学，因此既不打算令前者轻松把玩，亦不求令后者财源广进。十五讲中有关建筑学的门类覆盖不尽完整，探索讨论未必缜密，著者仅寄望于能向读者打开另一扇窗户，尤其是关注传统文化的心路历程。目前的结果并不令人满意，其间不无谬误的责任完全在于著者自己，而不能丝毫归咎于研究生助手。无论如何，对于著者而言，妥当的办法还是先向读者致以歉意。书中境界不高或学问不精的毛病在所难免，恳请读者不吝指出。

方拥

2010 年 1 月 11 日于

北京大学镜春园 建筑学研究中心

《名家通识讲座书系》已有选目

《社会学理论方法十五讲》 北京大学社会学系 王思斌

《公共管理十五讲》 北京大学政府管理学院 赵成根

《企业文化学十五讲》 武汉大学政治与行政学院 钟青林

《西方经济学十五讲》 中国人民大学经济学院 方福前

《政治经济学十五讲》 北京大学政府管理学院 朱天飙

《百年中国知识分子问题十五讲》 华东师范大学历史系 许纪霖

*《道教文化十五讲》 厦门大学宗教所 詹石窗

*《〈周易〉经传十五讲》 清华大学思想文化所 廖名春

*《美国文化与社会十五讲》 北京大学国际关系学院 袁 明

*《欧洲文明十五讲》 中国社会科学院 陈乐民

*《中国传统文化十五讲》 佛光大学人文社会学院 龚鹏程

*《文物精品与文化中国十五讲》 清华大学人文学院 彭 林

《中国文化史十五讲》 北京大学古籍研究中心 安平秋 杨 忠 刘玉才

《文化研究基础十五讲》 北京大学比较文学所 戴锦华

《日本文化十五讲》 北京大学比较文学所 严绍璗

《中西文化比较十五讲》 北京大学外语学院 辜正坤

《俄罗斯文化十五讲》 北京大学外语学院 任光宣

《基督教文化十五讲》 中国人民大学中文系 杨慧林

《法国文化十五讲》 北京大学外语学院 罗 芄

《佛教文化十五讲》 南开大学文学院 陈洪 社科院佛教研究中心 湛如法师

《文化人类学十五讲》 中国社会科学院文学所 叶舒宪

《民俗文化十五讲》 北京大学社会学系 高丙中

《上海历史文化十五讲》 上海师范大学文学院 杨剑龙

《北京历史文化十五讲》 北京师范大学文学院 刘 勇

*《语言学常识十五讲》 北京大学中文系 沈 阳

*《汉语与汉语研究十五讲》 北京大学中文系 陆俭明 沈 阳

*《西方美术史十五讲》 北京大学艺术系 丁 宁

*《戏剧艺术十五讲》 南京大学文学院 董健 马俊山

*《音乐欣赏十五讲》 中国作家协会 肖复兴

*《艺术设计十五讲》 东南大学艺术传播系 凌继尧

*《中国传统建筑十五讲》 北京大学建筑研究中心 方　拥

《中国美术史十五讲》 中央美术学院 邵　彦

《影视艺术十五讲》 清华大学传播学院 尹　鸿

《书法文化十五讲》 北京大学中文系 王岳川

《美育十五讲》 山东大学文学院 曾繁仁

《艺术史十五讲》 北京大学艺术系 朱青生

*《中国历史十五讲》 清华大学 张岂之

*《清史十五讲》 中国人民大学清史所 张　研　牛贯杰

*《美国历史十五讲》 北京大学历史系 何顺果

*《丝绸之路考古十五讲》 北京大学历史系 林梅村

*《文科物理十五讲》 东南大学物理系 吴宗汉

*《现代天文学十五讲》 北京大学物理学院 吴鑫基　温学诗

*《心理学十五讲》 西南师大心理学系 黄希庭　郑　涌

*《生物伦理学十五讲》 北京大学生命科学学院 高崇明　张爱琴

*《医学人文十五讲》 少年儿童出版社(上海) 王一方

*《科学史十五讲》 上海交通大学人文学院 江晓原

*《青年心理健康十五讲》 清华大学教育研究所 樊富民

《性心理学十五讲》 北京大学医学部医学人文系 胡佩诚

《思维科学十五讲》 武汉大学哲学系 张掌然

《环境科学十五讲》 北京大学环境学院 张航远　邵　敏

《人类生物学十五讲》 北京大学生命科学学院 陈守良

《医学伦理学十五讲》 北京大学医学部 李本富　李　曦

《医学史十五讲》 北京大学医学部 张大庆

《人口健康与发展十五讲》 北京大学人口所 郑晓瑛

（画＊者为已出）